D1687532

Gußwerkstoffe, Nichteisenmetalle, Sinterwerkstoffe und Plaste

# Technische Stoffe

---

*Lehrbuchreihe für die Ausbildung von Ingenieuren*

Grundlagen metallischer Werkstoffe, Korrosion und Korrosionsschutz

•

Werkstoffe für die Elektrotechnik und Elektronik

•

Stähle und ihre Wärmebehandlung, Werkstoffprüfung

•

Gußwerkstoffe, Nichteisenmetalle, Sinterwerkstoffe, Plaste

# Gußwerkstoffe, Nichteisenmetalle, Sinterwerkstoffe, Plaste

Von einem Autorenkollektiv

5., überarbeitete Auflage

Mit 102 Bildern, 39 Tabellen und 23 Anlagen

VEB Deutscher Verlag für Grundstoffindustrie · Leipzig

Als Lehrbuch für die Ausbildung an Ingenieur- und Fachschulen der DDR anerkannt
*Ministerium für Hoch- und Fachschulwesen
Berlin, Januar 1987*

*Herausgeber:*
Institut für Fachschulwesen der Deutschen Demokratischen Republik, Karl-Marx-Stadt
*Leiter des Autorenkollektivs:*
Dipl.-Ing. *Steffen Müller*, Karl-Marx-Stadt

*Autoren:*
Dipl.-Ing. *Otto Koch* (Abschnitt 1)
Dipl.-Ing.-Päd. *Klaus Domnick* (Abschnitt 2)
Dipl.-Ing. *Günther Homuth* (Abschnitt 3)
Obering. *Gerhard Umlauff* (Abschnitt 4)

ISBN 3-342-00175-5

5., überarbeitete Auflage
© VEB Deutscher Verlag für Grundstoffindustrie Leipzig 1973
überarbeitete Auflage: © VEB Deutscher Verlag für Grundstoffindustrie, Leipzig 1987
VLN 152-915/17/87
Printed in the German Democratic Republic
Satz und Druck: Gutenberg Buchdruckerei und Verlagsanstalt Weimar, Betrieb der VOB Aufwärts
Buchbinderei: VOB Südwest Leipzig
Lektor: Dipl.-Krist. Karin-Barbara Köhler
Gesamtgestaltung: Gottfried Leonhardt
Redaktionsschluß: 31. 5. 1986
LSV 3013
Bestell-Nr.: 540 870 4
00980

# Inhaltsverzeichnis

| | | | |
|---|---|---|---|
| 1. | **Eisen-Kohlenstoff-Gußwerkstoffe** | | 9 |
| 1.1. | Werkstoffgruppe Gußeisen | | 9 |
| | 1.1.1. | Einteilung der Gußeisenwerkstoffe | 9 |
| | 1.1.2. | Stabiles System Eisen–Kohlenstoff | 11 |
| 1.2. | Gußeisen mit Lamellengraphit (GGL) | | 12 |
| | 1.2.1. | Sättigungsgrad | 12 |
| | 1.2.2. | Wanddickenabhängigkeit der mechanischen Eigenschaften | 14 |
| | 1.2.3. | Gußeisendiagramme | 16 |
| | 1.2.4. | Gußeisensorten mit Lamellengraphit | 18 |
| | 1.2.5. | Einfluß der Eisenbegleiter auf die Gefügeausbildung | 19 |
| | 1.2.5.1. | Kohlenstoff | 19 |
| | 1.2.5.2. | Silicium | 20 |
| | 1.2.5.3. | Mangan | 21 |
| | 1.2.5.4. | Phosphor und Schwefel | 21 |
| | 1.2.6. | Mechanische Eigenschaften von GGL | 22 |
| | 1.2.6.1. | Elastizitätsmodul ($E$-Modul) | 22 |
| | 1.2.6.2. | *Brinell*härte | 23 |
| | 1.2.6.3. | Zugfestigkeit | 23 |
| | 1.2.6.4. | Relative Härte und Reifegrad | 24 |
| | 1.2.6.5. | Dämpfung | 26 |
| | 1.2.7. | Einfluß der Schmelzbehandlung auf das Gefüge | 26 |
| | 1.2.7.1. | Überhitzung der Schmelze | 26 |
| | 1.2.7.2. | Impfen | 26 |
| 1.3. | Gußeisen mit Kugelgraphit (GGG) | | 27 |
| | 1.3.1. | Einflußgrößen auf die Kugelgraphitbildung | 27 |
| | 1.3.2. | Wärmebehandlung | 30 |
| | 1.3.3. | Mechanische Eigenschaften | 32 |
| | 1.3.4. | Anwendungsgebiete für Gußeisen mit Kugelgraphit | 33 |
| 1.4. | Gußeisen mit Vermiculargraphit (GGV) | | 33 |
| 1.5. | Legiertes Gußeisen | | 34 |
| | 1.5.1. | Legiertes Gußeisen mit besonderen Eigenschaften bei mechanischer Beanspruchung | 35 |

|        |         |                                                                                  |    |
|--------|---------|----------------------------------------------------------------------------------|----|
|        | 1.5.2.  | Legiertes Gußeisen mit besonderen Eigenschaften bei thermischer Beanspruchung    | 36 |
|        | 1.5.3.  | Legiertes Gußeisen mit besonderen Eigenschaften bei chemischer Beanspruchung     | 37 |
| 1.6.   | Temperguß (GT)                                                                             | 37 |
|        | 1.6.1.  | Temperrohguß                                                                     | 38 |
|        | 1.6.2.  | Wärmebehandlung von Temperguß                                                    | 39 |
|        | 1.6.2.1.| Glühen in neutraler Atmosphäre                                                   | 39 |
|        | 1.6.2.2.| Glühen in entkohlender Atmosphäre                                                | 41 |
|        | 1.6.3.  | Mechanische Eigenschaften                                                        | 43 |
|        | 1.6.4.  | Anwendungsgebiete von Temperguß                                                  | 45 |
| 1.7.   | Hartguß (GH)                                                                               | 45 |
|        | 1.7.1.  | Vollhartguß                                                                      | 46 |
|        | 1.7.2.  | Kokillenhartguß                                                                  | 46 |
|        | 1.7.3.  | Mechanische Eigenschaften                                                        | 48 |
|        | 1.7.4.  | Anwendungsgebiete von Hartguß                                                    | 49 |
| 1.8.   | Stahlguß (GS)                                                                              | 49 |
|        | 1.8.1.  | Allgemeines                                                                      | 49 |
|        | 1.8.2.  | Anwendungsgebiete für Stahlguß                                                   | 51 |

## 2. Nichteisenmetalle und Nichteisenmetall-Legierungen ... 52

|        |          |                                                                                  |    |
|--------|----------|----------------------------------------------------------------------------------|----|
| 2.1.   | Nichteisenmetalle                                                                            | 52 |
|        | 2.1.1.   | Einführung                                                                       | 52 |
|        | 2.1.2.   | Einteilung der Nichteisenmetalle                                                 | 52 |
|        | 2.1.3.   | Nickel                                                                           | 53 |
|        | 2.1.4.   | Kupfer                                                                           | 54 |
|        | 2.1.5.   | Zink                                                                             | 55 |
|        | 2.1.6.   | Cadmium                                                                          | 55 |
|        | 2.1.7.   | Zinn                                                                             | 56 |
|        | 2.1.8.   | Blei                                                                             | 56 |
|        | 2.1.9.   | Magnesium                                                                        | 57 |
|        | 2.1.10.  | Aluminium                                                                        | 57 |
|        | 2.1.11.  | Titan                                                                            | 58 |
| 2.2.   | Nichteisenmetall-Legierungen                                                                 | 58 |
|        | 2.2.1.   | Spezielle metallkundliche Grundlagen                                             | 58 |
|        | 2.2.1.1. | Kristallisation                                                                  | 58 |
|        | 2.2.1.2. | Erzeugung eines feinkörnigen Gefüges                                             | 59 |
|        | 2.2.1.3. | Umformungsbedingte Einflüsse                                                     | 59 |
|        | 2.2.1.4. | Aushärtung von Nichteisenmetall-Legierungen — Definition und Bedingungen         | 59 |
|        | 2.2.2.   | Aluminiumlegierungen                                                             | 61 |
|        | 2.2.2.1. | Allgemeines                                                                      | 61 |
|        | 2.2.2.2. | Legierung Aluminium–Silicium — Gußlegierung                                      | 62 |
|        | 2.2.2.3. | Legierung Aluminium–Magnesium — Knet- und Gußlegierungen                         | 63 |

| | | |
|---|---|---|
| 2.2.2.4. | Legierung Magnesium–Aluminium – Knet- und Guß- | |
| | legierungen . . . . . . . . . . . . . . . . . . . . . . . . | 64 |
| 2.2.2.5. | Aluminium-Kupfer-Magnesium-Legierungen . . . . . . . . | 70 |
| 2.2.2.6. | Legierung Aluminium–Silicium–Magnesium . . . . . . . . | 70 |
| 2.2.2.7. | Legierung Aluminium–Zink–Magnesium . . . . . . . . | 71 |
| 2.2.2.8. | Zusammenfassung der Aluminiumlegierungen . . . . . . | 71 |
| 2.2.3. | Titanlegierungen . . . . . . . . . . . . . . . . . . . . | 72 |
| 2.2.4. | Kupferlegierungen . . . . . . . . . . . . . . . . . . . | 72 |
| 2.2.4.1. | Legierung Kupfer–Nickel . . . . . . . . . . . . . . . . | 72 |
| 2.2.4.2. | Legierung Kupfer–Zink – Knet- und Gußmessing und Sonder- | |
| | messing . . . . . . . . . . . . . . . . . . . . . . . . | 73 |
| 2.2.4.3. | Zusammenstellung der Kupfer-Zink-Legierungen . . . . . . | 75 |
| 2.2.4.4. | Legierung Kupfer–Aluminium – Knet- und Guß-Aluminium- | |
| | bronze . . . . . . . . . . . . . . . . . . . . . . . . | 75 |
| 2.2.4.5. | Legierung Kupfer–Zinn – Knet- und Guß-Zinnbronze . . . . | 78 |
| 2.2.4.6. | Zusammenstellung der Kupfer-Zinn-Legierungen . . . . . . | 84 |
| 2.2.4.7. | Legierung Kupfer–Zink–Zinn – Rotguß . . . . . . . . . | 84 |
| 2.2.4.8. | Legierungen Kupfer–Blei und Kupfer–Blei–Zinn – Guß-Blei- | |
| | und Guß-Blei-Zinnbronze . . . . . . . . . . . . . . . . | 84 |
| 2.2.4.9. | Legierung Kupfer–Beryllium (Berylliumbronze) . . . . . . | 85 |
| 2.2.5. | Niedrigschmelzende Nichteisenmetall-Legierungen . . . . . | 86 |
| 2.2.5.1. | Blei-Antimon-, Blei-Zinn-Legierungen . . . . . . . . . . | 86 |
| 2.2.5.2. | Lagerlegierungen auf Blei-Zinn-Basis . . . . . . . . . . | 88 |
| 2.2.5.3. | Legierung Zink–Aluminium – Zink-Knet- und Gußlegierungen | 89 |
| 2.2.5.4. | Legierung Blei–Calcium . . . . . . . . . . . . . . . . | 91 |
| 2.2.6. | Eigenschaften und Verwendung der Gleitlagerwerkstoffe . . | 92 |

**3. Pulvermetallurgisch hergestellte Werkstoffe** . . . . . . . . . . . . . 94

3.1. Notwendigkeit und Bedeutung der Pulvermetallurgie . . . . . . . . 94

3.2. Pulvereigenschaften und ihr Einfluß auf die Preßbarkeit und Sinterfähigkeit sowie auf die Eigenschaften des Fertigerzeugnisses . . . . . 96

| | | |
|---|---|---|
| 3.2.1. | Pulverherstellung . . . . . . . . . . . . . . . . . . . | 96 |
| 3.2.2. | Pulvereigenschaften . . . . . . . . . . . . . . . . . . | 97 |
| 3.2.3. | Beeinflussung der Preßbarkeit durch die Pulvereigenschaften . | 98 |
| 3.2.4. | Beeinflussung der Sinterfähigkeit durch die Pulvereigen- | |
| | schaften . . . . . . . . . . . . . . . . . . . . . . . | 100 |

3.3. Anwendung pulvermetallurgisch hergestellter Werkstoffe . . . . . . 102

| | | |
|---|---|---|
| 3.3.1. | Porige Werkstoffe . . . . . . . . . . . . . . . . . . . | 102 |
| 3.3.2. | Dichte Werkstoffe . . . . . . . . . . . . . . . . . . . | 106 |
| 3.3.3. | Sinterhartmetalle . . . . . . . . . . . . . . . . . . . | 107 |
| 3.3.4. | Cermets . . . . . . . . . . . . . . . . . . . . . . . | 110 |

**4. Plaste** . . . . . . . . . . . . . . . . . . . . . . . . . . . . . . . 111

4.1. Allgemeine Eigenschaften der Plaste . . . . . . . . . . . . . . . 111

4.2. Herstellung und Struktur der Plaste . . . . . . . . . . . . . . . 115

|         |        |                                                        |     |
|---------|--------|--------------------------------------------------------|-----|
|         | 4.2.1. | Polymerisation                                         | 116 |
|         | 4.2.2. | Polykondensation                                       | 117 |
|         | 4.2.3. | Polyaddition                                           | 118 |
|         | 4.2.4. | Struktur der Plaste                                    | 118 |
| 4.3.    | Bewertungskriterien zur Beurteilung der Plaste        || 121 |
|         | 4.3.1. | Mechanisches Verhalten                                 | 122 |
|         | 4.3.2. | Thermisches Verhalten                                  | 125 |
|         | 4.3.3. | Elektrische und dielektrische Eigenschaften            | 126 |
|         | 4.3.4. | Chemische Eigenschaften                                | 127 |
|         | 4.3.5. | Optische Eigenschaften                                 | 128 |
| 4.4.    | Verarbeitung von Plasten                              || 129 |
|         | 4.4.1. | Allgemeines                                            | 129 |
|         | 4.4.2. | Urformen                                               | 132 |
|         | 4.4.3. | Umformen                                               | 134 |
|         | 4.4.4. | Trennen                                                | 135 |
|         | 4.4.5. | Fügen                                                  | 135 |
|         | 4.4.6. | Veredeln                                               | 136 |
| 4.5.    | Anwendung von Plasten                                 || 136 |
|         | 4.5.1. | Lieferformen der Plaste                                | 136 |
|         | 4.5.2. | Wirkung von Füllstoffen                                | 137 |
|         | 4.5.3. | Einsatzbeispiele                                       | 139 |
| 4.6.    | Substitution von Werkstoffen                          || 145 |

Übungen ... 147

Anlagen ... 153

Quellen- und Literaturverzeichnis ... 172

Sachwörterverzeichnis ... 174

# 1 Eisen-Kohlenstoff-Gußwerkstoffe

---

*Zielstellung*

Die heute erzeugten Legierungen zeigen vielfach fließende Übergänge zwischen den einzelnen Gußwerkstoffarten. Das erfordert eine genaue Kenntnis über die Gußwerkstoffe, um sie universeller einsetzbar zu gestalten zur besseren Nutzung ihrer optimalen Eigenschaften. Sowohl für den Erzeuger als auch für den Verbraucher werden so günstigere Bedingungen für den Einsatz der Gußeisenwerkstoffe geschaffen.
Ziel dieses Abschnittes ist es daher, den Zusammenhang zwischen Werkstoffaufbau und Werkstoffeigenschaften beherrschen zu lernen, um daraus Schlußfolgerungen für günstige Erzeugungsbedingungen und den Werkstoffeinsatz ziehen zu können.

## 1.1. Werkstoffgruppe Gußeisen

### 1.1.1. Einteilung der Gußeisenwerkstoffe

Gußteile aus Eisenlegierungen sind von größter Bedeutung für den Maschinenbau, die Metallurgie, den Schiffbau, die Elektrotechnik und andere Finalproduzenten. Es geht dabei um die Nutzung des besonderen Vorteils von Gußstücken, die Möglichkeit, verwickelte Formgebung mit guten mechanischen Eigenschaften des Werkstoffes zu verbinden.

**Gußeisen ist ein Eisen-Kohlenstoff-Werkstoff mit mehr als 2% C, bei dem durch die Wahl der chemischen Zusammensetzung der Kohlenstoff nach der Abkühlung entweder als Eisencarbid ($Fe_3C$) oder ganz (auch teilweise) als Graphit (C) vorliegt.**

Die Form des *Graphits* kann dabei von der Lamelle über Zwischenformen bis zur idealen Kugelform variieren. Ist das entstandene Gußgefüge carbidisch, erhält man eine weiße Bruchfläche. Ist Graphit vorhanden, ist die Bruchfläche grau. Nach diesen Darlegungen können wir eine Einteilung der eingesetzten Gußeisenwerkstoffe entsprechend Bild 1.1 vornehmen.
Die Gefügeausbildung erfolgt beim weißen Gußeisen entsprechend den Linienzügen des metastabilen Systems des Eisen-Kohlenstoff-Diagramms, beim grauen Gußeisen entsprechend denen des stabilen Systems.

■ Ü. 1.1

# 1. Eisen-Kohlenstoff-Gußwerkstoffe

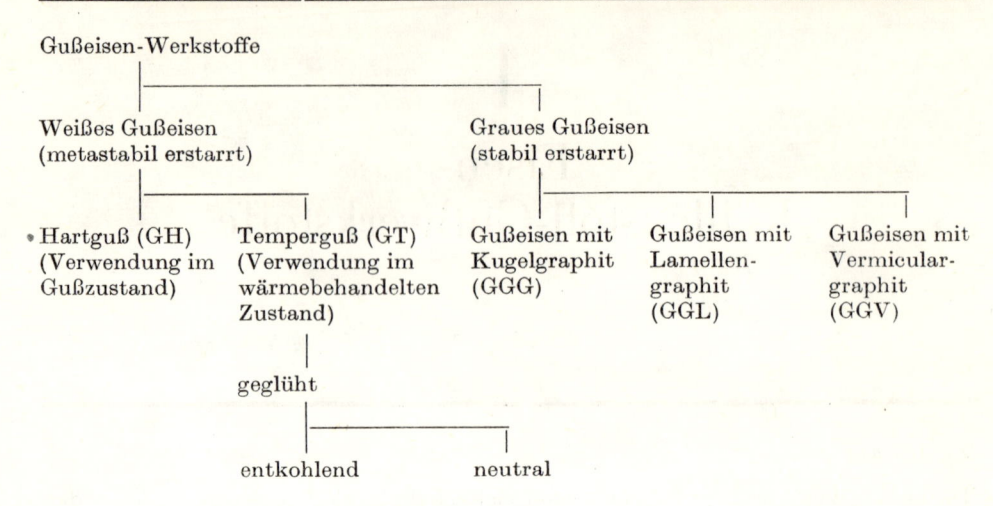

Gußeisen-Werkstoffe
- Weißes Gußeisen (metastabil erstarrt)
  - Hartguß (GH) (Verwendung im Gußzustand)
  - Temperguß (GT) (Verwendung im wärmebehandelten Zustand)
    - geglüht
      - entkohlend
      - neutral
- Graues Gußeisen (stabil erstarrt)
  - Gußeisen mit Kugelgraphit (GGG)
  - Gußeisen mit Lamellengraphit (GGL)
  - Gußeisen mit Vermiculargraphit (GGV)

Bild 1.1. Einteilung der Eisengußwerkstoffe

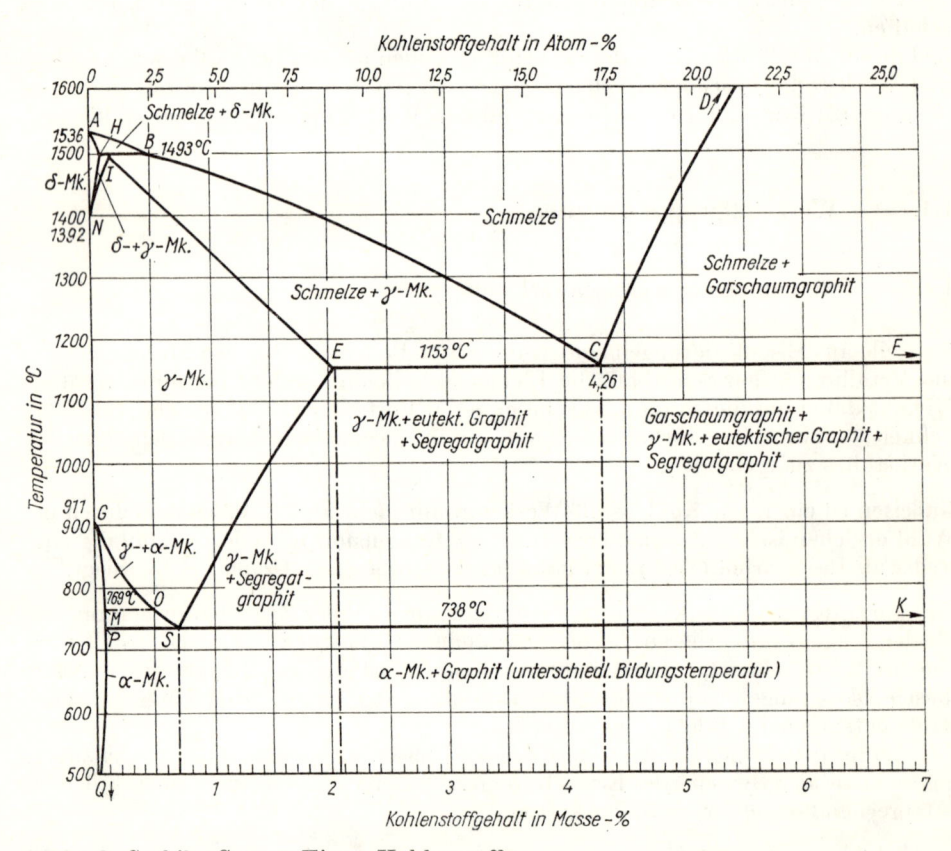

Bild 1.2. Stabiles System Eisen–Kohlenstoff

### 1.1.2. Stabiles System Eisen–Kohlenstoff

Das stabile System Eisen–Kohlenstoff (Fe–C) zeigt Bild 1.2. Der Unterschied zum metastabilen System ist dadurch gegeben, daß sich der Kohlenstoff an Stelle von Eisencarbid als Graphit abscheidet und daß die Erstarrung der Schmelze sowie Gefügeumwandlungen bei höheren Temperaturen erfolgen und sich die Phasengrenzlinien geringfügig bezüglich ihrer Konzentration ändern (vgl. »Grundlagen metallischer Werkstoffe,...«, S. 77). Es ist jedoch zu beachten, daß aus reinen Eisen-Kohlenstoff-Legierungen wegen der nur sehr geringen Zerfallsgeschwindigkeit des $Fe_3C$ keine Ausscheidung von Graphit zu erreichen ist. Dies ist erst durch Zusatz geeigneter Legierungselemente, wie z. B. Silicium, möglich. Entsprechend den üblichen Kohlenstoffgehalten interessieren uns in der Legierungsreihe Fe–C zwei Legierungsgruppen, übereutektische und untereutektische. Bei übereutektischen Legierungen scheidet sich nach Unterschreiten der Liquiduslinie $C'D'$ *Garschaumgraphit* (Primärgraphit) aus der Schmelze aus. Die dadurch an Kohlenstoff verarmende Schmelze erreicht bei 1152 °C einen Kohlenstoffgehalt von 4,26 % und erstarrt zum Eutektikum, bestehend aus $\gamma$-Mischkristallen und Graphit. Den bei eutektischer Temperatur gebildeten Graphit bezeichnen wir als eutektischen Graphit, das Eutektikum als *Graphiteutektikum*. Bei weiterer Abkühlung verarmen die $\gamma$-Mischkristalle an Kohlenstoff durch Ausscheidung von *Segregatgraphit* (Sekundärgraphit) entsprechend der Linie $E'S'$, bis bei eutektoider Temperatur der Rest der $\gamma$-Mischkristalle zum stabilen Eutektoid, bestehend aus Ferrit und eutektoidem Graphit, zerfällt. Bei untereutektischen Legierungen beginnt die Erstarrung mit dem Ausscheiden von $\gamma$-Mischkristallen aus der Schmelze. Ab eutektischer Temperatur stimmt der Abkühlungsverlauf mit dem bei übereutektischen Legierungen überein. Während Garschaumgraphit wegen seiner groben Lamellen im Gefügeschliffbild als selbständiger Bestandteil erkennbar ist, trifft das für die anderen Graphitarten nicht zu. Der aus den $\gamma$-Mischkristallen ausscheidende und der beim eutektoiden Zerfall entstehende Kohlenstoff diffundieren zu schon vorhandenem eutektischem Graphit und lagern sich dort an. Das führt dazu, daß man das Gefüge über den ganzen Konzentrationsbereich mit Ferrit + Graphit beschreibt. Die unterschiedlich entstandenen Graphitarten werden nicht besonders berücksichtigt.

Unter praktischen Bedingungen wird eine völlige Abscheidung des Kohlenstoffs als Graphit nur mit besonderen Maßnahmen erreicht. In der Regel bleibt ein Kohlenstoffgehalt bis zu 0,8 % im $Fe_3C$ gebunden, wodurch sich ein ferritisch-perlitisches bis rein perlitisches Gefüge mit eingelagertem Graphit ausbildet. Das läßt darauf schließen, daß diese Legierungen zwar nach dem stabilen System erstarren, der eutektoide Zerfall der $\gamma$-Mischkristalle jedoch ganz oder teilweise nach dem metastabilen System erfolgt.

Wir haben es demnach bei grauem Gußeisen mit zwei grundverschiedenen Bestandteilen zu tun, nämlich der Grundmasse und den Graphitlamellen. Diese beiden Bestandteile sind nicht nur chemisch und strukturell verschieden, sondern sie entstehen auch unabhängig voneinander.

■ Ü. 1.2

**Der Graphit wird überwiegend während der Erstarrung ausgeschieden. Graphitmenge und -verteilung werden deshalb als primäre Struktur bezeichnet. Die stahlähnliche Grundmasse entsteht bei der eutektoiden Umwandlung und trägt daher die Bezeichnung sekundäre Struktur.**

**Lehrbeispiel**

Welches Gefüge ist im Gußeisen zu erwarten, wenn $C_{\text{gas.}} = 3{,}2\%$ und $C_{\text{graph.}} = 2{,}7\%$ betragen?
Aus der Differenz von Gesamtkohlenstoffgehalt und graphitischem Kohlenstoffgehalt ergibt sich ein gebundener Kohlenstoffgehalt von 0,5%. Daraus folgt, daß eine ferritisch-perlitische Grundmasse mit eingelagertem Graphit vorliegt.
Während Menge und Form der Graphitlamellen durch eine nachträgliche Wärmebehandlung unterhalb der Schmelztemperatur nicht merklich beeinflußt werden können, sind Struktur und Eigenschaften der Grundmasse in weiten Grenzen zu verändern.
Auch hier gilt, wie bereits vom Stahl her bekannt, daß die Ausbildung des Gefüges sowohl von der chemischen Zusammensetzung als auch von der Abkühlungsgeschwindigkeit abhängig ist. Mit zunehmendem Anteil graphitisierender Elemente in der Legierung nimmt die Neigung zur Grauerstarrung zu. Mit zunehmender Abkühlungsgeschwindigkeit wird die Graphitausscheidung erschwert. Durch chemische Zusammensetzung und Abkühlungsgeschwindigkeit werden sowohl die Ausbildung der primären Struktur (Anzahl, Größe und Verteilung des Graphits) als auch die Entstehung der sekundären Struktur (Gehalt an gebundenem Kohlenstoff, Neigung zur Ferritisierung, Abstand der Perlitlamellen) vorausbestimmt.

## 1.2. Gußeisen mit Lamellengraphit (GGL)

### 1.2.1. Sättigungsgrad

Bei Gußeisen mit Lamellengraphit handelt es sich um eine Mehrstofflegierung. Die chemische Zusammensetzung wird bestimmt durch die Eisenbegleiter Kohlenstoff, Silicium, Mangan, Phosphor und Schwefel. Eigenschaftsänderungen in Abhängigkeit dieser Variablen darzustellen bereitet Schwierigkeiten. Es wurde deshalb versucht, die gesamte Zusammensetzung durch eine charakteristische Zahl auszudrücken. Das gelang mit der Einführung des Begriffes *Sättigungsgrad* an Kohlenstoff ($S_C$). Er ist wie folgt formuliert:

$$S_C = \frac{\% \, C}{C_{\text{eut.}}} = \frac{\text{vorhandener C-Gehalt}}{\text{eutektischer C-Gehalt}} \qquad (1.1)$$

Für reine Eisen-Kohlenstoff-Legierungen gilt demnach:

$$S_C = \frac{\% \, C}{4{,}26}. \qquad (1.2)$$

Entsprechend erhält eutektisch zusammengesetztes Gußeisen den Sättigungsgrad $S_C = 1$, untereutektisches Gußeisen $S_C < 1$ und übereutektisches Gußeisen $S_C > 1$. Der Sättigungsgrad bestimmt die Lage einer Legierung zum eutektischen Punkt.

**Mit zunehmendem Sättigungsgrad steigt die Neigung zur Grauerstarrung und zum eutektoiden Zerfall des Austenits nach dem stabilen System.**

## Gußeisen mit Lamellengraphit (GGL) 1.2.

Der eutektische Punkt wird durch Silicium zu geringeren C-Gehalten verschoben. 3,2% Silicium vermögen 1% Kohlenstoff zu ersetzen. Setzen Sie diese Größe in die Ausgangsgleichung ein, so erhalten Sie:

$$S_C = \frac{\% \, C}{4{,}26 - \dfrac{\% \, Si}{3{,}2}} = \frac{\% \, C}{4{,}26 - 0{,}312 \, \% \, Si} \,. \tag{1.3}$$

Neben Silicium beeinflussen die anderen Eisenbegleiter sowie Legierungselemente ebenfalls den eutektischen Kohlenstoffgehalt. Es gilt allgemein

$$C_{eut.} = 4{,}26 + \sum m'_{x\varkappa}, \tag{1.4}$$

$m'_x$ ist definiert als der C-Betrag, um den der eutektische Punkt verschoben wird, wenn 1% des Elements $\chi$ zugegeben wird. Tabelle 1.1 nennt einige Werte für $m'_x$.

Tabelle 1.1. Ausgewählte Werte für $m'_x$

| Element    | $m'_x$   |
|------------|----------|
| Silicium   | −0,312   |
| Phosphor   | −0,331   |
| Nickel     | −0,051   |
| Mangan     | +0,028   |
| Chrom      | +0,064   |
| Vanadium   | +0,105   |

Negatives Vorzeichen bedeutet eine Verschiebung des eutektischen Punktes nach links, positives Vorzeichen eine Verschiebung des eutektischen Punktes nach rechts. Unter Berücksichtigung von Mangan, Phosphor, Chrom und Vanadium erhält man für den Sättigungsgrad

$$S_C = \frac{\% \, C}{4{,}26 - 0{,}312 \, \% \, Si + 0{,}028 \, \% \, Mn - 0{,}331 \, \% \, P + 0{,}064 \, \% \, Cr + 0{,}105 \, \% \, V} \tag{1.5}$$

Praktische Erfahrungen zeigen, daß die Eigenschaften von GGL bei gleichem Sättigungsgrad in weiten Grenzen schwanken können. Für praktische Berechnungen genügt deshalb nachstehende Formel:

$$S_C = \frac{\% \, C}{4{,}26 - \dfrac{\% \, P + \% \, Si}{3}} \,.$$

■ Ü. 1.3 und 1.4

Der berichtigte Sättigungsgrad $S_r$ erlaubt es, den Mengenanteil des Eutektikums rechnerisch zu bestimmen.

$$S_r = \frac{C - C_E'}{C_C' - C_E'} = \frac{\text{Menge Eutektikum}}{\text{Menge Eutektikum} + \text{Menge Primäraustenit}} \tag{1.6}$$

$C$ vorhandener Kohlenstoffgehalt
$C_C'$ eutektischer Kohlenstoffgehalt
$C_E'$ maximale Kohlenstofflöslichkeit im Austenit

Unter Berücksichtigung des Einflusses von Silicium auf die Lage des eutektischen Punktes sowie auf die Kohlenstofflöslichkeit im Austenit erhalten wir, abgeleitet aus dem Dreistoffsystem Eisen—Kohlenstoff—Silicium, die Formel

$$S_r = \frac{C - (1{,}3 + 0{,}1\,\text{Si})}{2{,}93 - 0{,}21\,\text{Si}} \, . \tag{1.7}$$

Ein $S_r$-Wert von 0,95 bedeutet demnach, daß im Gleichgewichtszustand das Gefüge aus 95% Eutektikum und aus 5% primären $\gamma$-Mischkristallen besteht. Darüber hinaus gestattet der berichtigte Sättigungsgrad eine angenäherte Vorausbeurteilung der Graphitverteilung. Nähert sich der Wert $S_r \to 1$, ist eine gleichmäßige Graphitverteilung zu erwarten. Wird $S_r \ll 1$, finden wir netzförmige bis dendritische Entartung des Graphits (s. Abschnitt 1.2.5.1.).

■ Ü. 1.5

### 1.2.2. Wanddickenabhängigkeit der mechanischen Eigenschaften

Mit zunehmender Abkühlungsgeschwindigkeit erhöht sich die Tendenz zur Unterkühlung der eutektischen Erstarrung und der eutektoiden Umwandlung. Werden dabei die Linienzüge des metastabilen Systems erreicht und ist der stabile Vorgang nicht eingeleitet, so findet die Graphitbildung nicht statt. Im Bild 1.3 ist dieser

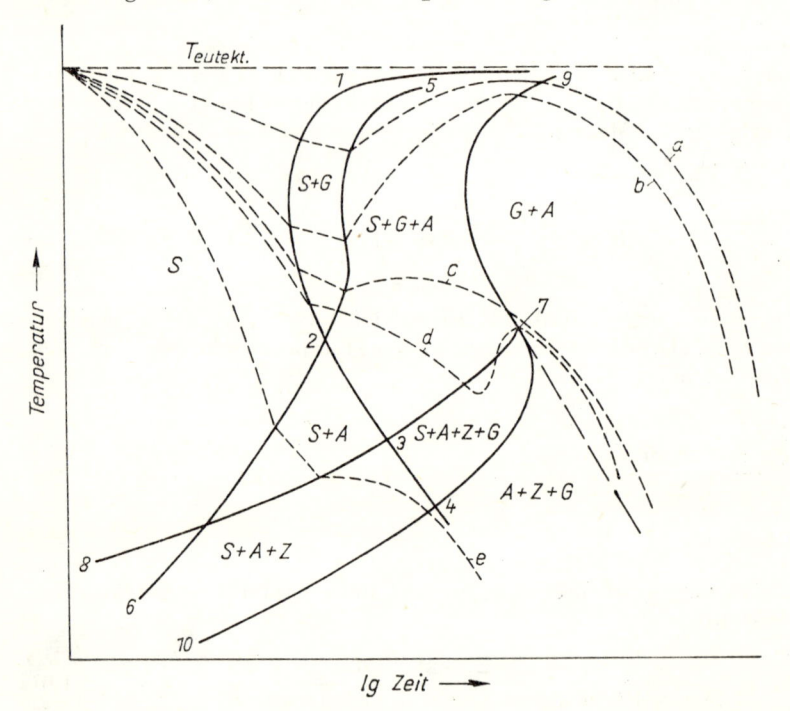

Bild 1.3. Zeit-Temperatur-Erstarrungsschaubild für die eutektische Erstarrung von Gußeisen

| 1, 2, 3, 4 | Kristallisationsbeginn des Graphits (G) | 7, 3, 8 | Kristallisationsbeginn des Zementits (Z) |
| 5, 2, 6 | Kristallisationsbeginn des Austenits (A) | 9, 7, 4, 10 | Ende der eutektischen Erstarrung |

Zusammenhang schematisch in Form eines Zeit-Temperatur-Erstarrungsschaubildes (ZTE) dargestellt. (Beachten Sie die Analogie zum kontinuierlichen ZTU-Diagramm.)
Der bei der Erstarrung gebildete Austenit kann eutektoid sowohl nach dem stabilen als auch nach dem metastabilen System zerfallen.

▶ *Maßgebend für die Ausbildung des Primär- und des Sekundärgefüges ist die Zeit für das Durchlaufen des Erstarrungsintervalls und des eutektoiden Bereiches.*

Die Abkühlungsgeschwindigkeit ist von mehreren Faktoren abhängig. Entscheidenden Einfluß hat dabei das Verhältnis von Volumen : Oberfläche eines Gußstückes. Das Volumen repräsentiert den Wärmeinhalt, der über die gegebene Gußstückoberfläche an die Umgebung abgegeben werden muß. Es ist einleuchtend, daß bei Kugel und Platte mit gleichem Volumen die Platte eine größere Oberfläche besitzt und deshalb schneller abkühlt als die Kugel. Da jedoch eine Vielzahl von Gußstücken annähernd aus Platten zusammengesetzte Gußkörper sind, kann man unter sehr vereinfachenden Bedingungen die Wanddicke als Maß für die Abkühlungsgeschwindigkeit benutzen, zumal das Verhältnis V:O auch als spezifische Wanddicke bezeichnet wird. Bild 1.4 zeigt schematisch, wie sich mit veränderlicher Abkühlungsgeschwindigkeit (Wanddicke) die Gefügeausbildung verändert.

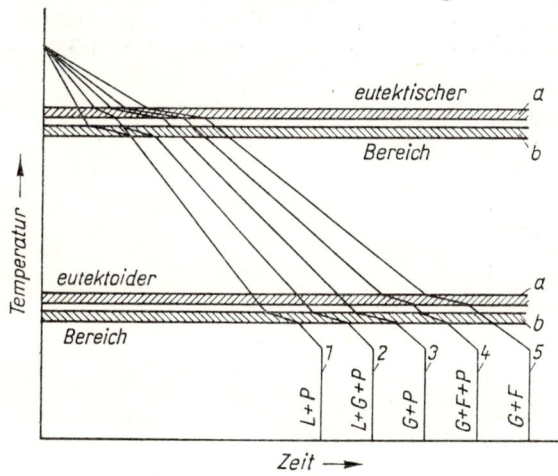

Bild 1.4. Gefügeausbildung in Abhängigkeit von der Abkühlungsgeschwindigkeit (Wanddicke)

*a* Umwandlungen im stabilen System
*b* Umwandlungen im metastabilen System
*1* weißes Gußeisen (Ledeburit + Perlit)
*2* meliertes Gußeisen (Ledeburit + Graphit + Perlit)
*3* graues Gußeisen, perlitisch (Graphit + Perlit)
*4* graues Gußeisen, ferritisch-perlitisch (Graphit + Ferrit + Perlit)
*5* graues Gußeisen, ferritisch (Graphit + Ferrit)

Zur Härte läßt sich feststellen, daß diese bei Erhöhung der Wanddicke ständig absinkt, da sich die Zementitmenge verringert. Die Zugfestigkeit erhöht sich anfangs wegen Verringerung des Anteils von freiem Zementit im Gefüge, um danach abzusinken, weil sich der Perlitanteil verringert und die Ferritmenge zunimmt.
Der *Wanddickeneinfluß* für Probestäbe mit unterschiedlichem Durchmesser kann nach folgender Beziehung zahlenmäßig dargestellt werden:

$$-a = \frac{\log R_{m1} - \log R_{m2}}{\log D_1 - \log D_2} \tag{1.8}$$

$$-c = \frac{\log HB_1 - \log HB_2}{\log D_1 - \log D_2} \tag{1.9}$$

$D$ Durchmesser (in mm)
$R_m$ Zugfestigkeit (in MPa)
$HB$ Brinellhärte.

Diese Wanddickeneinflußziffern —$a$ für die Zugfestigkeit und —$c$ für die Härte sind abhängig vom Sättigungsgrad. So wird mit zunehmendem Sättigungsgrad —$a$ größer und —$c$ kleiner. Empirisch wurde gefunden:

$$-a = 1{,}63 \cdot S_C - 1{,}058. \tag{1.10}$$

Mit bekannter Wanddickeneinflußziffer sind wir nunmehr in der Lage, von der an einem Probestabdurchmesser gemessenen Zugfestigkeit auf die zu erwartende Festigkeit bei einem anderen Probestabdurchmesser umzurechnen.

Aus zweierlei Gründen befriedigt uns dieses Ergebnis noch nicht. Einerseits gilt die aufgestellte Beziehung nur für Probestäbe verschiedener Durchmesser, uns interessieren jedoch die Verhältnisse an realen Gußstücken, andererseits fehlt noch der Zusammenhang zwischen chemischer Zusammensetzung ($S_C$), Wanddickeneinfluß und mechanischen Eigenschaften.

■ Ü. 1.6

### 1.2.3. Gußeisendiagramme

Beginnend mit der Veröffentlichung von *Maurer* (1924), setzte die Entwicklung einer Vielzahl von *Gußeisendiagrammen* ein, womit der Versuch unternommen wurde, den Zusammenhang zwischen chemischer Zusammensetzung, Wanddicken-

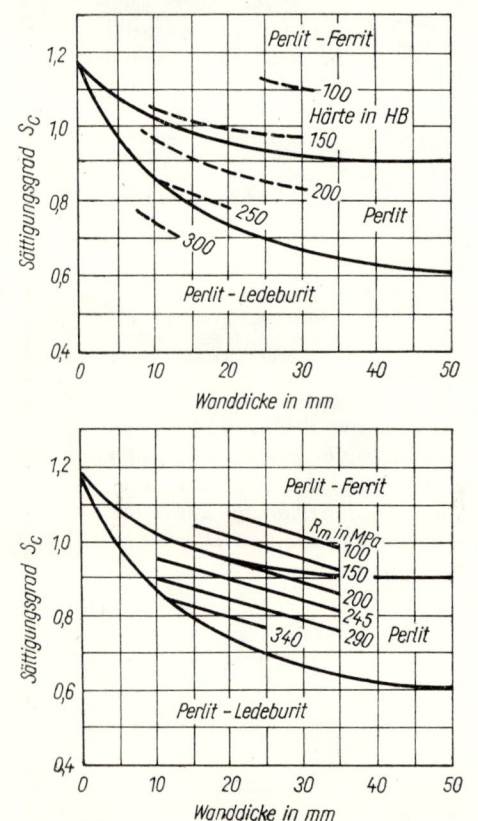

Bild 1.5. Gefügeschaubild nach *Sipp*

einfluß und mechanischen Eigenschaften graphisch darzustellen. Vielfach wird noch das Gefügeschaubild nach *Sipp* benutzt (Bild 1.5), um danach den notwendigen Sättigungsgrad für eine bestimmte Gußeisenqualität zu bestimmen. Das Diagramm ist leicht zu handhaben, da Linien gleicher Zugfestigkeit entsprechend den Abstufungen nach TGL 14400 Bl. 1 eingetragen sind. Es ist jedoch darauf zu achten, daß die angegebenen Wanddicken aus Versuchen mit Rundstäben rechnerisch gleich dem halben Durchmesser gesetzt werden und deshalb nur eine angenäherte Aussage für reale Gußstücke zulassen.

■ Ü. 1.7

Es erhebt sich nunmehr die Frage, welcher Zusammenhang zwischen den mechanischen Eigenschaften im Probestab und denen eines Gußstückes besteht. Auf der Grundlage rechnerischer Überlegungen kommt man zu dem Ergebnis, daß die Festigkeit im Rundstab etwa derjenigen einer Platte von halber Dicke entspricht.

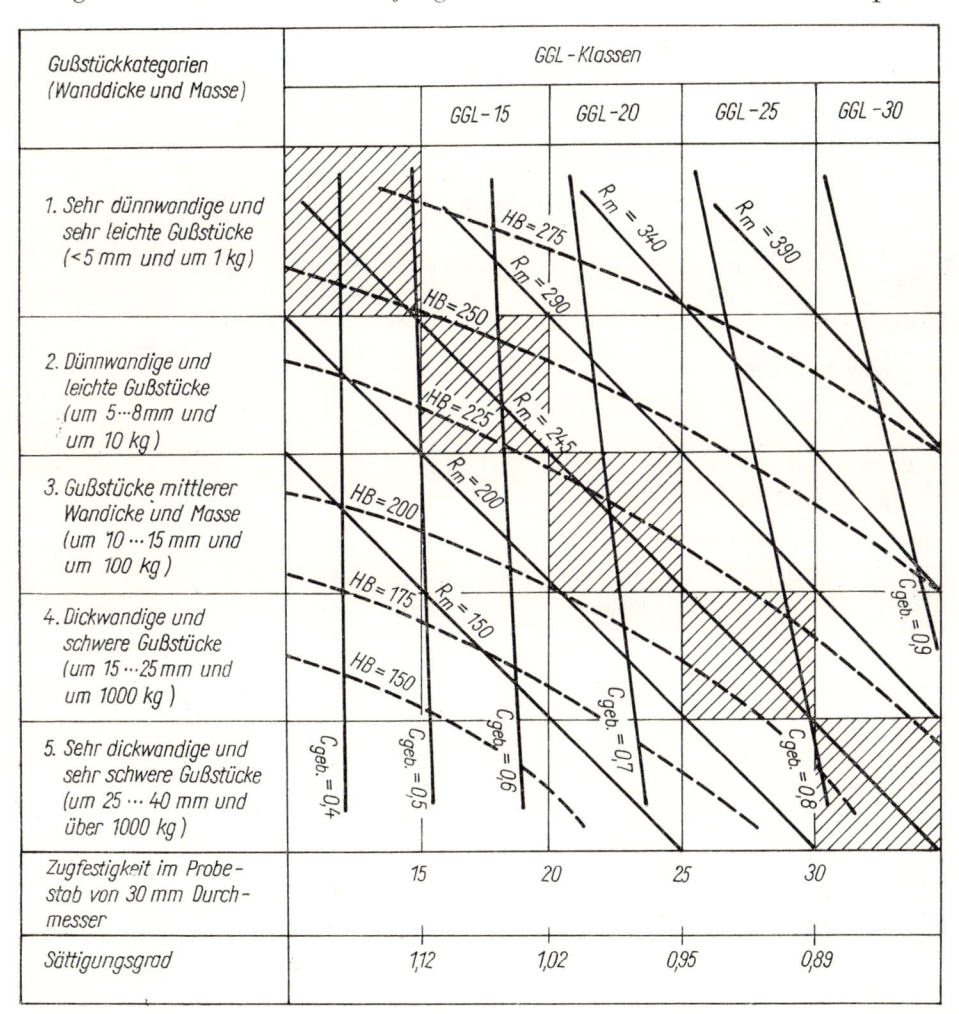

| Gußstückkategorien (Wanddicke und Masse) | GGL-Klassen | | | |
|---|---|---|---|---|
| | GGL-15 | GGL-20 | GGL-25 | GGL-30 |
| 1. Sehr dünnwandige und sehr leichte Gußstücke (<5 mm und um 1 kg) | | | | |
| 2. Dünnwandige und leichte Gußstücke (um 5···8 mm und um 10 kg) | | | | |
| 3. Gußstücke mittlerer Wanddicke und Masse (um 10···15 mm und um 100 kg) | | | | |
| 4. Dickwandige und schwere Gußstücke (um 15···25 mm und um 1000 kg) | | | | |
| 5. Sehr dickwandige und sehr schwere Gußstücke (um 25···40 mm und über 1000 kg) | | | | |
| Zugfestigkeit im Probestab von 30 mm Durchmesser | 15 | 20 | 25 | 30 |
| Sättigungsgrad | 1,12 | 1,02 | 0,95 | 0,89 |

Bild 1.6. *Collaud*-Diagramm für GGL, bearbeitet nach TGL 14400

Das ist nicht völlig auf Wanddicken an realen Gußteilen übertragbar, da festgestellt wurde, daß nicht nur die Wanddicke, sondern auch die Masse des Gußstückes einen maßgebenden Einfluß ausübt. Aus diesem Grunde wird heute an Stelle von Wanddickeneinfluß auch mehr und mehr der Begriff Massenanisotropie gebraucht. Es ist bisher jedoch noch nicht gelungen, einen exakten zahlenmäßigen Ausdruck für den Wanddickeneinfluß bei realen Gußstücken zu finden. Es wird deshalb versucht, dieses Problem durch Einführung von Gußstückkategorien einer praktikablen Lösung zuzuführen. Bild 1.6 zeigt das *Collaud-Diagramm*, bearbeitet nach TGL 14400. In diesem Diagramm sind die bisher dargelegten theoretischen Überlegungen so zusammengefaßt, daß eine schnelle, praktische Handhabung ermöglicht wird. Die schraffierten Felder geben jeweils den Bereich an, in dem die betreffende Gußstückkategorie bevorzugt für hohe Festigkeits- und Verschleißbeanspruchung bei noch guter Bearbeitbarkeit einsetzbar ist.

▶ *Beachten Sie dabei den Hinweis, daß im Regelfall die Zugfestigkeit am Hauptprobestab von 30 mm Rohgußdurchmesser bestimmt wird und danach die Einstufung in die entsprechende GGL-Klasse erfolgt!*

Zugfestigkeit im Gußstück und GGL-Klasse brauchen demnach durchaus nicht übereinzustimmen. Das sei an einem Beispiel entsprechend Bild 1.6 erläutert. Liegt ein Auftrag von GGL-15 vor, dann hat die Gießerei im getrennt gegossenen Hauptprobestab eine Zugfestigkeit von mindestens 150 MPa nachzuweisen. Werden aus dieser Legierung mit einem Sättigungsgrad von 1,02 bis 1,12 Gußteile der Kategorie dünnwandig und leicht gegossen, so weisen diese eine Zugfestigkeit um 245 MPa auf. Braucht der Konstrukteur also in der genannten Gußstückkategorie eine Zugfestigkeit von 245 MPa, dann muß er die Gußeisensorte GGL-15 bestellen.

■ Ü. 1.8 und 1.9

### 1.2.4. Gußeisensorten mit Lamellengraphit

Gußeisen mit Lamellengraphit ist in TGL 14400 standardisiert. Die Bezeichnung für Gußeisen mit Lamellengraphit mit einer Mindestzugfestigkeit von 200 MPa lautet: GGL-20, TGL 14400. Die am Hauptprobestab (30 mm ⌀) ermittelten Eigenschaften sind in Tabelle 1.2 zusammengefaßt. Die charakteristischen Stan-

Tabelle 1.2. Mechanische Eigenschaften von GGL am Hauptprobestab

| Sorte | $R_m$ in MPa mindestens | $HB\ 5/750$ höchstens | Sättigungsgrad |
|---|---|---|---|
| GGL-00 | Nachweis nicht erforderlich | | |
| GGL-10 | 100 | 190 | 1,05···1,12 |
| GGL-15 | 150 | 200 | 1,03···1,12 |
| GGL-20 | 200 | 225 | 0,96···1,02 |
| GGL-25 | 250 | 245 | 0,89···0,95 |
| GGL-30 | 300 | 260 | 0,83···0,88 |
| GGL-35 | 350 | 275 | 0,78···0,82 |

dardwerte sind demnach Zugfestigkeit und Härte. Die Begrenzung der GGL-Sorten durch Höchstwerte der *Brinell*härte soll gewährleisten, daß der Erzeuger die geforderte Qualität nicht durch überhöhte Zugfestigkeit sichert und dabei günstige Bearbeitbarkeit aufgibt und eine erhöhte Sprödigkeit die Folge ist, da die Wahl der chemischen Zusammensetzung dem Gußhersteller überlassen bleibt.

### 1.2.5. Einfluß der Eisenbegleiter auf die Gefügeausbildung

#### 1.2.5.1. Kohlenstoff

Wie Sie schon wissen, tritt der *Kohlenstoff* in GGL sowohl in Form von Zementit als auch in Form von Graphit auf. Zementit soll dabei im Perlit vorliegen. Als freier Zementit ist er wegen seiner versprödenden Wirkung nicht erwünscht. Je nach Abkühlungsgeschwindigkeit finden Sie in der *Grundmasse* alle möglichen Ausbildungsformen, wie sie auch bei Stahl vorkommen: Martensit, Sorbit, lamellarer Perlit, globularer Zementit und Ferrit.
Die *Ausbildung des Graphits* wird unterschieden nach Größe, Form und Verteilung. In TGL 15477 sind Gefügerichtreihen dafür zusammengestellt. Von besonderem Interesse ist die Verteilung des Graphits. Erwünscht ist eine gleichmäßige Vertei-

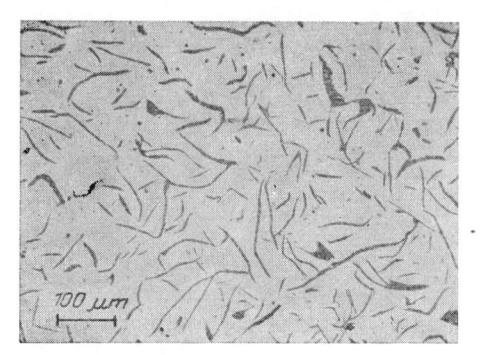

Bild 1.7. Gleichmäßige Graphitverteilung

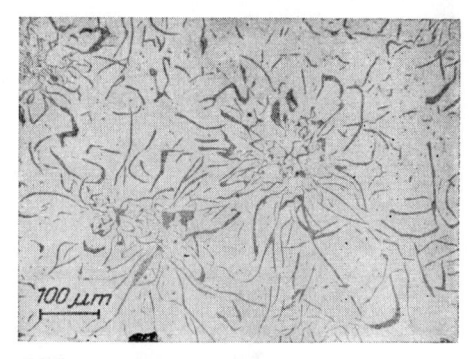

Bild 1.8. Rosettenförmige Ausbildung des Graphits

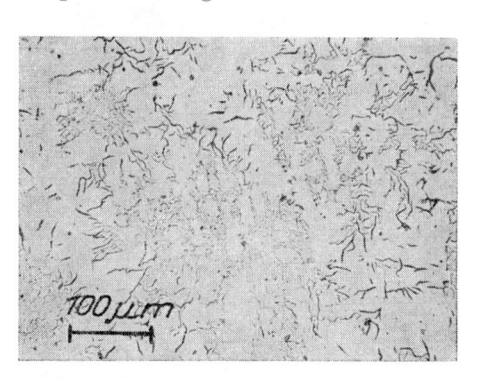

Bild 1.9. Dendritische Verteilung des Graphits

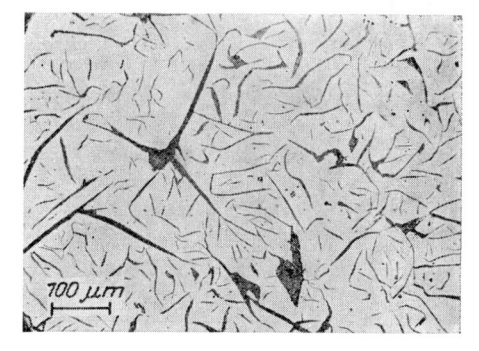

Bild 1.10. Garschaumgraphit neben eutektischem Graphit

lung (Bild 1.7). Rosettenförmige Entartung (Bild 1.8) sowie netzförmig-dendritische Entartung (Bild 1.9) wirken sich auf die Eigenschaften des Werkstoffes ungünstig aus. Gleichfalls unerwünscht ist der grobe Garschaumgraphit (Bild 1.10) wegen der starken Unterbrechung der metallischen Grundmasse.

■ Ü.1.10 und 1.11

#### 1.2.5.2. Silicium

*Silicium* selbst tritt als eigener Gefügebestandteil nicht auf. Es ist im Ferrit der Grundmasse gelöst und wirkt dort festigkeits- und härtesteigernd. Diese Tendenz wird jedoch überdeckt durch seinen Einfluß auf die Graphitausscheidung (Bild 1.11) einerseits und die Abnahme des Perlitanteils andererseits. Die Siliciumgehalte im Gußeisen müssen sich zum Kohlenstoffgehalt gegenläufig ändern. Mit steigendem Siliciumgehalt nimmt die Wanddickenabhängigkeit des Gußeisens zu (Bild 1.12), deshalb soll der erforderliche Sättigungsgrad mit höherem Kohlenstoffgehalt und geringerem Siliciumgehalt angestrebt werden. Empfohlen wird ein Verhältnis von C : Si = (1,5 bis 2,5) : 1.

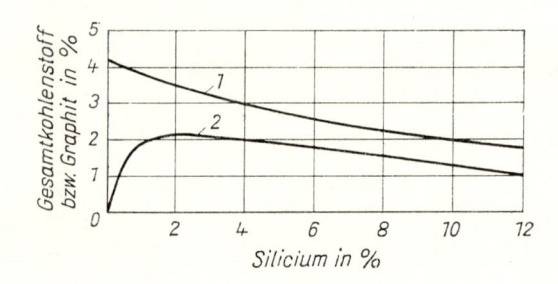

Bild 1.11. Einfluß des Siliciums auf den Graphitanteil hochgekohlter Eisen-Kohlenstoff-Legierungen nach *Piwowarsky* und *Söhnchen*
1 Gesamtkohlenstoff
2 Graphitanteil

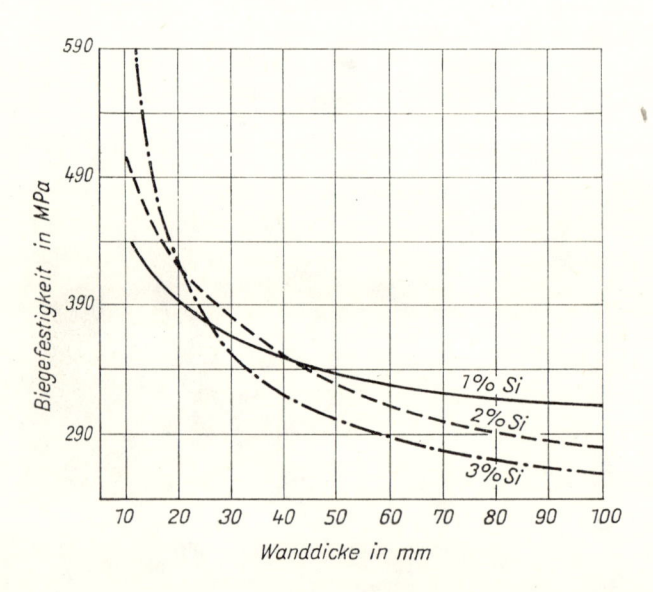

Bild 1.12. Einfluß des Siliciums auf die Biegefestigkeit in Abhängigkeit von der Wanddicke (nach *Keep*)

### 1.2.5.3. Mangan

*Mangan* als Eisenbegleiter hat die Aufgabe, den im Werkstoff vorhandenen Schwefel zu unschädlichem Mangansulfid abzubinden. Im Gefüge finden wir MnS als kleinen taubengrauen Polygonkristall. Der zu wählende Mangangehalt wird auf den Schwefelgehalt nach der Beziehung

% Mn = 3,5 · % S bei GGL-15 und GGL-20 und (1.11)

% Mn = 3,5 · % S + (0,2 bis 0,3%) bei GGL-25, GGL-30 und GGL-35 (1.12)

abgestimmt. Überschüssiges, nicht zur Abbindung des Schwefels benötigtes Mangan begünstigt die Perlitbildung.

**Lehrbeispiel**

Wie hoch ist der Mangangehalt für GGL-25 zu wählen, wenn die Gattierungsrechnung einen Schwefelgehalt von 0,14% erwarten läßt?

Mn = 3,5 · % S + 0,3

Mn = 0,8%

### 1.2.5.4. Phosphor und Schwefel

Mit *Phosphor* entsteht in der Grundmasse ein eigener Gefügebestandteil, das *Phosphideutektikum*. Es handelt sich dabei um ein ternäres Eutektikum der Form Fe—$Fe_3C$—$Fe_3P$. Charakteristisch dafür ist die außerordentlich niedrige Erstarrungstemperatur von 953 °C. Dieser Bestandteil umschließt daher als Restschmelze die schon erstarrten Körner in Form eines Flüssigkeitsfilmes. Bei untereutektischen Legierungen findet man deshalb oft ein ausgeprägtes Phosphidnetz (Bild 1.13). Bei übereutektischen Legierungen ist das Phosphideutektikum regellos verteilt (Bild 1.14). Das Phosphideutektikum hat eine große Härte und fördert deshalb in netzförmiger Verteilung die Verschleißfestigkeit von Gußeisen. Ein zu hoher Phosphidanteil führt jedoch zur Versprödung, insbesondere in Gegenwart von gebundenem Kohlenstoff. Der empfohlene Phosphorgehalt im Gußeisen sinkt deshalb von 0,6% bei GGL-15 bis auf 0,2% bei GGL-35.

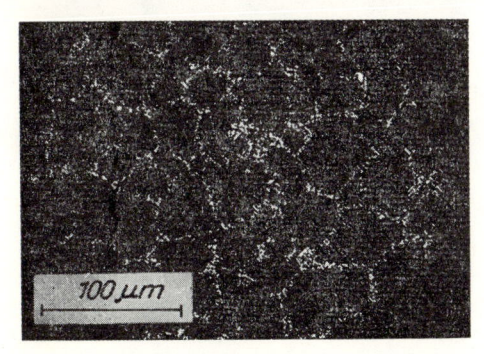

Bild 1.13. Netzwerk von Phosphideutektikum

Bild 1.14. Regellos verteiltes Phosphideutektikum

Phosphor verbessert die Fließfähigkeit und das Formfüllungsvermögen der Schmelze. Zur Sicherung guter Konturentreue bei Kunstguß werden deshalb Phosphorgehalte von 1% und darüber gewählt. Damit verbunden ist jedoch ein Absinken der Schlagfestigkeit. Beim Einsatz höherer Phosphorgehalte bei dünnwandigem Guß ist darauf Rücksicht zu nehmen.

Bei zu hohem, nicht auf Mangan abgestimmtem Schwefelgehalt bildet sich im Gefüge Eisensulfid. Dadurch wird die Carbidbildung gefördert. Versprödung und harte Stellen im Guß sind die Folge. Die Kenntnis und Berücksichtigung des *Mangan-Schwefel-Verhältnisses* lassen mit Sicherheit solche Fehlererscheinungen vermeiden.

### 1.2.6. Mechanische Eigenschaften von GGL

#### 1.2.6.1. Elastizitätsmodul (E-Modul)

Der $E$-Modul für Eisen und Stahl beträgt unabhängig vom Gefügezustand 200 bis 220 GPa und ist unabhängig von der Höhe der elastischen Beanspruchung. Der $E$-Modul von Gußeisen dagegen liegt je nach chemischer Zusammensetzung und der Menge des Graphits zwischen 60 bis 160 GPa und ist im Gegensatz zu Stahl stark abhängig von der Höhe der Beanspruchung. Das ist darauf zurückzuführen, daß die Graphitlamellen wie innere Kerben wirken. Dadurch tritt schon bei geringer Belastung durch Spannungsüberhöhung im Kerbgrund infolge Zusammendrängung der Kraftlinien eine plastische Verformung ein. Bild 1.15 zeigt schematisch das unterschiedliche Verhalten von Stahl und Gußeisen beim Zugversuch. Die Krümmung der Kurve für Gußeisen läßt zunehmende plastische Verformung erkennen.

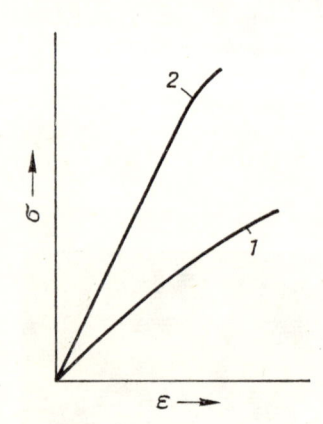

Bild 1.15. Spannungs-Dehnungs-Verhalten von Gußeisen und Stahl
*1* Gußeisen mit Lamellengraphit
*2* Stahl

Eine eindeutige Bestimmung des $E$-Moduls ist damit nicht mehr möglich. Er wird als Tangentenmodul aus der Steigung der Tangente an die $\sigma$-$\varepsilon$-Kurve bestimmt und ist damit lastabhängig.

Um das elastische Verhalten des Gußeisens mit einem lastunabhängigen Wert zu charakterisieren, wird deshalb der $E$-Modul im Ursprung von Belastungs-Verformungs-Kurven bestimmt und mit $E_0$-Modul bezeichnet.

Näherungsweise berechnet man den $E_0$-Modul nach folgenden Regressionsgleichungen (in MPa):

$$E_0 = 200\,350 - 32\,260\,G \quad (G \leqq 2{,}3\%\ \text{Graphit}) \tag{1.13}$$

$$E_0 = 282\,820 - 67\,670\,G \quad (G \geqq 2{,}3\%\ \text{Graphit}). \tag{1.14}$$

Daraus läßt sich ablesen:
Der $E_0$-Modul wird bestimmt durch die primäre Struktur. Er ist in erster Linie abhängig von der Graphitmenge.
Graphitgröße und Graphitverteilung haben nur untergeordnete Bedeutung auf seine Größe.
Der $E_0$-Modul ist mit Ultraschall meßbar, da nur sehr geringe Spannungen vorhanden sind.

### 1.2.6.2. *Brinell*härte

Die *Brinell*härte wird fast ausschließlich von der Struktur der Grundmasse bestimmt. Die Grundmasse selbst ist abhängig von der Abkühlungsgeschwindigkeit im Bereich der eutektoiden Umwandlung.

▶ *Die Brinellhärte wird bestimmt durch die sekundäre Struktur und hängt fast ausschließlich vom Gehalt an gebundenem Kohlenstoff und dem Lamellenabstand im Perlit ab.*

Eine Erhöhung der Abkühlungsgeschwindigkeit im genannten Bereich verringert einerseits den Lamellenabstand im Perlit und erhöht andererseits den Anteil an gebundenem Kohlenstoffgehalt. Bei perlitischer Grundmasse kann man die *Brinell*härte nach der Beziehung

$$HB = \frac{80}{A_0} \tag{1.15}$$

$HB$   Härte
$A_0$   Abstand der Perlitlamellen (in µm)

berechnen.
Bei sehr dünnwandigen Gußteilen bildet sich ein sorbitisches Gefüge mit einem durchschnittlichen Lamellenabstand von 0,25 bis 0,30 µm. Das entspricht einer Härte von 266 bis 320 $HB$. Dies zeigt noch einmal deutlich, daß man hochwertige Gußeisensorten im Interesse einer wirtschaftlichen Zerspanbarkeit für solche Gußteile nicht herstellen kann. Von besonderem Interesse ist, daß die *Brinell*härte auf Erhöhung der Abkühlungsgeschwindigkeit, besonders ausgeprägt bei perlitischen Gußeisensorten, empfindlicher reagiert als der $E_0$-Modul. Ursache ist, daß das Sekundärgefüge stark verfeinert wird, während die Verfeinerung des Primärgefüges kaum wesentlichen Einfluß auf den $E_0$-Modul ausübt.

■ Ü. 1.2

### 1.2.6.3. Zugfestigkeit

Gegenüber Stahl besitzt Gußeisen mit Lamellengraphit eine relativ geringe Zugfestigkeit. Das ist auf die vorhandene Graphitausscheidung zurückzuführen. Die Graphitlamellen, die selbst nur eine sehr geringe Eigenfestigkeit besitzen, unterbrechen die metallische Grundmasse und wirken so querschnittsmindernd. Außerdem wirken die Graphitlamellen wie innere Kerben, so daß bei Beanspruchung an Spitzen der Graphitlamellen Spannungsüberhöhungen auftreten. Querschnittsverminderung und Kerbwirkung des Graphits führen bei Gußeisen mit Lamellengraphit also schon bei geringerer Belastung zum Bruch als bei einem Stahl mit gleicher Grundmasse.

Sie wissen, daß bei Stahl und Stahlguß zwischen Zugfestigkeit und *Brinell*härte ein direkter und linearer Zusammenhang besteht. Bei Gußeisen mit Lamellengraphit konnte ein solcher direkter Zusammenhang nicht nachgewiesen werden. Berücksichtigen Sie, daß der $E_0$-Modul nur von der Primärstruktur, die *Brinell*härte nur von der Sekundärstruktur, die Zugfestigkeit aber sowohl von der Primärstruktur (Graphitmenge und -verteilung) als auch von der Sekundärstruktur (Perlitanteil und Lamellenabstand) abhängig ist, dann ist ein direkter Zusammenhang zwischen diesen drei Größen zu erwarten. Dieser Zusammenhang ist nach folgender Beziehung gegeben:

$$R_m = 10{,}3 \cdot 10^3 \, E_0 \, HB \quad (R_m \text{ in MPa}, E_0 \text{ in GPa}).$$

Damit sind Sie in der Lage, aus den Meßwerten von *Brinell*härte und Zugfestigkeit den $E_0$-Modul genügend genau abzuschätzen.

Der Graphit als Schichtengitter ist in der Lage, Druckspannungen zu übertragen, was sich darin äußert, daß die Druckfestigkeit von GGL erheblich höher als seine Zugfestigkeit ist. Deshalb ist GGL bei Druckbeanspruchung besonders geeignet. Bei biegebeanspruchten Bauteilen kann das durch unterschiedliche Dimensionierung der Druck- und Zugseite genutzt werden.

■ Ü. 1.13

### 1.2.6.4. Relative Härte und Reifegrad

Bei den gesamten bisherigen Ausführungen berücksichtigt man nur den Einfluß der chemischen Zusammensetzung und der Abkühlungsbedingungen auf die Eigenschaften des Gußeisens. Unberücksichtigt blieben bisher der Keimzustand der Schmelze, die Erzeugungsbedingungen und andere die Eigenschaften wesentlich beeinflussenden Parameter. Die Erfassung dieser Einflüsse im voraus ist heute noch nicht möglich. Zur nachträglichen Beurteilung wurden als Qualitätsmerkmale *relative Härte und Reifegrad* eingeführt. Diese Kennziffern vergleichen die maßgebenden Gebrauchseigenschaften mit den bei durchschnittlichen Bedingungen für einen bestimmten Sättigungsgrad theoretisch erreichbaren Werten.

Durch Großzahluntersuchungen wurde ein angenäherter Mittelwert für die auf die Zugfestigkeit bezogene Härte wie folgt gefunden:

$$\overline{HB} = 100 + 0{,}44 \, R_m \quad (R_m \text{ in MPa}). \tag{1.16}$$

Als Quotient von gemessener Härte und Mittelwerthärte erhält man die relative Härte

$$RH = \frac{HB}{\overline{HB}} = \frac{HB}{100 + 0{,}44 \, R_m}. \tag{1.17}$$

Tabelle 1.3 enthält Richtwerte für die relative Härte nach TGL 103-1235. Berücksichtigt man, daß die Grenze für eine wirtschaftliche spangebende Bearbeitung bei

Tabelle 1.3. Richtwerte für Reifegrad und relative Härte

| Qualität der Schmelze | RG in % | RH |
|---|---|---|
| ungenügend | bis 85 | über 1,25 |
| schlecht | über 85···95 | über 1,10···1,25 |
| ausreichend | über 95···105 | über 1,00···1,10 |
| gut | über 105···115 | über 0,90···1,00 |
| sehr gut | über 115 | bis 0,90 |

250 $HB$ liegt, so ergibt sich aus den Grenzwerten der Tabelle, daß bei einer relativen Härte von 1,25 nur bis zu einer Zugfestigkeit von 230 MPa eine wirtschaftliche Zerspanung möglich ist. Bei einer relativen Härte von 0,9 dagegen kann Gußeisen noch bei einer Zugfestigkeit von 396 MPa gut bearbeitet werden.
Auf den Sättigungsgrad bezogen ergibt sich die relative Härte mit der Gleichung

$$RH = \frac{HB}{530 - 344\, S_\mathrm{C}}. \tag{1.18}$$

▶ *Sie erkennen, daß Gußeisensorten mit gleicher Zugfestigkeit bzw. gleichem Sättigungsgrad unterschiedliche Härten aufweisen können. Eine niedrige relative Härte kann durch eine Schmelzbehandlung mit sogenannten Impfmitteln erreicht werden. In gleicher Richtung wirken eine Senkung des Phosphorgehaltes und die Einhaltung des richtigen Mangan-Schwefel-Verhältnisses.*

Es ist aus der Praxis bekannt, daß man gleiche Zugfestigkeiten mit unterschiedlichen Sättigungsgraden erreichen kann. Gießtechnisch vorteilhaft ist es, wenn die geforderte Zugfestigkeit mit einem möglichst hohen Sättigungsgrad erreicht wird. Eine solche Schmelze kann dann mit »reif« bezeichnet werden, da ein hoher Sättigungsgrad verschiedene gießtechnische Vorteile bringt. Durch die niedrigere Liquidus- und damit niedrigere Gießtemperatur wird das Fließvermögen verbessert sowie der Formstoff thermisch geringer beansprucht. Die stärkere Graphitisierungsneigung führt zu geringerer Lunkerung und zu geringeren Spannungen. Dieser allgemeine Zusammenhang ist im Begriff *Reifegrad*, der als Quotient der gemessenen und der berechneten Zugfestigkeit definiert ist, zusammengefaßt.

$$RG = \frac{R_\mathrm{m}}{R_\mathrm{m}} 100 = \frac{R_\mathrm{m}}{1000 - 809\, S_\mathrm{C}} 100. \tag{1.19}$$

Richtwerte dafür finden Sie ebenfalls in Tabelle 1.3. Benutzt man wieder die Grenzwerte dieser Tabelle, so zeigt sich, daß bei einem Gußeisen mit 245 MPa der Sättigungsgrad von 0,88 bis 0,97 um einen Reifegrad von 85% bis 115% schwanken kann.
Hohe Reifegrade erhält man bei gleichmäßiger Graphitverteilung und mit Verfeinerung der eutektischen Zelle. Maßnahmen, die eine geringe relative Härte begünstigen, führen in der Regel auch zu einem höheren Reifegrad.
Bei ständiger Registrierung von relativer Härte und Reifegrad und gleichzeitiger Beobachtung der Erzeugungsbedingungen wird man, obwohl die beiden Werte erst nachträglich zur Verfügung stehen, mit der Zeit in die Lage versetzt, von vornherein auf eine hohe Qualität der Gußeisenschmelze hinzuarbeiten.

## 1.2.6.5. Dämpfung

**Unter Dämpfung eines Werkstoffes versteht man die Eigenschaft, bei einem Verformungsprozeß einen Anteil der Energie der Verformungsarbeit in Wärme umzuwandeln.**

Vergleichen Sie diesbezüglich einen eutektoiden Stahl mit einem perlitischen Gußeisen mit Lamellengraphit, so zeigt sich, daß dem Werkstoff mitgeteilte Schwingungen bei Gußeisen wesentlich schneller abgebaut werden. Die große Dämpfung von Gußeisen hat demnach ihre Ursache in den vorhandenen Graphitlamellen, die eine unregelmäßige Unterbrechung der Grundmasse bewirken. Die dadurch bedingte inhomogene innere Spannungsverteilung setzt einer periodisch erfolgenden Formänderung einen großen Reibungswiderstand schon bei kleinsten Spannungen der Größenordnung 10 kPa entgegen. In der großen *Dämpfungsfähigkeit* des GGL liegt einer der wichtigsten Gründe für das günstige Verhalten bei dynamischer Beanspruchung. Die Dämpfung nimmt mit steigendem Graphitgehalt zu. Mit zunehmend kompakterer Ausbildung des Graphits nimmt die Dämpfung ab, bei kugeliger Form des Graphits ist sie am niedrigsten, jedoch immer noch höher als bei Stahl. Die Verteilung des Graphits hat ebenfalls Einfluß. Das Verhältnis der Dämpfung von Stahl, GGG und GGL ist 1 : 1,8 : 4,3.

## 1.2.7. Einfluß der Schmelzbehandlung auf das Gefüge

### 1.2.7.1. Überhitzung der Schmelze

Sie wissen aus dem früher behandelten Stoff, daß mit der Erhöhung der Temperatur die Löslichkeit von Fremdkeimen zunimmt. Können sich auf Grund entsprechender Abkühlbedingungen nicht wieder Fremdkeime bilden, so kristallisieren Primäraustenit und Graphiteutektikum von wenigen Keimen ausgehend. Dadurch bilden sich strahlige Primärdendriten und grobe eutektische Zellen mit nicht erwünschtem netzförmig entartetem Graphit. Bei nur mittlerer Überhitzung mit größerer Anzahl von Keimen bildet sich der ebenfalls nicht erwünschte Rosettengraphit. Läßt man nach *Überhitzung* die Schmelze in der Pfanne bis auf Gießtemperatur abstehen und steht während der Erstarrung genügend Zeit zur Keimbildung zur Verfügung, so erhalten wir eine regellose Anordnung des Primäraustenits, feine eutektische Zellen und gleichmäßige Verteilung des Graphits mit allen daraus resultierenden günstigen Eigenschaften.

### 1.2.7.2. Impfen

Unter *Impfen* versteht man die Bildung von Fremdkeimen in der Schmelze durch Zusätze insbesondere in Form von Ferro-Silicium oder Calcium-Silicium (s. »Grundlagen metallischer Werkstoffe, ...«). Bei der Auflösung dieser Zusätze werden örtlich Fremdkeime gebildet, die eine günstige Kristallisation einleiten. Die Impfung ist bei niedriger Temperatur am erfolgreichsten, da hier durch Übersättigung der Schmelze die Keimbildung begünstigt wird. Man erhält auf diese Weise den gewünschten gleichmäßig verteilten Graphit. Ein zu langes Abstehen der Schmelze läßt den Impfeffekt wieder abklingen. Ein Impfen erweist sich immer dann als zweckmäßig, wenn hohe Abkühlungsgeschwindigkeiten in der Form bei niedrigen Sättigungsgraden vorliegen.

■ Ü. 1.14

## 1.3. Gußeisen mit Kugelgraphit (GGG)

Aus den bisherigen Ausführungen ist ersichtlich, daß Zugfestigkeit, Dehnung und Zähigkeit des Gußeisens mit Lamellengraphit weit unter den Werten des Stahles liegen, obgleich die metallische Grundmasse alle Gefügetypen des Stahles aufweisen kann. Als Ursache erkannten Sie die gefügeunterbrechende Wirkung des Graphits. Durch Überführung der Graphitlamellen in eine kugelförmige Gestalt gelingt die Erzeugung eines Gußeisens mit einer Zugfestigkeit von 390 bis 690 MPa und darüber bei einer Bruchdehnung bis 15 %. Die hohe Dämpfungsfähigkeit des Gußeisens mit Lamellengraphit wird nicht erreicht, jedoch ist sie höher als die des Stahles.

Es ist somit festzustellen, daß Gußeisen mit Kugelgraphit ein eigenständiger Werkstoff in der Gußeisengruppe ist und spezifische Eigenschaftsmerkmale besitzt.

**Nach TGL 8189 versteht man unter Gußeisen mit Kugelgraphit (GGG) einen Eisen-Kohlenstoff-Gußwerkstoff, dessen als Graphit vorliegender Kohlenstoffanteil nahezu vollständig in weitgehender kugeliger Form vorliegt.**

### 1.3.1. Einflußgrößen auf die Kugelgraphitbildung

Über die Entstehung des *Kugelgraphits* gibt es heute noch keine einheitliche Theorie. Es erfolgt deshalb hier vorwiegend eine Darstellung experimenteller Beobachtungen. Nach *Adey* entsteht Kugelgraphit bei größtmöglicher Unterkühlungsstufe des stabilen Systems Eisen—Kohlenstoff. Eine weitere Unterkühlung führt zu weißerstarrtem Gußeisen. Besonders begünstigt wird die Einformung des Graphits durch Behandlung der Gußeisenschmelze mit sogenannten Kugelgraphitbildnern. Dazu gehören Cer, Magnesium, Calcium, Thorium, Lanthan, Yttrium, Kalium, Natrium, Barium, Strontium und Lithium. Zu Beginn der Entwicklung wurde vorwiegend Cer eingesetzt, während sich in der Folgezeit in der Technik die Schmelzbehandlung mit Magnesium durchgesetzt hat.

Die Kugelgraphitbildung wird deshalb an der *Magnesiumbehandlung* dargestellt. Die Wirkung des Magnesiums wird wie folgt begründet:

*a)* Erhöhung der Oberflächenspannung der Schmelze,
*b)* desoxydierende und entschwefelnde Wirkung,
*c)* Raffinationswirkung und dadurch Unterkühlung der Schmelze.

Zweifellos ist die Erhöhung der Oberflächenspannung auf den im Punkt *b)* genannten Einfluß zurückzuführen, da Sauerstoff und Schwefel die Oberflächenspannung stark herabsetzen. Gestützt wird diese Feststellung dadurch, daß bei Überschreiten eines optimalen Magnesiumgehaltes die Oberflächenspannung wieder sinkt und der Übergang zur lamellaren Graphitausbildung erfolgt.

Der technisch interessierende Magnesiumgehalt liegt bei 0,04 bis 0,1 % in der metallischen Grundmasse gelösten Magnesiums.

In diesem Bereich stellt man bei 100 %iger Kugelbildung gleichfalls den kleinsten Durchmesser der Kugel fest. Dieser Zusammenhang ist im Bild 1.16 schematisch dargestellt.

Im Ausgangseisen soll der Schwefelgehalt möglichst niedrig ($< 0{,}14 \%$) liegen, um eine einwandfreie Magnesiumbehandlung sowie hohe Magnesiumausbeute zu sichern.

Die unter Punkt *c)* genannte Unterkühlung stimmt mit der Forderung von *Adey*

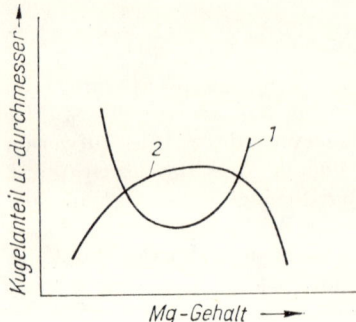

Bild 1.16. Einfluß des Magnesiums auf die Kugelgraphitbildung (schematisch)
1 Kugeldurchmesser
2 Kugelanteil

überein. Im Sinne dieser Unterkühlung wirkt ebenfalls die stark carbidstabilisierende Wirkung des Magnesiums, wenn das metastabile System als Unterkühlungsstufe des stabilen aufgefaßt wird.
Beachten Sie in diesem Zusammenhang, daß Abkühlungskurven von mit Magnesium behandeltem Gußeisen tatsächlich eine nach tieferen Temperaturen verschobene Erstarrung anzeigen.
Gestört wird die Kugelgraphitbildung durch die sogenannten *Störelemente* Schwefel, Sauerstoff, Titan, Bismut, Blei, Zinn, Arsen und Tellur. Während die Störwirkung von Schwefel und Sauerstoff bei der Magnesiumbehandlung durch Überführung in inaktive Verbindungen aufgehoben wird, führt bei Anwesenheit von geringen Mengen der anderen Elemente die Magnesiumbehandlung nicht zum Erfolg, da durch sie die Oberflächenspannung stark herabgesetzt wird. Bemerkenswert ist, daß sie um so stärker stören, je langsamer die Abkühlung erfolgt. Sie wissen, daß die Abkühlungsgeschwindigkeit Einfluß auf den Grad der Unterkühlung hat, so daß Sie annehmen können, daß die Störelemente auch im Sinne einer Aufhebung der notwendigen Unterkühlung wirken. So ist z. B. bei Titan der wanddickenabhängige Störeinfluß eindeutig nachgewiesen. Außerdem ist Titan als graphitisierendes Element im Gußeisen bekannt und wirkt so ebenfalls einer Unterkühlung entgegen.
Bei welch geringen Mengen die Störelemente wirksam werden, wollen Sie sich an folgenden Beispielen verdeutlichen. Bei Titan geht die Kugelbildung ab 0,02% zurück, bei Blei ab 0,009% und bei Bismut ab 0,003%. In Gegenwart von Titan wird Bismut sogar schon ab 0,001% schädlich. Der Störeinfluß von Titan hängt außerdem in hohem Maße vom Magnesiumgehalt des Eisens ab (Bild 1.17).
Den Einfluß von Oberflächenspannung und Störelementen verdeutlicht Bild 1.18. Im unbehandelten Zustand (Punkt $A$) liegt bei niedriger Oberflächenspannung Lamellengraphit vor. Durch die Magnesiumbehandlung der Schmelze wird die Oberflächenspannung so erhöht, daß Kugelgraphitbildung einsetzt (Punkt $B$). Durch nachfolgende Zugabe von Antimon wird sie wieder vermindert, so daß erneut Lamellengraphit festzustellen ist (Punkt $C$). Dieser schädliche Einfluß der Störelemente kann in den meisten Fällen durch Cerbehandlung immunisiert werden. Durch die gestiegene Oberflächenspannung entsteht erneut Kugelgraphit (Punkt $D$).
Die Bilder 1.19 bis 1.22 zeigen das Gefüge von GGG im Vergleich zum Gefüge GGL. Bei der Erzeugung von Gußeisen mit Kugelgraphit wird eutektische bis übereutektische Zusammensetzung bei Sättigungsgraden bis 1,15 angestrebt. In diesem Bereich ist mit größerer Sicherheit die Kugelgraphitbildung zu erreichen. Außerdem erhält man ein Eisen mit guter Fließfähigkeit. Folgende Analysenwerte werden z. B. eingehalten: 3,6 bis 3,9% C, 2,4 bis 2,6% Si, 0,5 bis 0,7% Mn, 0,1% P, 0,03 bis 0,06% S.

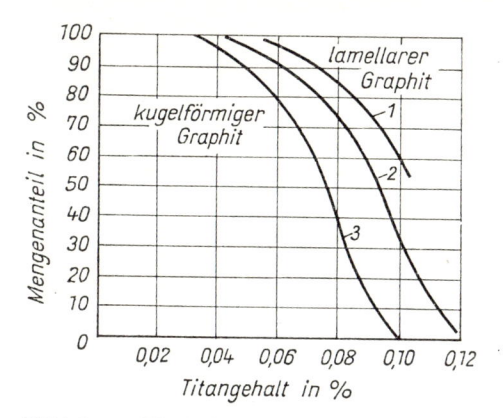

**Bild 1.17.** Einfluß von Titan auf den Anteil von Kugelgraphit nach *Stepin*
*1* 0,08 % Mg
*2* 0,055 % Mg
*3* 0,035 % Mg

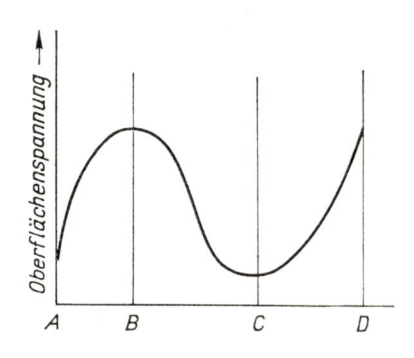

**Bild 1.18.** Einfluß der Störelemente auf die Kugelgraphitbildung nach *Milman*
*A* ohne Mg
*B* mit 0,3 % Mg
*C* mit 0,3 % Mg + 0,2 % Sb
*D* mit 0,3 % Mg + 0,2 % Sb + 0,05 % Ce

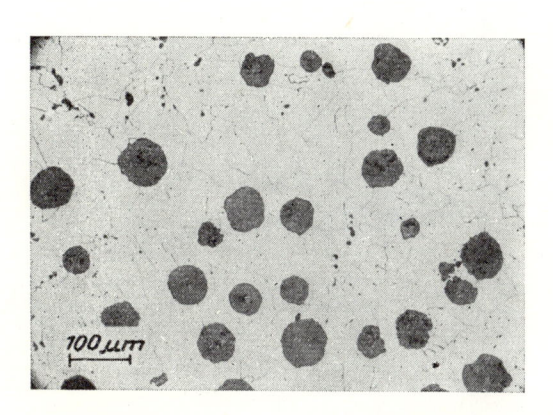

**Bild 1.19.** GGG mit ferritischer Grundmasse

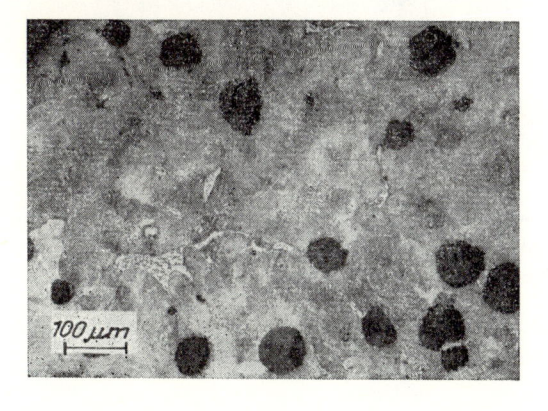

**Bild 1.20.** GGG mit perlitischer Grundmasse

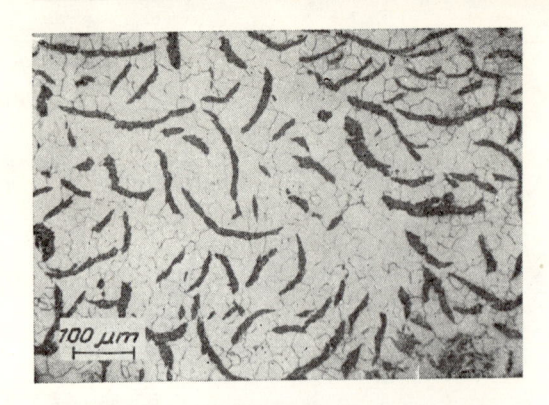

Bild 1.21. GGL mit ferritischer Grundmasse

Bild 1.22. GGL mit perlitischer Grundmasse

▶ *Nach den bisherigen Ausführungen erkennen Sie, daß die technologische Beherrschung des Werkstoffes Gußeisen mit Kugelgraphit nicht einfach ist. Die genaue Kenntnis des Zusammenhanges zwischen Ausgangsanalyse, Magnesiumbehandlung, Störelementen und Abkühlungsgeschwindigkeit ist Voraussetzung für eine sichere und qualitätsgerechte Erzeugung.*

■ Ü. 1.15

### 1.3.2. Wärmebehandlung

Das magnesiumbehandelte Gußeisen zeigt eine erhöhte Neigung zur Weißerstarrung. Je nach vorliegenden Erzeugungsbedingungen kann im Gefüge deshalb Ledeburit in unterschiedlicher Menge vorhanden sein. Da dadurch Härte und Sprödigkeit erhöht und die plastischen Eigenschaften erniedrigt werden, erfolgt ein *graphitisierendes Glühen* bei 950 °C. Auf Grund der hohen Siliciumgehalte gelingt der vollständige Zementitzerfall in Fe($\gamma$) + C des Ledeburits je nach chemischer Zusammensetzung und Wanddicke bereits bei 1 bis 3 h Glühdauer.

**Man bezeichnet den Glühvorgang zur Zerlegung des ledeburitischen Zementits als graphitisierendes Glühen bei hoher Temperatur.**

Die Abkühlgeschwindigkeit nach dem Glühen bestimmt die Gefügeausbildung der Grundmasse. Bei Luftabkühlung erhält man eine perlitische Grundmasse. Wird kurz unterhalb der Temperatur der eutektoiden Umwandlung die Temperatur angehalten, können wir je nach Haltezeit rein ferritische oder perlitisch-ferritische Grundmasse erzielen.

Um eine rein ferritische Grundmasse aus einem im Gußzustand perlitisch-ferritisch vorliegenden Gefüge zu erhalten, wird unterhalb der eutektoiden Temperatur bei 700 °C geglüht, mit nachfolgender Luftabkühlung bis auf 600 °C. Dadurch erreicht man einen Zerfall des perlitischen Zementits.

■ Ü. 1.16

**Den Glühvorgang zur Zerlegung des perlitischen Zementits bezeichnet man als graphitisierendes Glühen bei niedriger Temperatur.**

Auf Grund der stahlähnlichen Grundmasse ergibt sich die Frage, ob sich eine Wärmebehandlung auf die Graphitisierung beschränken muß. Im Grunde genommen stellt die Grundmasse einen mit Silicium legierten Stahl dar. Demzufolge kann man alle dort durchführbaren Wärmebehandlungsverfahren bei GGG ebenfalls anwenden. Dadurch können spezifische Eigenschaften erzielt werden, die dem Gußeisen mit Kugelgraphit ein weites Feld der Anwendung eröffnen. Sie müssen natürlich beachten, daß wegen des Graphits und erhöhter Gehalte anderer Eisenbegleiter die technologischen Vorschriften der Wärmebehandlung des Stahls nicht einfach übernommen werden können.

Hier sei eingefügt, daß die Grundmasse von GGL gleiche Voraussetzungen für die Wärmebehandlung bietet. Der Werkstoff verträgt auf Grund seiner Sprödigkeit jedoch keine schroffe Abschreckung, so daß man sich auf eine Oberflächenhärtung zur Erhöhung der Verschleißfestigkeit beschränkt.

Sowohl für GGG als auch für GGL muß zum Zweck der Wärmebehandlung ein entsprechender Anteil gebundenen Kohlenstoffs ($>0,5\%$) vorhanden sein.

Über die Vergütung von GGG liegen in der Literatur zahlreiche Informationen vor. Danach lassen sich die bekannt gewordenen Vergütungstechnologien in sechs Grundvarianten einteilen, die in Bild 1.23 schematisch dargestellt sind. Im Bild ist jeweils das eutektoide Intervall — der Temperaturbereich zwischen $A_{1,1}$ und $A_{1,2}$ — sowie ein vereinfachtes ZTU-Diagramm enthalten.

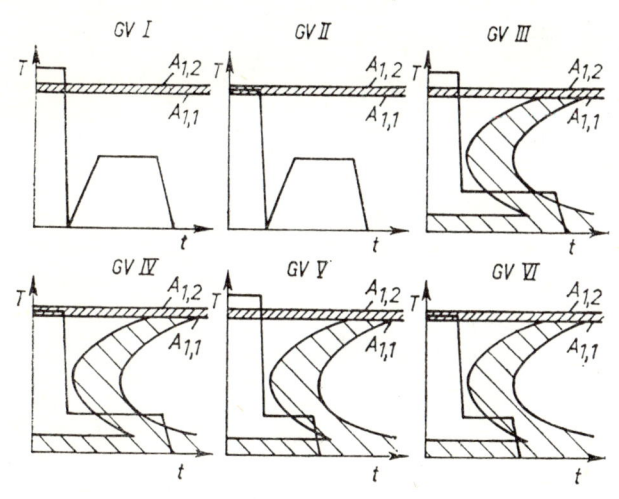

Bild 1.23
Grundvarianten für das Vergüten von GGG

*Grundvariante I:* Vergüten (Härten und Anlassen) nach vollständiger Austenitisierung

*Grundvariante II:* Vergüten (Härten und Anlassen) nach unvollständiger Austenitisierung

*Grundvariante III:* Zwischenstufenvergütung nach vollständiger Austenitisierung und mit vollständiger Zwischenstufenumwandlung

*Grundvariante IV:* Zwischenstufenvergütung nach unvollständiger Austenitisierung und mit vollständiger Zwischenstufenumwandlung

*Grundvariante V:* Zwischenstufenvergütung nach vollständiger Austenitisierung und mit unvollständiger Zwischenstufenumwandlung

*Grundvariante VI:* Zwischenstufenvergütung nach unvollständiger Austenitisierung und mit unvollständiger Zwischenstufenumwandlung

Bei jeder Grundvariante kann der Gefügeausgangszustand ferritisch oder perlitisch sein. Dadurch kann der C-Gehalt im Austenit variiert werden. Bei Verwendung des perlitischen Gefüges wird bei Austenitisierung in der Regel eine Sättigung des Austenits mit C angestrebt, bei ferritischem Ausgangszustand kann je nach Wahl der Austenitisierungszeit ein unterschiedlicher C-Gehalt im Austenit angestrebt werden. Wir sehen, daß die Eigenschaften also vielfältig variierbar sind.

### 1.3.3. Mechanische Eigenschaften

Gegenüber Gußeisen mit Lamellengraphit werden die mechanischen Eigenschaften des magnesiumbehandelten Gußeisens in höherem Maß von der metallischen Grundmasse bestimmt. In Tabelle 1.4 sind die mechanischen Werte von GGG nach TGL 8189 zusammengestellt. Die Eigenschaften von GGG-8002 und GGG-9001 werden durch Vergüten erreicht.

Tabelle 1.4. Gußeisen mit Kugelgraphit

| Marke | $R_m$ in MPa | $A_5$ in % | $HB$ Richtwerte |
|---|---|---|---|
| GGG-4012 | 390 | 12 | 140···200 |
| GGG-4015 | 390 | 15 | 140···200 |
| GGG-5005 | 490 | 5 | 180···260 |
| GGG-5010 | 490 | 10 | 150···230 |
| GGG-6002 | 590 | 2 | 200···280 |
| GGG-6003 | 590 | 3 | 190···270 |
| GGG-7002 | 690 | 2 | 220···300 |
| GGG-8002 | 780 | 2 | 260···340 |
| GGG-9001 | 880 | 1 | 280···360 |

Als besonders bemerkenswert wollen wir festhalten, daß Gußeisen mit Kugelgraphit bei gleicher Zugfestigkeit wie Stahl eine beträchtlich höhere *0,2-Dehngrenze* aufweist. Diese Tatsache ist für den Maschinenkonstrukteur von beachtlicher Bedeutung. Zum Beispiel hat GS-50 eine Spannung $R_{p0,2} = 255$ MPa und GGG-50 $R_{p0,2} = 340$ MPa.

### 1.3.4. Anwendungsgebiete für Gußeisen mit Kugelgraphit

Gußeisen mit Kugelgraphit schließt als Konstruktionswerkstoff eine Lücke zwischen Stahlguß und Gußeisen mit Lamellengraphit. Beim Vergleich der mechanischen Eigenschaften ist zu erkennen, daß GGG eine Reihe wertvoller Eigenschaften in sich vereinigt und deshalb anstelle von Stahlgußteilen oder Schmiedeteilen eingesetzt wird. Der Ersatz von Stahlgußteilen durch GGG ist besonders deshalb von Bedeutung, weil dadurch zur Entspannung der Stahlgußkapazität beigetragen wird. Für den Konstrukteur ist dabei die Tatsache wichtig, daß bei gleicher Zugfestigkeit eine höhere Streckgrenze zur Verfügung steht und die zwar geringeren Dehnungswerte gegenüber Stahlguß in der Regel ausreichen. Ein wesentlicher Vorteil ist die bessere Gießbarkeit, da dadurch dünnwandigere Konstruktionen möglich werden. Damit ist wegen der geringeren Masse bei etwa gleichen Kosten je kg von GS und GGG eine Kosteneinsparung verbunden. Bei Ersatz von Schmiedeteilen durch GGG wird eine große Metalleinsparung erzielt, verbunden mit einer beträchtlichen Einsparung an Zerspanungskosten.
Gußteile aus Gußeisen mit Kugelgraphit werden für Walzwerks-, Schmiede- und Pressenausrüstungen eingesetzt, so z. B. Schmiedehammeramboß, Pressentraverse, Walzgerüstsohlplatte, metallurgische Walzen usw.
Im Kraftfahrzeugbau hat GGG eine weite Verbreitung gefunden. Achsgehäuse, Lenkgehäuse, Gehäusedeckel, Motorensockel, Federsockel, Differentialgehäuse u. a. sind heute ohne diesen Werkstoff nicht mehr denkbar.
Ein besonderes Anwendungsgebiet fand der Werkstoff bei der Erzeugung von Gußkurbelwellen im Kraftfahrzeugbau und im Dieselmotorenbau. Gußeisen mit Kugelgraphit hat im Vergleich zu Stahl eine relativ höhere Dauerfestigkeit. Besonders vorteilhaft ist die geringe Neigung dieses Werkstoffes zur Bildung von Spannungsspitzen an Querschnittsübergängen.
Im Landmaschinenbau ist GGG einsetzbar für Kettenräder, bestimmte Zahnräder und Tauchkolbeneinsätze, im Turbinenbau für Gehäuse, Regulierung usw.
Die sehr unvollständige Aufzählung zeigt, daß dieser Werkstoff Einsatzmöglichkeiten für ein breites Sortiment bietet. Wie Sie oben feststellen konnten, sind damit meistens auch ökonomische Vorteile verbunden.

### 1.4. Gußeisen mit Vermiculargraphit (GGV)

Mit der zunehmenden Einführung von Gußeisen mit Kugelgraphit wurde die Ausbildung von *Vermiculargraphit* festgestellt. In den letzten Jahren wurde dieser neue Gußeisenwerkstoff, das Gußeisen mit Vermiculargraphit, in mehreren Ländern gezielt in die Produktion eingeführt.
Wie in Bild 1.24 deutlich wird, ähnelt dieser Vermiculargraphit einem kompakten Lamellengraphit. Diese Graphitform ist als eine Übergangsform vom Kugelgraphit zum Lamellengraphit zu betrachten. Demzufolge ordnen sich die Eigenschaften dieses Werkstoffes zwischen die von GGG und GGL ein, wobei je nach Ausbildung der Grundmasse, der Schmelzbehandlung oder Wärmebehandlung die mechanischen Eigenschaften in weiten Grenzen schwanken können (Tabelle 1.5).
Hergestellt wird Gußeisen mit Vermiculargraphit durch Zusatz kugelgraphitbildender Elemente mit gezieltem Zusatz von Störelementen oder durch eine gezielte Unterbehandlung mit kugelgraphitbildenden Elementen.

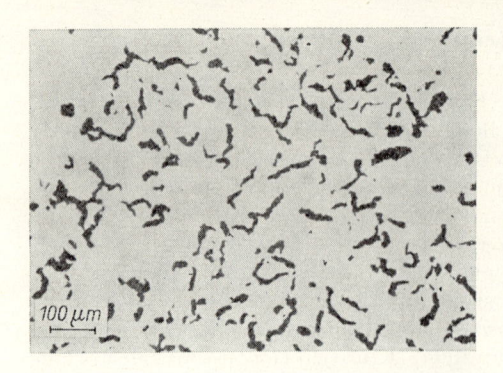

Bild 1.24. Vermiculargraphit

Tabelle 1.5. Mechanische Eigenschaften von GGV

| | |
|---|---|
| Zugfestigkeit | 310···620 MPa |
| Streckgrenze | 240···420 MPa |
| Bruchdehnung | 1···11% |
| Härte $HB$ | 132···175 |
| $E$-Modul | 136···188 · $10^3$ · MPa |

Der Einsatz von GGV bewährt sich dort, wo Gußteile mit schwierig zu speisenden Partien zu gießen sind und bessere mechanische Werte als bei GGL erforderlich werden. Bei temperaturwechselbeanspruchten Teilen, wie bei Zylinderköpfen, wirken sich zusätzlich die bessere Wärmeleitfähigkeit und die Beständigkeit gegen primäres Wachsen bei ferritischem GGV günstig aus. Ein weiteres Anwendungsgebiet bietet sich für die Herstellung von Kolbenringen.

## 1.5. Legiertes Gußeisen

Grundsätzlich spricht man dann von legiertem Gußeisen, wenn der Silicium- und Mangangehalt die übliche Grenze überschreiten bzw. wenn andere *Legierungselemente* zulegiert werden und dadurch Eigenschaften erzielt werden, die durch unlegiertes Gußeisen nicht erreichbar sind.
Die Wirkung der Zusatzelemente beruht auf Veränderung der Ausscheidungsmenge und Ausbildungsform des Graphits sowie auf entscheidender Einflußnahme auf die metallische Grundmasse.
Beim Graphit wird eine feine Verteilung angestrebt, wobei das einzelne Graphitblatt in seinem Volumen möglichst gedrungen sein soll.
Die metallische Grundmasse verhält sich wie der Stahl. Die Legierungselemente können so eingesetzt werden, daß sorbitisches, troostitisches, martensitisches oder austenitisches Gefüge treffsicher erreicht werden kann.
Der Einfluß der Legierungselemente wird in bezug auf die Graphitausscheidung in *carbidstabilisierende* (z. B. Chrom, Vanadin, Molybdän) und *carbidzerlegende* (z. B. Nickel, Aluminium, Kupfer) Elemente unterteilt. Vom Stahl her wissen Sie, daß einige Elemente eigene Carbide bilden.
Das Legieren von Gußeisen dient vornehmlich dem Zweck, besondere Eigenschaften bei mechanischer, thermischer und chemischer Beanspruchung zu erzielen.

## 1.5.1. Legiertes Gußeisen mit besonderen Eigenschaften bei mechanischer Beanspruchung

Zur Erzielung spezifischer mechanischer Eigenschaften werden vorwiegend Nickel bis 4,5%, Molybdän bis 1,0%, Chrom bis 0,6% und Kupfer bis 2,3% eingesetzt. Bild 1.25 zeigt den Einfluß der wichtigsten Legierungselemente auf Härte und Zugfestigkeit von Gußeisen. *Nickel* begünstigt die Graphitausscheidung (etwa 1/3 der Wirkung des Siliciums), so daß es sich empfiehlt, den Siliciumgehalt entsprechend niedriger zu halten. Von besonderer Bedeutung ist das Absinken der kritischen Abkühlungsgeschwindigkeit bei der $\gamma$-$\alpha$-Umwandlung durch Nickel. Dadurch erhalten wir in Abhängigkeit von der Abkühlungsgeschwindigkeit schon im Sandguß Unterkühlungsstrukturen mit erhöhter Zugfestigkeit und Härte (Bild 1.26). Die

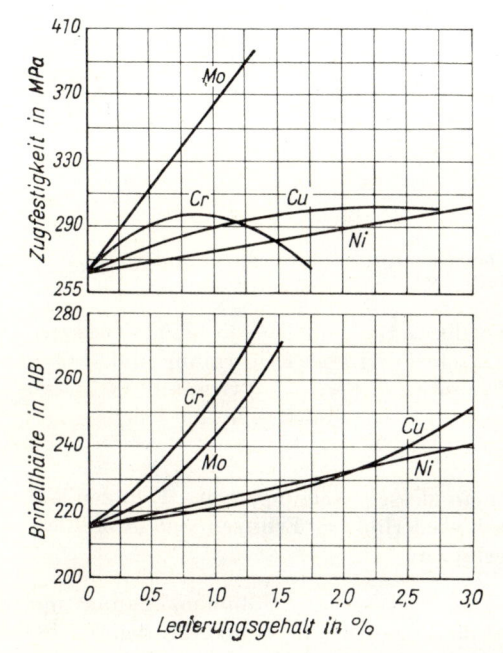

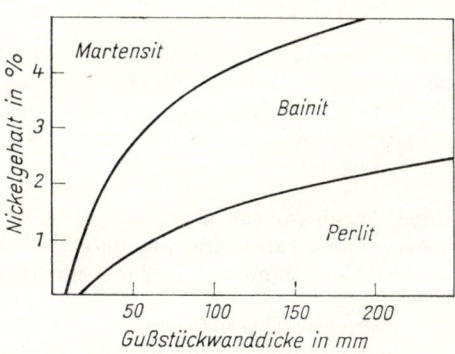

Bild 1.25. Einfluß einiger Legierungselemente auf Zugfestigkeit und Härte von Gußeisen nach *Crosby*

Bild 1.26. Einfluß von Nickel auf das Gefüge von Gußeisen bei 0,8% Mo nach *Motz*

Zunahme der Zugfestigkeit kommt erst bei hochgekohlten Eisensorten richtig zur Auswirkung. Es ist von besonderem Interesse, daß durch Nickel die Wanddickenabhängigkeit stark herabgesetzt wird, so daß auch bei starkwandigen Gußteilen gleiche Eigenschaften über den gesamten Querschnitt erreichbar sind.

■ Ü. 1.17

Beim Legierungselement *Chrom* fällt besonders die stark carbidstabilisierende Wirkung auf. Schon Zusätze bis 0,3% Chrom führen zu einem merklichen Anstieg von Zugfestigkeit und Härte sowie zur Verbesserung der Verschleißfestigkeit. Bei Gehalten über 0,6% ist in dünnen Wanddicken schon mit völliger Weißerstarrung zu rechnen. Insgesamt nimmt die Versprödung des Werkstoffes zu. Der durch Chrom entstandene ledeburitische Zementit und Sekundärzementit lassen sich auch durch eine nachträgliche Glühbehandlung nur schwer zerlegen.

*Molybdän* verringert die Wanddickenabhängigkeit der Eigenschaften des Gußeisens auf Grund der Verfeinerung des Graphits. Zugfestigkeit und Härte werden schon bei niedrigen Zusätzen stark erhöht.

*Kupfer* erhöht Härte und Zugfestigkeit. Bemerkenswert ist, daß bei Gußeisen mit zu niedrigem Siliciumgehalt eine Härteminderung mit Härteausgleich über den gesamten Querschnitt erfolgt.

**Lehrbeispiel**

Es sollen starkwandige Gußteile mit hoher Zugfestigkeit und erhöhter Verschleißfestigkeit hergestellt werden. Welche Legierungselemente sind für diesen Fall einzusetzen?
Zum Erreichen gleichen Gefüges über die Wanddicke wird Nickel eingesetzt. Zur Erhöhung der Verschleißfestigkeit kommt Chrom zum Einsatz. Geringe Zusätze an Molybdän gewährleisten die notwendige Zugfestigkeit.

### 1.5.2. Legiertes Gußeisen mit besonderen Eigenschaften bei thermischer Beanspruchung

Von der Wärmebehandlung bei Stahl sind die Gefügeänderungen beim Erwärmen und Abkühlen bekannt. Bei Gußeisen beobachtet man bei Erwärmung und Halten ab 450 °C einen Zerfall des perlitischen Zementits in Ferrit und Graphit. Mit dieser Graphitausscheidung ist eine Volumenzunahme verbunden, die als *Wachsen* des Gußeisens bezeichnet wird.

**Unter Wachsen von Gußeisen versteht man dessen Neigung, beim Erhitzen auf höhere Temperatur, insbesondere aber bei wiederholtem Erhitzen und Abkühlen, irreversible Volumenvergrößerungen zu erfahren.**

Bei Temperaturbeanspruchung unterhalb $A_1$ beträgt die Volumenzunahme nur wenige oder Zehntel Prozente. Bei Beanspruchung oberhalb $A_1$ verläuft der Wachstumsvorgang wesentlich schneller und führt ebenfalls zu größerer Volumenzunahme. Das ist darauf zurückzuführen, daß neben der Graphitausscheidung Oxydationsvorgänge an der Oberfläche und entlang den Graphitlamellen in das Innere des Gefüges ablaufen.

Man bezeichnet die Volumenzunahme durch Graphitausscheidung als primäres Wachsen und die Volumenzunahme durch Oxydation als sekundäres Wachsen.

Zur Vermeidung des primären Wachsens ist eine Stabilisierung der Eisencarbide anzustreben. Zu diesem Zweck wird vorwiegend Chrom eingesetzt, das schon bei 1% eine hohe Volumenbeständigkeit sichert. Das sekundäre Wachsen wird mittels Aufbaus von dichten und festhaftenden Oxydationsschichten verhindert. Dafür werden vorwiegend Chrom, Aluminium und Silicium genutzt. Bei Temperaturbeanspruchung über 1000 °C werden Chrom und Nickel kombiniert eingesetzt. Das dabei entstehende umwandlungsfreie austenitische Gefüge begünstigt die feste Haftung der dichten Deckschicht. Beachtenswert ist hierbei die übereinstimmende Wirkung der genannten Legierungselemente mit dem in »Stähle und ihre Wärmebehandlung, Werkstoffprüfung« behandelten Einfluß auf hitze- und zunderbeständige Stähle.

■ Ü. 1.18

Die Erhöhung der Warmfestigkeit von Gußeisen wird besonders durch Molybdän begünstigt. Chrom und Nickel haben einen ähnlichen Einfluß.

### 1.5.3. Legiertes Gußeisen mit besonderen Eigenschaften bei chemischer Beanspruchung

Bei der Erzeugung korrosionsbeständiger Gußeisenlegierungen wird angestrebt, daß nur ein geringer Anteil oder gar kein Graphit im Gefüge auftritt, da das Lokalelement Ferrit—Graphit eine hohe Potentialdifferenz besitzt und dadurch die elektrochemische Korrosion begünstigt. Durch Zusatz von Nickel und Chrom in den Gehalten von 0,5 bis 1,5 % erhält man ein laugenbeständiges Gußeisen. Die breiteste Anwendung haben hochlegierte Cr-Ni- und Cr-Ni-Cu-Legierungen gefunden. Das dabei erzielte homogene austenitische Gefüge begünstigt die Erhöhung der chemischen Beständigkeit. Auf Kupfer muß beim Einsatz in der Nahrungsmittelindustrie verzichtet werden.
Über chemische Zusammensetzung und mechanische Eigenschaften von legiertem Gußeisen gibt TGL 14414 Auskunft.

## 1.6. Temperguß (GT)

*Temperguß* ist ein Gußeisen, das vollständig nach dem metastabilen System des Eisen-Kohlenstoff-Diagramms erstarrt und dessen Kohlenstoff bei der anschließenden Wärmebehandlung teilweise oder vollständig in elementare Form *(Temperkohle)* überführt oder aus dem Werkstoff entfernt wird.
Die metastabile Erstarrung wird erreicht, indem Kohlenstoff- und Siliciumgehalt entsprechend niedrig gehalten werden. Die Wärmebehandlung kann in entkohlender oder in neutraler Atmosphäre erfolgen. In entkohlender Atmosphäre erfolgt bei dünnwandigen Gußteilen eine fast vollständige Entkohlung. In dickwandigen Gußteilen ist die Randzone entkohlt, während in der Kernzone lediglich der Zementit des Ledeburits zerlegt wird. Die Randzone zeigt demzufolge ferritisches Gefüge, während der Kern aus Perlit und Temperkohle besteht. Bei der Wärmebehandlung in neutraler Atmosphäre wird je nach Abkühlungsgeschwindigkeit im eutektoiden Bereich entweder nur der Zementit des Ledeburits zerlegt oder der gesamte Carbidanteil des Rohgusses. Im Gefüge findet man deshalb Perlit und Temperkohle bzw. Ferrit und Temperkohle.
Entsprechend der chemischen Zusammensetzung des Tempergusses erhält man einen Werkstoff mit guter Vergießbarkeit, durch die nachfolgende Wärmebehandlung an Stahlguß heranreichende mechanische Eigenschaften.
Das Anwendungsgebiet des Tempergusses liegt aus diesen Gründen dort, wo bei kleinen und dünnwandigen Gußstücken stahlähnliche Eigenschaften erforderlich sind.

## 1.6.1. Temperrohguß

Wir bezeichnen den weiß erstarrten Guß als Temperrohguß.

▶ *Die chemische Zusammensetzung muß so gewählt werden, daß auch in den dicksten Querschnitten nach dem Abgießen der Kohlenstoff völlig in gebundener Form vorliegt.*

Das wird durch eine entsprechende Regulierung des Kohlenstoff-Silicium-Gehaltes erreicht. Tabelle 1.6 enthält Richtanalysen für die Erzeugung von Temperguß. Demnach besteht das Gefüge aus Perlit und Ledeburit (Bild 1.27).

Tabelle 1.6. Richtanalysen für Temperguß (Angaben in %)

| Werkstoff | C | Si | Mn | P | S |
|---|---|---|---|---|---|
| entkohlend geglüht | 2,8···3,4 | 0,5···0,8 | 0,2···0,4 | $<$ 0,1 | 0,1···0,25 |
| neutral geglüht | 2,0···2,8 | 0,8···1,4 | 0,2···0,5 | $<$ 0,1 | $<$ 0,15 |

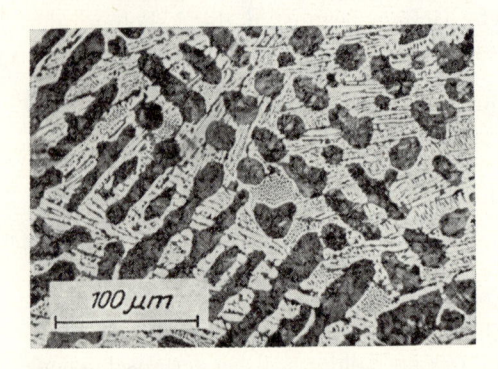

Bild 1.27. Gefüge von Temperrohguß (Perlit und Ledeburit)

**Bei der Wahl der chemischen Analyse muß man beachten, daß sie Einfluß auf die mechanischen Eigenschaften des Werkstoffes und auf Temperatur und Zeit der Wärmebehandlung hat.**

Liegen die Gehalte an Kohlenstoff und Silicium zu hoch, scheidet sich im Rohguß anstelle der durch das Glühen erreichten Temperkohleknötchen Lamellengraphit aus, der in seiner Form durch eine nachträgliche Wärmebehandlung nicht mehr verändert wird. Die dadurch erhöhte Kerbwirkung beeinträchtigt die mechanischen Eigenschaften. Wir bezeichnen diese Ausschußerscheinung als *Faulbruch*.

Vorteilhaft für die mechanischen Eigenschaften erweist sich eine Annäherung an die unteren Grenzen des Kohlenstoffgehaltes. Man erzielt dadurch kleinere Temperkohleknötchen, wodurch Zugfestigkeit und Dehnung erhöht werden. Wird der Temperrohguß im Kupolofen erschmolzen, wird man jedoch kaum einen Kohlenstoffgehalt unter 2,8% erreichen.

Von Silicium ist bekannt, daß es den Zerfall der Eisencarbide begünstigt. Es wird deshalb die obere Grenze angestrebt. Dabei ist jedoch zu berücksichtigen, daß durch Silicium die Entkohlungsgeschwindigkeit beim Glühen durch Verlangsamung der Kohlenstoffdiffusion erniedrigt wird.

Die Abhängigkeit der *Glühtemperatur* und *Glühzeit* vom Siliciumgehalt bei neutraler

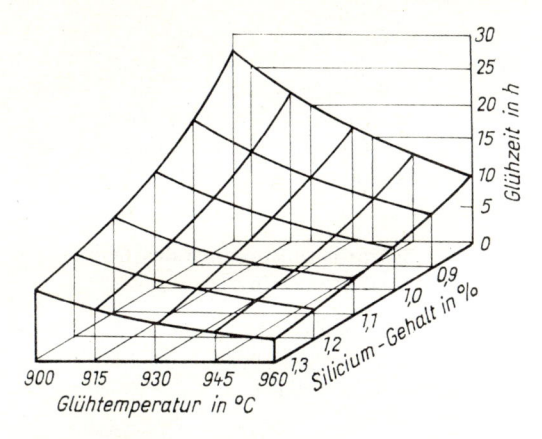

Bild 1.28. Zusammenhang zwischen Siliciumgehalt, Glühtemperatur und Glühzeit bei der 1. Graphitisierungsstufe nach *Rehder*

Glühung zeigt Bild 1.28. Lassen es die betrieblichen Bedingungen zu, kann man den Kohlenstoff- und Siliciumgehalt zusätzlich noch auf die Wanddicke abstimmen.

■ Ü. 1.19

**Lehrbeispiel**

Eine GT-Charge hat einen Siliciumgehalt von 1,0%. Die Glühtemperatur betrage 960 °C. Mit welcher Haltezeit bei Vollhitze ist zu rechnen?
Nach Bild 1.28 ist eine Glühzeit von 7 Stunden erforderlich.

Das schon früher behandelte Mn—S-Verhältnis ist bei der Erzeugung von Temperguß ebenfalls zu beachten. In der Literatur werden dazu unterschiedliche Angaben gemacht. Folgende Werte haben sich als brauchbar erwiesen:

| | | |
|---|---|---|
| für neutrales Glühen | $Mn = 3,3 \, S$ | (1.20) |
| für entkohlendes Glühen | $Mn = 2 \, S$. | (1.21) |

Durch die vollständige Abbindung von Schwefel erreicht man einen stabilen Austenitzerfall beim Glühprozeß. Bei entkohlender Glühung wirkt der Schwefelüberschuß bei der $\gamma$-$\alpha$-Umwandlung carbidstabilisierend.

■ Ü. 1.20

Chrom bildet schon ab 0,06% beständige Doppelcarbide, die bei einer Glühbehandlung nur schwer zerfallen. Es muß deshalb besonders auf chromfreies Einsatzmaterial geachtet werden.

## 1.6.2. Wärmebehandlung von Temperguß

### 1.6.2.1. Glühen in neutraler Atmosphäre

Die Wärmebehandlung in neutraler Atmosphäre wird als *Tempern* bezeichnet. Die Aufgabe des Temperns besteht darin, im Rohgußzustand vorliegendes Eisencarbid in Eisen und Kohlenstoff zu zerlegen. Die Glühtemperaturen liegen in der Regel bei

940 bis 960 °C. Bei diesen Temperaturen wird der Zementit des Ledeburits in Fe($\gamma$) + C (Temperkohle) zerlegt. Damit verbunden ist der Übergang aus dem metastabilen System in das stabile System des Eisen-Kohlenstoff-Diagramms. Es ist nur so lange bei Vollhitze zu halten, bis dieser Vorgang abgeschlossen ist, um der Neigung zur Grobkornbildung entgegenzuwirken. Bei der nachfolgenden Abkühlung scheidet sich Kohlenstoff entsprechend der Linie $E'S'$ im EKD aus und lagert sich an schon vorhandene Temperkohleknötchen an.

**Man bezeichnet die Ausscheidung des Kohlenstoffs aus dem Zementit des Ledeburits und aus dem Austenit längs der Linie $E'S'$ als 1. Graphitisierungsstufe.**

Die Abkühlungsgeschwindigkeit im eutektoiden Bereich muß so langsam erfolgen (etwa 3 K h$^{-1}$), daß der Austenitzerfall nach dem stabilen System in Ferrit und Temperkohle erfolgen kann. Der sich abscheidende Kohlenstoff diffundiert ebenfalls zu schon vorhandenen Temperkohleknötchen.

**Man bezeichnet den stabilen Austenitzerfall als 2. Graphitisierungsstufe.**

Ist die Abkühlungsgeschwindigkeit im eutektoiden Bereich (780 bis 680 °C) nicht genügend langsam, schlägt die Umwandlung ins metastabile System um, und im Gefüge sind Perlit bzw. Perlit und Ferrit zu erwarten. In diesem Falle sind die Dehnung und Zähigkeit des Werkstoffes niedriger.

■ Ü. 1.21

Den Glühverlauf zeigt schematisch Bild 1.29. Beim Aufheizen kann unterhalb des eutektoiden Bereiches die Temperatur einige Zeit gehalten werden, was keimfördernd auf die spätere Graphitisierung wirkt.
Die beim Tempern gewünschte neutrale Atmosphäre wird in älteren Anlagen durch Einpacken der Gußstücke in Sand in luftdicht abgeschlossenen Glühkästen erreicht. Moderne Anlagen arbeiten mit und ohne Schutzgas. Unter Schutzgas können wir die nicht erwünschte Randentkohlung am sichersten vermeiden. Das gewünschte Endgefüge zeigt Bild 1.30.
Sollen Tempergußsorten mit Zugfestigkeit von $R_m$ = 440 MPa und darüber erreicht werden, wird die Abkühlungsgeschwindigkeit im eutektoiden Bereich durch Luftabkühlung mittels Luftdusche so gelenkt, daß eine perlitische Grundmasse

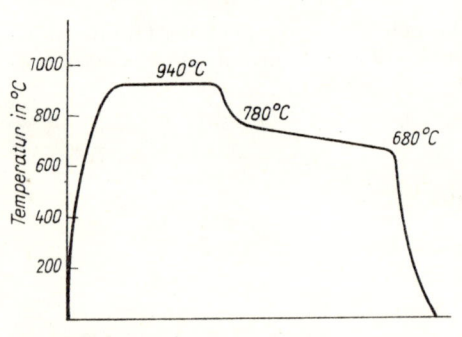

Bild 1.29. Glühkurve für neutrale Atmosphäre (schematisch)

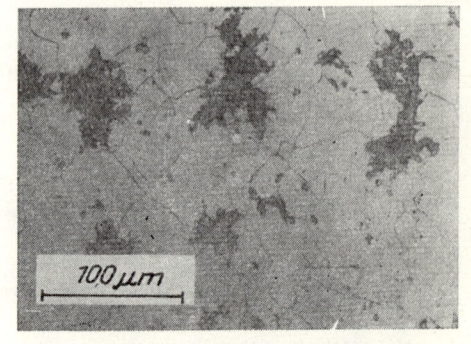

Bild 1.30. Gefüge nach Glühung in neutraler Atmosphäre (Ferrit + Temperkohle)

erzielt wird. Die Ausbildung der perlitischen Grundmasse erlaubt eine Vergütung des Werkstoffs, ohne daß eine längere Glühzeit nötig wäre, um einen entsprechenden Kohlenstoffanteil der Temperkohle im Mischkristall zu lösen.

### 1.6.2.2. Glühen in entkohlender Atmosphäre

Die Wärmebehandlung in entkohlender Atmosphäre wird als *Glühfrischen* bezeichnet, da eine weitgehende Entkohlung angestrebt wird. In älteren Anlagen wird das dadurch erreicht, daß das Glühgut in feste sauerstoffabgebende Mittel (meist Roteisenstein) eingepackt wird. Da jedoch die Entkohlung über die Gasphase abläuft, wird in modernen Glühanlagen auf feste Tempermittel verzichtet und unmittelbar in einem CO-CO$_2$-Gasgemisch geglüht.
Für den Glühfrischvorgang hat das *Boudouard*-Gleichgewicht

$$CO_2 + C \rightleftharpoons 2\,CO \tag{1.22}$$

besondere Bedeutung. Es muß demnach ein CO$_2$-Überschuß vorhanden sein, wenn dem Glühgut Kohlenstoff entzogen werden soll. Da der Kohlenstoffgehalt zunächst als Eisencarbid vorliegt, ist ebenfalls folgendes Gleichgewicht zu berücksichtigen:

$$CO_2 + Fe_3C \rightleftharpoons 2\,CO + 3\,Fe \tag{1.23}$$

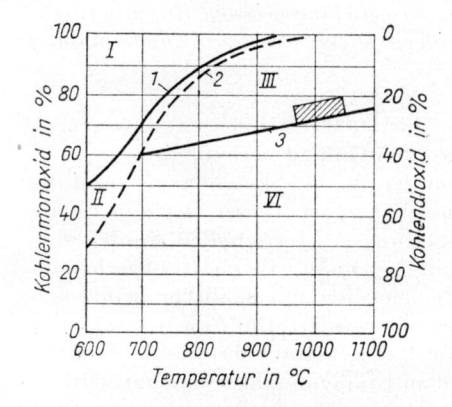

Bild 1.31. Gleichgewichtskurve für die wichtigsten Reaktionen beim Glühfrischen
*1* Fe$_3$C + CO$_2$ $\rightleftharpoons$ 2 CO + 3Fe
*2* CO$_2$ + C $\rightleftharpoons$ 2 CO
*3* CO$_2$ + Fe $\rightleftharpoons$ FeO + CO
*schraffiertes Feld:* Bereich des entkohlenden Glühens

Die für die Entkohlungsglühung zutreffenden Gleichgewichtsreaktionen sind im Bild 1.31 dargestellt. Danach laufen in den einzelnen Feldern folgende Reaktionen ab:

| | | |
|---|---|---|
| *I* | 2 CO $\rightarrow$ C + CO$_2$ | |
| | 2 CO + 3 Fe $\rightarrow$ Fe$_3$C + CO$_2$ | Aufkohlung |
| *II* | 2 CO $\rightarrow$ C + CO$_2$ | Gleichgewicht zwischen |
| | Fe$_3$C + CO$_2$ $\rightarrow$ 2 CO + 3 Fe | Aufkohlung und Entkohlung |
| *III* | CO$_2$ + C $\rightarrow$ 2 CO | |
| | CO$_2$ + Fe$_3$C $\rightarrow$ 2 CO + 3 Fe | Entkohlung |
| *IV* | CO$_2$ + Fe $\rightarrow$ FeO + CO | Verzunderung. (1.24) |

■ Ü. 1.22

Die beschriebenen physikalischen Vorgänge haben sowohl für feste als auch für gasförmige Tempermittel Gültigkeit. Sie werden jedoch unter verschiedenen technologischen Bedingungen realisiert.

$$C + O_2 \rightarrow CO_2 \tag{1.25}$$

Bei Verwendung von festen Glühmitteln befinden sich die in Tempererz eingepackten Gußteile in Glühtöpfen. Die Entkohlung wird eingeleitet, indem der anfangs noch im Tempertopf befindliche Luftsauerstoff mit Kohlenstoff der Gußoberfläche reagiert; entsprechend dem dadurch entstandenen Konzentrationsgefälle diffundiert weiterer Kohlenstoff zur Oberfläche, der durch Kohlendioxid vergast wird.

$$CO_2 + C \rightarrow 2\,CO \tag{1.26}$$

Damit würde die Entkohlung zum Stillstand kommen, wenn nicht ständig ein Teil des CO mit dem Tempererz regeneriert würde.

$$CO + Fe_2O_3 \rightarrow 2\,FeO + CO_2 \tag{1.27}$$

Mit dem entstandenen $CO_2$ kann erneut Kohlenstoff des Gusses abgebaut werden. Dieser Reaktionskreislauf läuft so lange ab, wie im Erz abbaubarer Sauerstoff und im Guß Kohlenstoff vorhanden sind.
Um eine Verzunderung des Gusses zu verhindern, wird frisches Erz mit gebrauchtem Erz im Verhältnis 1 : 4 bis 6 gemischt.

▶ *Sie sehen, daß sich bei richtiger Erzmischung über die angegebenen Reaktionen ein $CO_2$-CO-Gasgemisch einstellt, das gut entkohlend wirkt, ohne zur Zunderbildung zu führen.*

Die gewählten Glühtemperaturen liegen bei 960 bis 1000 °C. Höhere Temperaturen vermeidet man, um ein Ansintern des Erzes an den Guß zu verhindern.
Die Haltezeit bei Glühfrischtemperatur ist von der Wanddicke abhängig, weil die Diffusion des Kohlenstoffs zur Entkohlung zeitabhängig ist. Dieser Zusammenhang ist im Bild 1.32 dargestellt. Aufheiz- und Abkühlungsgeschwindigkeit werden entscheidend von dem verwendeten Glühaggregat bestimmt. Beim Glühfrischen in Gasatmosphäre in gasdichten Öfen gelten die gleichen physikalisch-chemischen Gesetzmäßigkeiten, wie sie im Bild 1.31 dargestellt wurden. Die *Regenerierung* des Gasgemisches erfolgt jetzt durch Einblasen von Luft, wodurch das durch die Kohlenstoffvergasung entstandene Kohlenmonoxid zu Kohlendioxid umgesetzt wird.

$$2\,CO + O_2 \rightarrow 2\,CO_2 \tag{1.28}$$

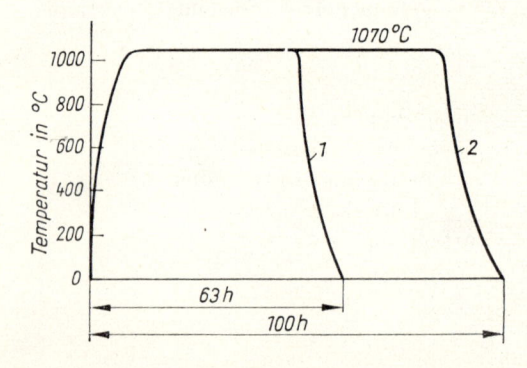

Bild 1.32. Glühkurve für oxydierende Atmosphäre (schematisch)
*1* geringe Wanddicke
*2* größere Wanddicke

Mit der Luft wird ein entsprechender Stickstoffballast zugeführt, wodurch sich die Entkohlungsgeschwindigkeit verringert. Durch gleichzeitige Zufuhr von Wasserdampf wird das ausgeglichen. Wasserdampf kann unmittelbar entkohlend wirken, begünstigt aber auch gleichzeitig die Regenerierung des $CO$-$CO_2$-Gasgemisches.

$C + H_2O \rightleftharpoons CO + H_2$ (Entkohlung) (1.29)

$CO + H_2O \rightleftharpoons CO_2 + H_2$ (Regenerierung) (1.30)

Sie wissen, daß die Diffusionsgeschwindigkeit des Kohlenstoffs mit zunehmender Temperatur stark ansteigt. Da hier ein Ansintern des Erzes an den Guß nicht möglich ist, werden Glühtemperaturen von 1050 bis 1070 °C gewählt. Sie müssen jedoch dabei beachten, daß bei diesen Temperaturen die Warmfestigkeit so weit abgefallen ist, daß sich die Gußteile bei ungünstiger Stapelung leicht deformieren.
Wiederholt wurde darauf hingewiesen, daß die Entkohlung eine Funktion der Wanddicke ist. Unterschiedliche Wanddicken bedürfen also unterschiedlicher Glühzeiten. Damit ist die Forderung verknüpft, Gußteile mit unterschiedlichen Wanddicken getrennt zu glühen. Beschicken wir Glühchargen mit Gußteilen unterschiedlicher Wanddicke, muß in stärkeren Wanddicken im Kern mit perlitischem Gefüge mit eingelagerter Temperkohle gerechnet werden (Bild 1.33). Über den Querschnitt erhalten wir einen unterschiedlichen Kohlenstoffgehalt.

■ Ü. 1.23 und 1.24

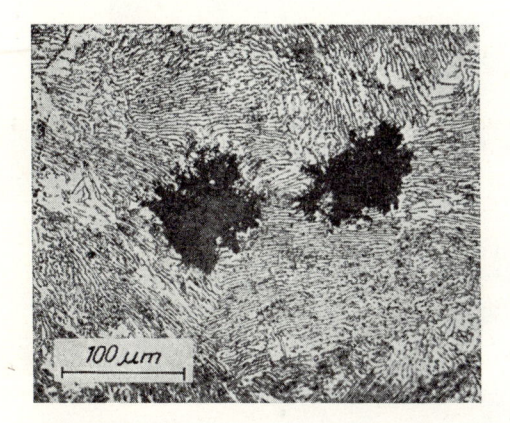

Bild 1.33. Gefüge nach Glühung in oxydierender Atmosphäre (Perlit + Temperkohle; Kernzone)

## 1.6.3. Mechanische Eigenschaften

Wie bei den anderen Gußwerkstoffen sind die mechanischen Eigenschaften des Tempergusses vom Gefügeaufbau abhängig. Nach entkohlender Glühung (Bild 1.34) stellt man eine große Abhängigkeit von der Wanddicke fest, während bei Glühung in neutraler Atmosphäre wegen des gleichmäßigen Gefügeaufbaues solche Unterschiede nicht auftreten. Die standardisierten Werte für Zugfestigkeit und Dehnung sind in TGL 10327 enthalten. In Tabelle 1.7 finden Sie eine Übersicht dieser Werte. Tabelle 1.8 zeigt, daß Temperguß gegen dynamische Beanspruchungen sehr widerstandsfähig ist. Bemerkenswert ist der nur geringe Unterschied der Werte von unbearbeiteten und polierten Proben. Sie erkennen darin die geringe Kerbempfindlichkeit des Werkstoffes.

## 1. Eisen-Kohlenstoff-Gußwerkstoffe

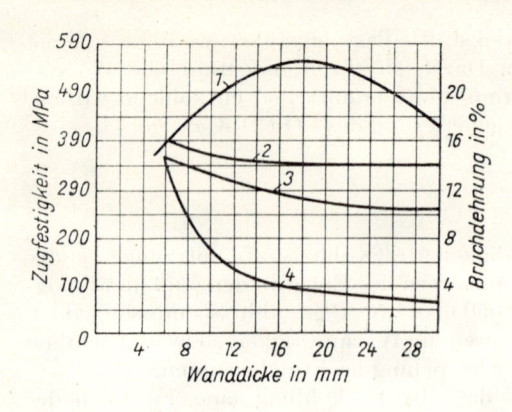

Bild 1.34. Zugfestigkeit und Dehnung von Temperguß in Abhängigkeit von der Wanddicke (nach *Roll*)

1 $R_m$ (oxydierend)  3 $R_m$ (neutral)
2 $A$ (neutral)  4 $A$ (oxydierend)

Tabelle 1.7. Mechanische Werte vom Temperguß

| Marke (Kurzzeichen) | Zugfestigkeit $R_m$ in MPa | 0,5-Dehngrenze $R_{p0,5}$ in MPa | Bruchdehnung $A_5$ in % | *Brinell*härte $HB\,5/750$ |
|---|---|---|---|---|
| GT-3504 E | | 220 | 4 | …220 |
| GT-3506 | | keine Forderung | 6 | …190 |
| GT-3512 ES | 340 | 200 | 12 | …200 |
| GT-3512 | | 220 | | …170 |
| GT-3514 | | 245 | 14 | 130…160 |
| GT-3516 | | 260 | 16 | 130…150 |
| GT-4505 E | 440 | 290 | 5 | …230 |
| GT-4507 | | | 7 | 150…200 |
| GT-5503 E | 540 | 350 | 3 | …240 |
| GT-5505 | | | 5 | 180…230 |
| GT-6503 | 640 | 450 | 3 | 210…260 |
| GT-7502 | 740 | 590 | 2 | 250…300 |
| GT-8501 | 830 | 690 | keine Forderung | 290…340 |
| GT-9501 | 930 | 780 | | 330…380 |

Tabelle 1.8. Dynamische Festigkeitseigenschaften von Temperguß

| Beanspruchung in MPa | GTE | | | | GT | | | |
|---|---|---|---|---|---|---|---|---|
| | unvergütet | | vergütet | | unvergütet | | vergütet | |
| | Guß-haut | poliert | Guß-haut | poliert | Guß-haut | poliert | Guß-haut | poliert |
| Biegewechselfestigkeit | 140 | 170 | 160 | 200 bis 220 | 130 | 150 | 160 | 180 |
| Verdrehwechselfestigkeit | 140 | 160 | n. b. | n. b. | 120 | 130 | n. b. | 150 |

n. b. nicht bekannt

## 1.6.4. Anwendungsgebiete von Temperguß

Der Temperrohguß besitzt auf Grund seiner chemischen Zusammensetzung das gute Fließvermögen von Gußeisen mit Lamellengraphit. Im geglühten Zustand weist Temperguß eine dem Stahlguß ähnliche Zähigkeit auf. Damit ergibt sich ein Anwendungsgebiet für Gußteile komplizierter Gestalt und dünnerer Wanddicken, die aus Stahlguß nicht oder nur mit erhöhtem Aufwand gefertigt werden können. Wird beim Einsatz größte Zähigkeit gefordert, dann ist in der Regel neutral geglühter Temperguß oder dünnwandiger entkohlend geglühter Temperguß zu wählen. Bei Anforderung an hohe Zugfestigkeit, ohne daß hohe Zähigkeit benötigt wird, ist dickwandiger entkohlend geglühter Temperguß einzusetzen.
Hohe Zugfestigkeit mit Dehnungswerten bis 7% vereinigt Temperguß mit perlitischem Gefüge in sich, so daß er sich in seinen Eigenschaften stark an Gußeisen mit Kugelgraphit annähert. Hohe Verschleißeigenschaften und günstige Wärmebehandlungsmöglichkeiten führen dazu, daß das Einsatzgebiet von diesem Werkstoff sich ständig verbreitert.
Tempergußteile finden wir im Landmaschinenbau als Muffen, Muttern, Buchsen, Hebel, Antriebskettensterne, Naben usw. Im Fahrzeugbau werden Differentialgehäuse, Bremstrommeln, Hebel, Gabeln, Bremsklötze und andere Teile aus Temperguß eingesetzt. Isolatorenkappen, Klemmen, Verteilerkästen, Kabelhalter u. a. Gußteile aus Temperguß benötigt die Elektroindustrie. Ferner werden Gußteile für Nähmaschinen, Pumpen, Formmaschinen, Putz- und Strahltrommeln, Straßenbau- und Baumaschinen und viele andere heute aus Temperguß hergestellt.

## 1.7. Hartguß (GH)

*Hartguß* wird zur Erzielung großer Verschleißfestigkeit und Härte erzeugt.

**Hartguß ist ein Gußeisen, das ganz (Vollhartguß) oder teilweise (Kokillenhartguß, Schalenhartguß) weiß erstarrt.**

Die Bruchfläche von Vollhartguß ist über den gesamten Querschnitt weiß, im Grenzfalle meliert. Er erstarrt also ganz oder teilweise nach dem metastabilen System des Eisen-Kohlenstoff-Diagramms. Dieser Werkstoff wird für Verschleißteile eingesetzt, die nicht durch Stöße und Schläge oder hoch auf Biegefestigkeit beansprucht werden. Der *Kokillenhartguß* besitzt außen eine weißerstarrte ledeburitische Schale (deshalb auch Schalenhartguß) und innen einen grauen Kern. Dazwischen liegt eine Übergangszone mit meliertem Eisen. Er wird für solche Teile eingesetzt, bei denen neben Verschleißfestigkeit und Härte noch eine bestimmte Bruchsicherheit vorhanden sein muß.

### 1.7.1. Vollhartguß

*Vollhartguß* soll, in Sandformen gegossen, weiß erstarren. Danach richtet sich die Zusammensetzung des Werkstoffes. Kohlenstoff- und Siliciumgehalt sind so niedrig zu wählen, daß keine Grauerstarrung möglich ist. Unter Berücksichtigung der Abkühlungsgeschwindigkeit (Wanddicke) liegen die Kohlenstoffgehalte in den Grenzen von 2,5 bis 3,0% und die Siliciumgehalte bei 0,5 bis 1,0%.
Hauptaugenmerk wird auf Erzielung einer hohen Verschleißfestigkeit gerichtet. Diese ist nach vorliegenden Untersuchungen am günstigsten bei 2,5 bis 2,7% C. Solche niedrigen Kohlenstoffgehalte sind nur im Tiegel- oder Elektroofen erreichbar. Wird mit dem Kupolofen geschmolzen, ist auf günstigstes Verschleißverhalten zu verzichten. Mit steigendem Kohlenstoffgehalt nimmt die Härte auf Grund höheren Ledeburitanteils zu. Das führt jedoch zu starker Versprödung des Werkstoffes und zu verstärkter Rißneigung.
Werden Gußstücke mit unterschiedlichen Wanddicken hergestellt, so ist die chemische Zusammensetzung auf maximale Wanddicke einzustellen. Dadurch wird eine Weißerstarrung in allen Wanddicken garantiert. Um in dünnen Wanddicken die Rißgefahr zu mindern, können wir den Siliciumgehalt durch Pfannenzusätze erhöhen. Die zugesetzten Mengen sind so zu dosieren, daß keine Grauerstarrung auftritt.

### 1.7.2. Kokillenhartguß

Bei *Kokillenhartguß* fordert man von der weißerstarrten Schale eine möglichst hohe Härte, vom Kern dagegen eine möglichst gute Zähigkeit. Träger der Härte im weißen Gußeisen ist Eisencarbid. Um seinen Anteil im Gefüge zu erhöhen, muß der Kohlenstoffgehalt möglichst hoch gewählt werden. Je 0,1% Kohlenstoff steigt die Härte um 11,23 $HB$ bzw. 1,67 *Shore*. Der benötigte Kohlenstoffgehalt kann entsprechend der geforderten Härte nach folgenden Beziehungen bestimmt werden:

$$\% \, C = \frac{HB - 55}{112,3} \quad \text{oder} \tag{1.31}$$

$$\% \, C = \frac{Sh - 13}{16,67}. \tag{1.32}$$

## Hartguß (GH) 1.7.

Trotz eines hohen Kohlenstoffgehaltes ist in der Randzone eine Graphitausscheidung zu vermeiden. Das wird nur durch Abschrecken mittels Kokille und niedrigen Siliciumgehalt erreicht. Da die Schreckwirkung der Kokille nur eine bestimmte Tiefe des Querschnitts erreicht, erstarrt der Kern mit geringer Abkühlungsgeschwindigkeit auf Grund des hohen Kohlenstoffgehaltes grau. Wenn sich hoher Kohlenstoffgehalt auch günstig auf die Härte der Oberfläche auswirkt, so muß gleichzeitig bedacht werden, daß dadurch die Kernfestigkeit wegen der zunehmenden Graphitmenge sinkt.

▶ *Hohe Oberflächenhärte wird nur auf Kosten der Kernfestigkeit und umgekehrt hohe Kernfestigkeit nur bei Verzicht auf höchste Härte erzielt.*

Bei der Wahl der chemischen Analyse müssen diese gegenläufigen Forderungen berücksichtigt werden, indem man die späteren Anforderungen an die Gußteile in die Überlegungen einbezieht. Dabei kann der Sättigungsgrad in weiten Grenzen von 0,75 bis 0,9 schwanken.

Neben Oberflächenhärte und Kernfestigkeit hat die Tiefe der weißerstarrten Zone, die wir als *Schreckschicht* bezeichnen wollen, besondere Bedeutung. Als *reine Schrecktiefe* bezeichnet man den Teil des Querschnitts, in dem keinerlei Graphitausscheidungen vorhanden sind. Von der Stelle des ersten Auftretens von Graphitnestern bis zur letzten Carbidinsel reicht die *Übergangszone*. Die Summe von reiner Schrecktiefe und Übergangszone ist die *gesamte Schrecktiefe*. Die Abmessungen bewegen sich in der Regel in folgenden Grenzen:

| | |
|---|---|
| reine Schreckschicht | 5 bis 50 mm |
| Übergangszone | 10 bis 60 mm |
| grauer Kern | Restquerschnitt. |

Als günstigste Schrecktiefe wird für Verschleißteile $1/3$ der Wanddicke angenommen. In diesem Falle entsteht eine genügend große Verschleißschicht, zumal das Übergangsgefüge ebenfalls noch sehr widerstandsfähig ist. Außerdem bietet das genügend breite graue Polster Gewähr für gute Bruchsicherheit. Bei Walzenguß soll in der Regel die Gesamtschrecktiefe 30 bis 35 mm nicht überschreiten. Nur wenn Kaliber eingeschnitten werden sollen, darf sie tiefer reichen.

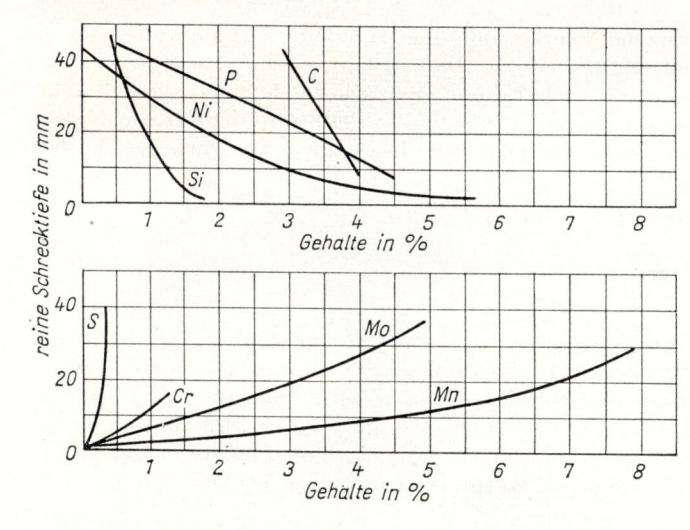

Bild 1.35. Einfluß einiger Elemente auf die Schrecktiefe von Kokillenhartguß nach *Meyer*

Die Schrecktiefe wird im wesentlichen mit der chemischen Zusammensetzung beeinflußt. Bild 1.35 zeigt den Einfluß einiger Elemente. Es zeigt sich, daß graphitisierende Elemente die Schrecktiefe erniedrigen und carbidstabilisierende Elemente sie erhöhen.

Kohlenstoff verringert die Schrecktiefe je 0,1% Kohlenstoff um etwa 3 mm an senkrechten Flächen und um etwa 5 mm an waagerechten Flächen. Der Unterschied ist darauf zurückzuführen, daß sich das Gußstück durch die Schwindung beim Abkühlen von der senkrechten Kokillenwand abhebt. Je 0,1% Silizium wird eine Abnahme der Schrecktiefe um 10 mm beobachtet. Schwankungen von 0,1% Silicium in der Analyse exakt einzuhalten ist in der Gießerei äußerst schwierig. Dennoch muß man die Regulierung der Schrecktiefe mit Silicium vornehmen, da die Höhe des Kohlenstoffgehaltes zur Einhaltung der durch die Abnahmebedingungen geforderten Härte festgelegt ist. Mangan kann man zu diesem Zweck ebenfalls nicht einsetzen, da es die Tiefe der Übergangszone verringert und damit einen scharfen Übergang zwischen Weiß- und Grauerstarrung herbeiführt. Das Abplatzen der weißen Schale bei Beanspruchung wird dadurch gefördert.

Sie wissen, daß die Abkühlungsgeschwindigkeit großen Einfluß auf die Gefügeausbildung bei Gußeisen ausübt. Eine Erhöhung der Kühlintensität der Kokille durch Vergrößerung der Wanddicke muß sich demnach auf die Tiefe der Weißeinstrahlung auswirken. Das konnte insbesondere bei niedrigen Siliciumgehalten nachgewiesen werden. Als Regel wird angenommen, daß die Schrecktiefe etwa 1/3 der Kokillenwanddicke entspricht. Das gilt bis zu einer Kokillenwanddicke von etwa 60 mm. Der restliche Teil der Wanddicke bleibt ohne Einfluß, da sich das Gußteil schon nach kurzer Zeit von der Kokille abhebt. Im Interesse großer Kokillenhaltbarkeit werden größere Wanddicken gewählt, als zur Erzeugung der geforderten Schrecktiefe notwendig wären.

Einfluß auf die Schrecktiefe hat ebenfalls die Schmelzführung. Mit zunehmender Schmelzüberhitzung und Überhitzungsdauer nimmt die Schrecktiefe zu. Mit steigender Gießtemperatur beobachtet man die gleiche Wirkung.

Durch Legieren werden Kernfestigkeit und Oberflächenhärte erhöht. Zu diesem Zweck kommen Nickel, Chrom und Molybdän zum Einsatz. Mit Ni erreicht man die höchste Härte bei 4,5%.

■ Ü. 1.25

Durch die mit Ni verbundene Feinkornbildung und feine Graphitausscheidung wird gleichzeitig die Kernfestigkeit erhöht. Dabei ist jedoch die durch Nickel verringerte Schrecktiefe auszugleichen. Der schon niedrig liegende Siliciumgehalt kann in vielen Fällen nicht noch weiter gesenkt werden. Deshalb wird in der Regel Chrom kombiniert mit Nickel eingesetzt. Molybdän wird besonders zur Verbesserung der Warmfestigkeit angewandt.

### 1.7.3. Mechanische Eigenschaften

Die Härte ist bei Hartguß von größerer Bedeutung als die Zugfestigkeit. Demzufolge sind in der TGL 23839 auch die Härten als Abnahmewerte aufgenommen (Tabelle 1.9). Bezüglich der Zugfestigkeit ist festzustellen, daß sie mit steigender Härte sowohl in der weißerstarrten Schale als auch im grauen Kern abnimmt. Das ist in der Schreckschicht auf die Versprödung durch die Zunahme der Eisencarbidmenge und im Kern auf die steigende Graphitmenge zurückzuführen.

Tabelle 1.9. Härtewerte von Hartguß

| Sorten | Kurzzeichen | Härte *Vickers* |
|---|---|---|
| Vollhartguß | GH-200 | min. 200 |
|  | GH-300 | min. 300 |
| Kokillenhartguß | GHK-400 | min. 400 |
|  | GHK-500 | min. 500 |

Vielfach steht die Forderung nach hoher Verschleißfestigkeit vor der Forderung nach großer Härte. Hier sei besonders hervorgehoben, daß hohe Härte nicht identisch ist mit hoher Verschleißfestigkeit. Das hat seine Ursache darin, daß im Begriff Verschleiß Vorgänge sehr komplexer Natur zusammengefaßt sind. Als Beispiel soll angeführt werden, daß Hartguß gegen gleitenden Verschleiß sehr gut geeignet ist. Die harten Zementitfelder setzen durch den weicheren und zäheren Perlit dem Verschleißangriff einen großen Widerstand entgegen. Bei schmirgelndem Verschleiß dagegen wird der weichere Perlit herausgefressen, so daß die nun frei stehenden Zementitfelder leicht ausbrechen und nunmehr selbst wie Schmirgel wirken. Unter diesen Bedingungen ist ein Werkstoff mit homogenerem Gefügeaufbau vorzuziehen. Bei der Auswahl eines Werkstoffes gegen Verschleiß sind also jeweils die Verschleißbedingungen besonders zu beachten.

### 1.7.4. Anwendungsgebiete von Hartguß

Hartguß hat auf Grund des hohen Gehaltes an Eisencarbid eine hohe Verschleißfestigkeit. Diese Eigenschaft bestimmt seinen Verwendungszweck.
Vollhartguß wird eingesetzt, wenn hohe Verschleißbeanspruchung bei geringer mechanischer Beanspruchung vorliegt. Beispiele dafür sind Verschleißplatten für Mühlenbrecher, Mahlplatten, Brechplatten, Kugeln für Kugelmühlen, Mahlkörper, Sandstrahldüsen, Grubenräder usw.
Kokillenhartguß hat ein spezielles Anwendungsgebiet bei der Herstellung von Walzen gefunden. Sie werden legiert und unlegiert als Glatt- und Kaliberwalzen für die Metallurgie als Blechwalzen, Feineisenwalzen, Grobeisenwalzen usw. eingesetzt. Ebenfalls aus diesem Werkstoff werden Walzen für die Müllerei-, Lackfarben-, Gummi- und Papierindustrie benötigt.

## 1.8. Stahlguß (GS)

### 1.8.1. Allgemeines

Unter Stahlguß versteht man aus Stahl hergestellte Werkstücke, die ihre Gestalt durch Vergießen des flüssigen Werkstoffes in Formen ohne nachträgliche Warmverformung erhalten.

Mit dieser Definition wird demnach zum Ausdruck gebracht, daß der Gefügeaufbau und die Eigenschaften mit dem früher behandelten Werkstoff Stahl weitgehend übereinstimmen. Gegenüber warmverformtem Stahl wird im unbearbeiteten Zustand nicht die gleiche Oberflächenqualität erreicht, jedoch mit dem Vorteil, daß sich mit Stahlguß konstruktive Aufgaben lösen lassen, die mit warmverformtem Stahl überhaupt nicht oder nur unwirtschaftlich verwirklicht werden können. Im Prinzip können alle Stahllegierungen als Stahlguß Verwendung finden, wenn nicht bestimmtes technologisches Verhalten des Werkstoffes, wie schlechtes Fließvermögen oder Warmrißneigung, dem entgegen steht. Für die Herstellung von Stahlguß kommt nur beruhigter Stahl in Frage. Bei allen Überlegungen ist ferner zu berücksichtigen, daß zur Erzielung des gewünschten Zustandes ausschließlich zwei Einflußgrößen zur Verfügung stehen, chemische Zusammensetzung und Wärmebehandlung. Eine Warm- oder Kaltverformung nach dem Gießen entfällt demnach. Das führt dazu, daß die mechanischen Eigenschaften des Stahlgusses weitgehend richtungsunabhängig (quasiisotrop) sind, während bei Walz- und Schmiedestahl eine gewisse Anisotropie vorhanden ist. Quer zu der von der Verformung abhängigen Faserrichtung sind je nach Verformungsbedingung insbesondere Bruchdehnung, Brucheinschnürung und Kerbschlagzähigkeit niedriger als an Längsproben. Die an Querproben gemessenen Werte liegen ebenfalls beträchtlich unter denen von Stahlguß.

Das Gefüge von unlegiertem Stahlguß zeigt im Gußzustand in der Regel *Widmannstättensche Struktur* bzw. Grobkörnigkeit. Aus diesem Grunde ist jedes Stahlgußteil einer Normalglühung (s. »Stähle und ihre Wärmebehandlung, Werkstoffprüfung«) zu unterziehen, um durch eine solche thermische Kornfeinung die verlangten mechanischen Werte zu erreichen. Aus dem Stoff der allgemeinen Metallkunde wissen Sie, daß die Korngröße stark von der Abkühlungsgeschwindigkeit abhängig ist. Bei in Kokille erzeugtem Stahlguß mit entsprechend dünnen Querschnitten können die geforderten Werte deshalb auch ohne Normalglühung erreichbar sein. Der Verzicht auf die Wärmebehandlung muß jedoch mit dem Abnehmer vertraglich geregelt werden.

■ Ü. 1.26

Genau wie bei Stahl erfolgt eine Einteilung des Stahlgusses nach dem Gehalt an Legierungselementen in unlegiert, mittel- und hochlegiert. Der unlegierte Stahlguß ist standardisiert in TGL 14315 mit den Marken GS-40, GS-45, GS-50 und GS-60. Dazu kommen die Marken, bei welchen neben gleicher Zugfestigkeit ein bestimmter Gewährleistungsumfang anderer mechanischer Werte gefordert wird.

■ Ü. 1.27

Legierter Stahlguß wird vorzugsweise nach den spezifischen Eigenschaften eingeteilt. Es gibt wiederum genau wie bei Stahl z. B. warmfesten Stahlguß (TGL 7458), rost- und säurebeständigen Stahlguß (TGL 14394), hitze- und zunderbeständigen Stahlguß (TGL 10414) usw. In Einzelfällen kann die chemische Zusammensetzung von Walzstahl geringfügig abweichen, wenn damit ungünstige Gießeigenschaften ausgeglichen werden müssen. Wenn damit gewisse Änderungen der Eigenschaften verbunden sind, dann aber nicht so, daß der Einsatz für den vorgesehenen Verwendungszweck gefährdet wäre.

Zusammenfassend kann man sagen, daß Stahlguß in seinen Eigenschaften weitgehend mit denen des Walzstahls gleicher Zusammensetzung übereinstimmt. Die mögliche Wärmebehandlung unterliegt den gleichen Gesetzmäßigkeiten, und der Einfluß der Legierungselemente ist jenem von Walzstahl vergleichbar.

■ Ü. 1.28

## 1.8.2. Anwendungsgebiete für Stahlguß

Stahlguß findet Verwendung auf allen Gebieten der Technik. Es lassen sich mit ihm konstruktive Aufgaben lösen, die sich mit warmverformtem Stahl überhaupt nicht oder nicht wirtschaftlich lösen lassen. Dabei können an Stahlgußstücke Anforderungen in bezug auf mechanische Eigenschaften bei niedrigen und hohen Betriebstemperaturen, chemischen Angriff in Wärme und Kälte, Verschleißwiderstand, magnetisches und elektrisches Verhalten usw. gestellt werden, die wir an gleichgearteten, warmverformten Stahl zu stellen gewohnt sind. Dabei besitzt der Stahlguß noch den nicht zu unterschätzenden Vorteil, daß keine Schwächung in der Querrichtung vorliegt, wie das bei gewalztem Stahl durch die »Faser« der Fall ist. Der Konstrukteur kann also bei Verwendung von Stahlguß mit derselben Werkstoffestigkeit wie bei verformten Stählen rechnen.

Stahlguß setzt man dann ein, wenn aus Gründen der Betriebsbeanspruchung ein Werkstoff höchster Zähigkeit benötigt wird und diese Forderung durch eine der bekannten Gußeisenlegierungen nicht erfüllt werden kann.

Die große Mehrzahl der konstruktiven Aufgaben des allgemeinen Maschinenbaues, Lokomotivbaues, Fahrzeugbaues, für Armaturen usw. kann dabei mit unlegiertem Stahlguß gelöst werden. Walzenständer, Pressenständer, Zahnräder im Schwermaschinenbau, Ruder und Wellenböcke im Schiffbau, Lager- und Kupplungsteile, Achsschenkel, Gehäuse, Kettenräder usw. im Fahrzeugbau, Schieber- und Ventilgehäuse als Armaturen sind hier zu finden.

Für besondere Aufgaben steht dem Verbraucher legierter Stahlguß zur Verfügung. Hier ist aber stets zu untersuchen, ob der konstruktive Zweck nicht auch mit unlegiertem Stahlguß und entsprechender Wärmebehandlung erreichbar ist. Wie schon im Abschnitt 1.8. festgestellt wurde, eignen sich die Legierungen von warmverarbeiteten Stählen auch zur Herstellung von legiertem Stahlguß. Daraus ergibt sich, daß legierter Stahlguß für die gleichen Anwendungsgebiete zum Einsatz kommt. Er wird dann angewandt, wenn die geforderten Bauteile auf gießtechnischem Wege wirtschaftlicher hergestellt bzw. nur so erzeugbar sind. Über Zusammensetzung und Anwendung unterrichtet ausführlich das Tabellenbuch für Gußverbraucher.

# 2
# Nichteisenmetalle und Nichteisenmetall-Legierungen

## 2.1. Nichteisenmetalle

*Zielstellung*

Sehr viele NE-Metalle werden z. B. im Maschinenbau und im Anlagenbau wegen ihrer relativ großen Anwendungsbreite eingesetzt. Jedoch wird die Anwendungsbreite durch die mangelnde Verfügbarkeit und die steigenden Weltmarktpreise eingeschränkt. Das zwingt unmittelbar zur sparsamsten Verwendung der NE-Metalle. Deshalb ist die Kenntnis der wichtigsten Eigenschaften und ihrer Anwendungsmöglichkeiten in der metallverarbeitenden Industrie von hoher Bedeutung.

### 2.1.1. Einführung

Die Eisenwerkstoffe, deren Eigenschaften durch die verschiedensten Verfahren verändert werden können, erfüllen allein noch nicht die vielseitigen Forderungen der Technik. Die NE-Metalle schließen eine beachtliche Lücke. Ihr Einsatz ist von den spezifischen Eigenschaftskombinationen abhängig, die diese Metalle bieten, wie

— Eigenschaften untereinander (z. B. Festigkeit und Korrosionsbeständigkeit),
— physikalische und chemische Effekte (optische und elektrische Eigenschaften),
— Stoffkombinationen (Verbundwerkstoffe) und
— Verfahrenskombinationen (thermomechanische Behandlungen).

In diesem Zusammenhang wird auf Leiterwerkstoffe, Widerstandswerkstoffe, Armaturen, Rohre für Wärmeaustauscher, Maschinenelemente und Drahtgewebe verwiesen. Ferner seien Weich- und Hartlote, Schriftmetalle und die vielen Werkstücke aus Leichtmetall (Motorengehäuse, Zylinderköpfe) genannt.

### 2.1.2. Einteilung der Nichteisenmetalle

Die Tabelle 2.1 zeigt eine der möglichen Einteilungen dieser Stoffgruppe (die Aufzählung in den einzelnen Gruppen wurde nach der Ordnungszahl vorgenommen). Die Anlagen 9 und 10 geben Ihnen Auskunft über verschiedene Kennziffern der NE-Metalle.

■ Ü. 2.1

Tabelle 2.1. Einteilung der NE-Metalle

| Gebrauchsmetalle | | Legierungsmetalle für Stahl |
|---|---|---|
| *Leichtmetalle* | *Schwermetalle* | |
| Magnesium Mg | Nickel Ni | Mangan Mn |
| Aluminium Al | Kupfer Cu | Vanadin V |
| Titan Ti | Zink Zn | Chrom Cr |
| | Zinn Sn | Cobalt Co |
| Dichte bis | Blei Pb | Molybdän Mo |
| 4,5 g cm$^{-3}$ | *Edelmetalle* | Wolfram W |
| | Silber Ag | Nickel Ni |
| | Platin Pt | |
| | Gold Au | |
| | Quecksilber Hg | |
| | Dichte bis 22,7 g cm$^{-3}$ | |

Wir erinnern Sie an den Atombau sowie den kristallinen Aufbau der Stoffe. Beide sind für deren chemische wie physikalische Eigenschaften verantwortlich. Vom Erz her und durch den Herstellungsprozeß enthalten Metalle und Legierungen mehr oder weniger unerwünschte Begleitelemente.

▶ *Überlegen Sie, wie sich die unterschiedliche Affinität der Metalle zu anderen Elementen auswirkt! Erinnert sei an edle und unedle Legierungen.*

## 2.1.3. Nickel

Beachten Sie, daß die Elemente Eisen, Cobalt, Nickel und Kupfer im Periodensystem der Elemente aufeinanderfolgen. *Nickel* zeigt daher ähnliche Eigenschaften wie Kupfer und steht dem Eisen nahe durch seine ferromagnetischen Eigenschaften und seinen $E$-Modul = $2,06 \cdot 10^5$ MPa (TGL 10409).
Wir finden Nickel z. B. als Überzugsmetall, im Anodenmaterial, in Widerstandsdrähten, Magnetstählen, Hochtemperaturwerkstoffen (Superlegierungen) u. a. Reinnickelhalbzeug mit 99 Masse-% Ni kann hochverfestigt werden. Gezogene Drähte bekommen eine Mindestzugfestigkeit bis zu $R_m$ = 830 MPa. Nickel ist bei normalen Temperaturen sehr korrosionsbeständig. Es ist daher im chemischen Apparatebau und für Einrichtungen in der Lebensmittelindustrie ein wichtiger Werkstoff. Aus Gründen der Einsparung werden meist nickelplattierte Bleche verwendet. In der E-Technik setzt man Nickel besonders als Anodenmaterial in Empfänger- und Verstärkerröhren ein. Angegriffen wird Nickel von starken Säuren, außer von $HNO_3$, in ihr wird es passiv. Entsprechend den chemischen Belastungen wurden z. B. korrosionsfeste Stähle geschaffen, die außer Nickel noch andere Elemente, wie Chrom, Molybdän, Vanadin u. a., enthalten. Näheres darüber erfahren Sie in »Stähle und ihre Wärmebehandlung, Werkstoffprüfung«, Abschnitt 2. (Unlegierte und legierte Stähle).

## 2.1.4. Kupfer

*Kupfer* (TGL 14708) besitzt durch seine kfz-Gitterstruktur günstige Formungseigenschaften, so daß es leicht zu feinen Drähten gezogen und zu dünnen Blechen ausgewalzt werden kann. In Form von Blechen, Bändern, Stangen, Drähten und Rohren werden Kupferhalbzeuge angeliefert.

■ Ü. 2.2

Die durch Kaltverformung hervorgerufenen Spannungszustände können durch Glühen im Temperaturbereich von etwa 300 °C beseitigt werden, wobei Kristallerholung stattfindet. Bei Temperaturen zwischen 450 °C und 550 °C erfolgt Rekristallisation (s. »Grundlagen metallischer Werkstoffe, ...«). Die Festigkeitsänderungen von kaltgeformtem Kupfer sowie die Änderung der Kennziffern durch Glühen zeigen die Bilder 2.1 und 2.2.

■ Ü. 2.3

Die Kaltverfestigung setzt die Tiefziehfähigkeit und Dehnung herab, wie dies indirekt durch die Bruchdehnung $A$ (s. Bild 2.1) zu erkennen ist. Die elektrische Leitfähigkeit wird durch Kaltumformung unwesentlich geringer. Sie beträgt bei einer Kaltverfestigung von z. B. 75% noch 97 bis 98% der ursprünglichen Leitfähigkeit.

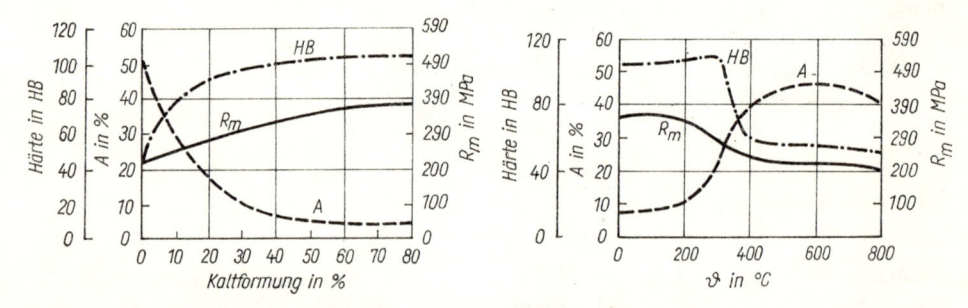

Bild 2.1. Festigkeitskennziffern von kaltverformtem Kupferhalbzeug, abhängig vom Verformungsgrad (Durchschnittswerte)

Bild 2.2. Festigkeitsänderung von kaltverformtem Kupfer durch Rekristallisationsglühen

Einen wesentlichen Einfluß auf die physikalischen Eigenschaften des Kupfers haben Verunreinigungen. Man unterscheidet neben dem Reinheitsgrad sauerstoffhaltige, sauerstofffreie, elektrolytisch erzeugte Kupfersorten (99,95 Masse-% Cu). Der Sauerstoff bildet mit dem Kupfer die Verbindung $Cu_2O$ (Cu(I)-oxid). Während elektrische Leitfähigkeit, Festigkeit und Härte durch $Cu_2O$ kaum beeinflußt werden, verringert es Dehnung, Einschnürung, Biege- und Verwindungszahl wesentlich. Besonders zu beachten ist, daß sauerstoffhaltige Kupfersorten nicht in wasserstoffhaltiger Atmosphäre geglüht oder geschweißt werden dürfen, weil dabei Wasserstoff in das Kupfer diffundiert und mit dem Sauerstoff des $Cu_2O$ Wasserdampf bildet.

$Cu_2O + 2H \rightarrow 2Cu + H_2O \uparrow$

Durch den hohen Dampfdruck entstehen im Kupfer Innenrisse, die sich häufig erst bei der weiteren Bearbeitung des Werkstoffes bemerkbar machen, so daß das Kupfer aufplatzen kann. Diese Erscheinung wird als *Wasserstoffkrankheit* bezeichnet. Sie wird verhindert durch Glühen oder Schweißen unter Schutzgas.
Erwähnung verdient auch die gute Korrosionsbeständigkeit des Kupfers. Im Laufe von Jahren bildet sich je nach Atmosphäre eine Schutzschicht aus basischem Kupfersulfat (Industrie) oder basischem Kupferchlorid (Meer), die Patina genannt wird und das Metall vor weiterem chemischem Angriff schützt. Dieser hellgrüne Überzug darf nicht mit dem gesundheitsschädlichen Grünspan (basisches Kupfer-(II)-acetat) verwechselt werden, der durch Einwirkung von Essigsäure entsteht. Besondere Beachtung verdienen die Kupferlegierungen, wie Messinge und Bronzen. Näheres hierzu in den folgenden Abschnitten.

■ Ü. 2.4

## 2.1.5. Zink

Der Gittertyp (hexagonal) gibt darüber Auskunft, weshalb *Zink* (TGL 14706) im kalten Zustand eine geringere Formbarkeit besitzt als Kupfer oder Nickel. Wird reines Zink kalt geformt, so sinken im Laufe der Zeit die Härte- und Festigkeitswerte wieder ab. Diese Entfestigungserscheinung ist auf Kristallerholung zurückzuführen.

▶ *Wiederholen Sie zur Ergänzung den Abschnitt »Kristallerholung und Rekristallisation« (»Grundlagen metallischer Werkstoffe, . . . «)!*

Eine weitere Besonderheit ist die Korrosionsbeständigkeit von reinem Zink. Sie beruht darauf, daß Zink an der Luft einen dichten und fest haftenden Überzug von basischem Zinkcarbonat bildet. Zink verhält sich dadurch korrosionsbeständiger, als es seiner Stellung in der Spannungsreihe nach zu erwarten wäre. Der Einsatz von Zink für Dachrinnen, Regenfallrohre, Dachbedeckungen und als Korrosionsschutzschicht beruht auf dieser vorteilhaften Eigenschaft. Zink wird besonders auf Baustahl (Bleche) im Tauchverfahren (Feuerverzinkung), durch Metallspritzen oder durch Elektroplattieren aufgebracht. Spuren von edleren Metallen machen aber Zink sehr korrosionsanfällig.

▶ *Vergleichen Sie hierzu die Spannungsreihe der Metalle!*

Reinzink wird u. a. von der Elektroindustrie für Trockenelemente benötigt, deren Zn-Becher durch Fließpressen hergestellt werden. Bei Temperaturen $>200\,°C$ gelten für Zink bereits die Bedingungen der Warmverformung. In technisch wichtigen Legierungen, wie Messing, Rotguß, Neusilber u. a., stellt Zink einen wesentlichen Anteil.

## 2.1.6. Cadmium

Im Periodischen System der Elemente steht *Cadmium* (TGL 10071) unter Zink. Daraus folgen ähnliche chemische und physikalische Eigenschaften.

▶ *Vergleichen Sie die Gittertypen von Zink und Cadmium sowie deren Schmelzpunkte!*

Cadmium ist aber weicher und bildsamer als Zink, und demzufolge lassen sich daraus leichter Drähte und Bleche herstellen. Die Farbe von Cadmium ähnelt der des Zinks, sie ist silberweiß. An der Atmosphäre bildet sich an der Cadmiumoberfläche ein dichter und festhaftender grauer Schutzüberzug. Daher eignet sich dieses Metall als *Beschichtungsstoff* im Korrosionsschutz. Man verwendet es weiter in niedrig schmelzenden Loten (für Leichtmetalle), in Lagerlegierungen sowie in der E-Technik in alkalischen Akkumulatoren (Ni-Cd-Zellen). Als Neutronenträger verwendet man Cd in Katodenstrahlröhren und folgerichtig als Neutronenbremse in Kernreaktoren. Cadmium und Zink gehen leicht gesundheitsschädigende Verbindungen ein, deshalb dürfen Gefäße für Lebens- bzw. Genußmittel nicht aus diesen Metallen bestehen.

### 2.1.7. Zinn

Die wichtigsten Kennziffern von *Zinn* (TGL 14704) finden Sie in Anlage 9. Besonders hervorzuheben sind die gute Korrosionsbeständigkeit dieses Metalles gegenüber normalen Witterungseinflüssen und die Tatsache, daß es mit Nahrungsmitteln keine giftig wirkenden Verbindungen eingeht. Es ist physiologisch unbedenklich. Aus diesem Grunde wird es besonders als *Überzugsmetall* in der Konservenindustrie (Tauchverzinnen) bei der Herstellung von Weißblech verwendet. Konservenbleche werden in der DDR jedoch schon seit längerer Zeit mit geeigneten Kunstharzlacken überzogen, da Zinn zu den »Sparmetallen« zählt, und an die Stelle der Stanniolfolie ist das Aluminium getreten. Als Legierungsmetall finden wir Zinn z. B. in Bronze, in Rotguß, in Lagerlegierungen zusammen mit Blei und Antimon und in Weichloten.

### 2.1.8. Blei

*Blei* (TGL 14719) zählt unter den Schwermetallen zu den weichsten und bildsamsten. Diese Eigenschaften und seine Beständigkeit gegenüber den Witterungseinflüssen sowie Schwefel- und Flußsäure ermöglichen einen vielseitigen Einsatz. Kabelmäntel, Platten in Akkumulatoren sowie Gefäße zum Aufbewahren von Säuren werden aus reinem Blei oder aus Bleilegierungen hergestellt. Als Überzugsmetall schützt es Eisenlegierungen (Feuerverbleien) vor Korrosion. Unentbehrlich ist Blei als *Strahlenschutz* gegen Röntgen- und $\gamma$-Strahlen.
Mit Blei kann deshalb bei relativ geringer Materialdicke der gleiche Schutzeffekt erzielt werden wie mit anderen und viel dickeren Schichten aus Schwerspat, Beton o. ä. Blei findet weiter Anwendung in Messing, Bronze und Automatenstahl. In diesen Legierungen bildet Blei Einlagerungen, die wie »Stofftrennungen« wirken, wodurch die Automatenfertigung solcher Werkstoffe rationeller wird (Kurzspanbildung).
Besonders ist zu beachten, daß Blei und seine Verbindungen bei Nichteinhaltung der Arbeitsschutzbestimmungen stark gesundheitsschädigend wirken. In Bleiwasserrohren bildet sich durch die im Wasser mitgeführte Kohlensäure unlösliches Bleicarbonat, das keine Giftwirkung besitzt.
Die Legierungen, in denen Blei stark vertreten ist, sind Weichlot, Hartblei für Kabelmäntel, Schriftmetall, Lagerlegierungen mit Zinn und Antimon (Weißmetall) bzw. mit Kupfer oder mit Kupfer und Zinn (Bleibronzen).

Ü. 2.5

## 2.1.9. Magnesium

*Magnesium* (TGL 17800) ist ein Rohstoff, der in die DDR importiert werden muß. Das reine Mg (99,8 bis 99,5 Masse-%) wird wenig verwendet, da es leicht oxydiert und eine geringe Festigkeit besitzt. Auf die Spanbrände, die bei der Bearbeitung von Mg entstehen können, wird im Abschnitt Mg-Al-Legierungen hingewiesen.
In der Gießereitechnik spielt es eine Rolle als Desoxydationsmittel für Nickel und Nickellegierungen sowie bei der Herstellung von Grauguß mit globularem Graphit (GGG). Durch Behandlung des Magnesiums und seiner Legierungen in Lösungen aus Kaliumbichromat und Salpetersäure erzeugt man eine messinggelbe Schicht von 0,01 bis 0,02 mm Dicke, die vor weiterer Korrosion schwacher Medien schützt.
Die spanlose Bearbeitung (Kaltwalzen und Tiefziehen) des Magnesiums (hex.) ist bei Raumtemperatur schwierig, aber bereits bei Temperaturen von 200 bis 300 °C möglich, weil hier über die Bildung von Zwillingslamellen weitere Gleitebenen wirksam werden.

## 2.1.10. Aluminium

*Aluminium* (TGL 14712), das mit einer Reinheit von 99,99 Masse-% hergestellt werden kann, ist weich und bildsam. Es eignet sich daher u. a. zur Herstellung von Folien sowie Tuben und Hülsen, die durch Fließpressen erzeugt werden. Durch seine physiologische Unbedenklichkeit wird es in der Nahrungs- und Genußmittelindustrie für Gefäße und Verpackungsmaterial verwendet. Mit dem Sauerstoff der Luft bildet Aluminium eine solide Schutzschicht ($Al_2O_3$), die es gegen atmosphärische Korrosion absichert.

▶ *Erläutern Sie, durch welche Verfahren diese Schutzschicht verstärkt werden kann!*

**Die elektrische Leitfähigkeit von Aluminium beträgt 35 bis 36 Siemens. Aluminium hat sich deshalb in der E-Technik einen festen Platz, insbesondere im Freileitungsbau, erworben.**

Kabelmäntel aus Aluminium sind leichter und fester als solche aus Blei. Im Fahrzeug- und Flugzeugmotorenbau findet Aluminium hauptsächlich als Grundmetall Anwendung. Als Aluminiumpulver stellt man durch Pressen und Sintern einen Werkstoff her, der eine Zugfestigkeit bis 340 MPa besitzt. Dies beruht darauf, daß die Pulverteilchen die Größe von Mosaikblöckchen haben und somit der Verformung einen wesentlich größeren Widerstand entgegensetzen, als das bei größeren Kristalliten der Fall ist.

▶ *Vergleichen Sie hierzu das Wandern von Versetzungen, und beachten Sie die Faktoren Korngröße und Gitterstörungen!*

Außerdem isolieren die Oxidschichten die Kristallite gegeneinander, wodurch Kornwachstum und Rekristallisation verhindert sowie die Versetzungswanderungen erschwert werden. Der überwiegende Teil des Aluminiums wird als Reinaluminium im Bauwesen, in der Verpackungsindustrie und in der E-Technik eingesetzt. Eine weitere technische Bedeutung erlangt es in seinen Legierungen.

■ Ü. 2.6

## 2.1.11. Titan

Der Anlage 10 sind die wesentlichen Kennziffern über *Titan* (TGL 25421) zu entnehmen. Dieses Metall hat eine große Affinität zu Sauerstoff. Darin liegt der Grund für seine schwierige Gewinnung, außerdem erfordern Wärmebehandlungen und Schweißen besondere Schutzmaßnahmen. Schon geringe Oxideinschlüsse wirken stark versprödend.

Das Schweißen muß daher unter *Schutzgas* erfolgen, oder man wendet das noch aufwendigere Elektronenstrahl-Schweißverfahren im Vakuum an. Als Legierungselement wird Titan in Leichtmetallen und in Edelstählen verwendet. In rost- und säurebeständigen Stählen wirkt es als Stabilisator, indem es die interkristalline Korrosion verhindert. Das *Titancarbid* (TiC) stellt neben dem Wolframcarbid (WC) den wesentlichen Anteil in hochwertigen Sinterschneidwerkstoffen. Die relativ geringe Dichte, die Korrosionsbeständigkeit sowie hohe Festigkeit weisen Titan einen besonderen Platz im Flugzeug- und Raketenbau zu. Einige typische Titanlegierungen werden später behandelt.

■ Ü. 2.7

## 2.2. Nichteisenmetall-Legierungen

*Zielstellung*

Aus einer ganzen Reihe metallkundlicher Grundlagen lassen sich bedeutungsvolle Eigenschaften für die NE-Metalle ableiten. Besondere Bedeutung kommt den Einflußfaktoren auf die Kristallisation, Umformung und Wärmebehandlung zu.
Die wirtschaftspolitischen Direktiven, die Partei und Regierung uns stellen, fordern u. a., daß besonders solche Legierungen verwendet werden müssen, die weitgehende technisch-ökonomische Vorteile bieten. Das ist speziell bei Legierungen auf Aluminiumbasis der Fall. Vorausgesetzt werden Kenntnisse der in den »Grundlagen metallischer Werkstoffe, ...« behandelten Grundlagen der Legierungslehre und die der allgemeinen Zustandsschaubilder.

### 2.2.1. Spezielle metallkundliche Grundlagen

#### 2.2.1.1. Kristallisation

*Kristallisation* ist der Vorgang, der sich abspielt, wenn eine Schmelze erstarrt, d. h., der Übergang vom flüssigen zum festen Zustand wird betrachtet. Bei der Abkühlung entsteht ein festes Kristallgefüge, das u. a. durch die *Korngröße* bestimmt wird. Ihr Einfluß auf die Eigenschaften der Metalle ist Ihnen schon bekannt.
Mit steigendem Korndurchmesser nehmen die Festigkeitseigenschaften polykristalliner Werkstoffe ab, während sie sich mit kleiner werdendem Korndurchmesser erhöhen.

## 2.2.1.2. Erzeugung eines feinkörnigen Gefüges

Für die Feinkörnigkeit eines Gefüges sind folgende Punkte maßgebend:
1. Keime sind in der Schmelze vorhanden durch
   — nichtaufgeschmolzene Gitterbereiche,
   — Zugabe von arteigenem Material,
   — Zugabe von artfremdem Material.
2. Viele vorhandene Keime unterhalb der Schmelztemperatur und geeignete Abkühlung erzeugen feinkörniges Gefüge (s. Gefügebildung und Unterkühlung in »Grundlagen metallischer Werkstoffe, . . .«).

**Möglichkeiten, die Gefügebildung zu beeinflussen, sind demnach Schmelzbehandlungen sowie Einflußnahme auf die Erstarrungsbedingungen.**

## 2.2.1.3. Umformungsbedingte Einflüsse

Durch Umformen lassen sich die Eigenschaften weiter verändern. So hat die *Kaltformgebung* einen großen Einfluß und wird angewendet, um bestimmte Eigenschaften zu erreichen (z. B. Festigkeitssteigerung durch Kaltverfestigung), genauere Abmessungen und saubere Oberflächen zu erhalten bzw. Teile zu richten. Mit der Kaltverformung tritt eine Verringerung von Plastizität und Dehnung ein, dagegen ist eine Steigerung von Festigkeit und Härte festzustellen. Erwärmung der Werkstoffe bewirkt zunehmende Entfestigung durch Kristallerholung und Rekristallisation.

## 2.2.1.4. Aushärtung von Nichteisenmetall-Legierungen — Definition und Bedingungen

**Unter Aushärten versteht man eine Wärmebehandlung aus Diffusionsglühen mit anschließendem Abschrecken auf Raumtemperatur und nachfolgendem Auslagern bei Raumtemperatur (Kaltaushärtung) oder erhöhter Temperatur (Warmaushärtung).**

Folgende Bedingungen müssen erfüllt werden, um eine Aushärtung zu ermöglichen:
1. Es muß eine Mehrstofflegierung vorliegen.
2. Im System muß beschränkte Mischkristallbildung auftreten.
3. Die Löslichkeit des Systems muß mit fallender Temperatur für die Legierungskomponente abnehmen.
4. Die Mischkristalle müssen nach dem Abschrecken eine bestimmte Zeit erhalten bleiben.

Aus dem Bild 2.3 kann man ablesen:
Bei 548 °C sind 5,65 Masse-% Kupfer im Aluminium gelöst. Mit fallender Temperatur verringert sich die Löslichkeit für Kupfer sehr stark. Bei langsamer Abkühlung scheidet sich aus dem $\omega$-Mischkristall die intermetallische $\vartheta$-Phase $Al_2Cu$ als Segregat aus. Für die Aushärtung werden Al-Cu-Legierungen aus dem Konzentrationsbereich bis 5,65 Masse-% Cu zuerst homogenisiert, d. h. bei $\approx$ 500 °C längere Zeit gehalten und dann in Wasser abgeschreckt und anschließend kalt oder warm ausgelagert (Bild 2.4). Nach dem Abschrecken sind nur $\omega$-Mischkristalle (kfz) vorhanden. Vorteilhafte Aushärteeigenschaften besitzen u. a. die Legierungen Al–Cu–Mg, Al–Si–Mg, Al–Zn–Mg. Wird z. B. eine Al-Cu-Mg-Legierung ausgehärtet, so sind nach dem im Bild 2.5 dargestellten technologischen Ablauf drei entscheidende Bereiche zu erkennen.

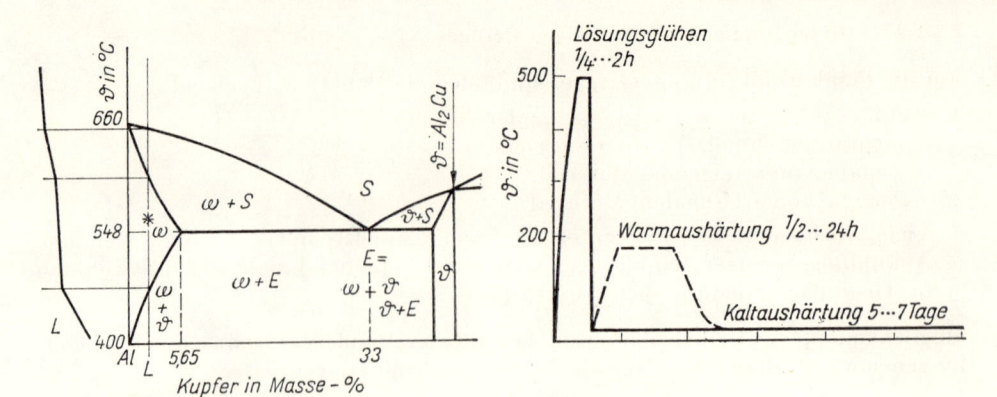

Bild 2.3. Typisches Zustandsschaubild, das Aushärtung ermöglicht (Al–Cu, Al-Seite)

Bild 2.4. Technologischer Verlauf der Aushärtung einer Al-Cu-Mg-Legierung

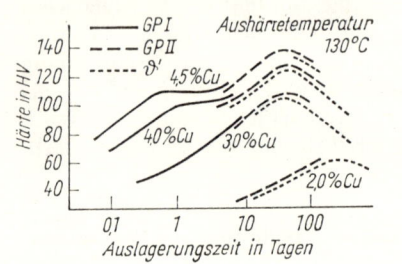

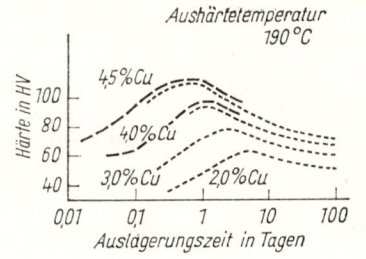

Bild 2.5 Härteverlauf in Abhängigkeit von der Zeit

### 1. GP-I-Zonen (Guinier-Preston-Zonen)

Über Diffusionsvorgänge bilden sich zwischen Raumtemperatur und 150 °C Anordnungen einatomarer Schichten von Cu-Atomen auf (100)-Ebenen des Aluminiums. Das führt zu Blockierungen der Versetzungsbewegung und zu örtlichen Gitterspannungen. Eine Festigkeitssteigerung ist nach außen zu bemerken (Bild 2.6a).

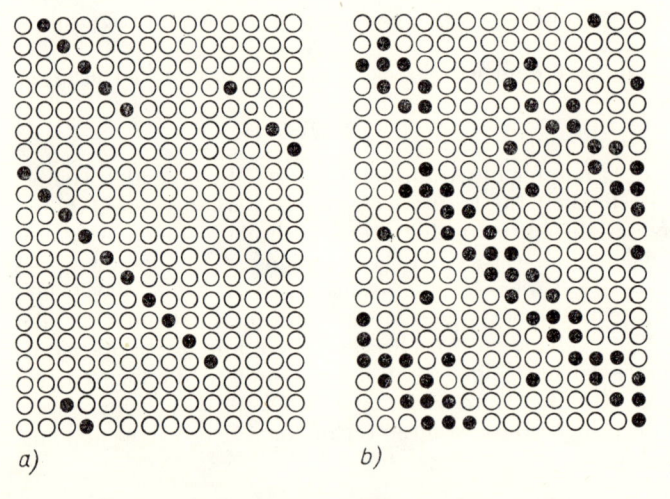

Bild 2.6
a) GP-Zone I
b) GP-Zone II

*2. GP-II-Zonen*

Diese Zonen entstehen zwischen etwa 80 bis 200 °C. Die Ausscheidung der Cu-Atome erfolgt hier in dickeren Platten parallel zu den (100)-Würfelebenen. Mit der GP-II-Zone entsteht das Härtemaximum, das bei Temperaturerniedrigung erhalten bleibt (Bild 2.6b).
Die kohärenten Ausscheidungen sind für die GP-Zonen charakteristisch.

*3. $\vartheta'$-Phase*

Die $\vartheta'$-Phase ist eine Übergangsphase und weist noch Orientierungsbeziehungen zum Al-Mischkristall auf. Die Ausscheidungen stellen sich als eine teilkohärente Phase dar. Mit dem Wachsen dieser $\vartheta'$-Phase nimmt die Festigkeit ab. Bei weiterer Erwärmung bildet sich zunehmend die $\vartheta$-Phase $Al_2Cu$, als deren Folge Festigkeit und Härte bis auf Ausgangswerte abfallen können ($\approx 120\,HB$ auf $60\,HB$).

1. **Die Kaltaushärtung wird im Raumtemperaturbereich durch voll- und bei Warmauslagerung durch teilkohärente Ausscheidungen (Ausscheidungshärtung) erreicht.**
2. **Die große Festigkeitssteigerung ist in erster Linie den Ausscheidungen zuzuschreiben, die die Versetzungsbewegungen einschränken.**
3. **Der Aushärteffekt ist abhängig von der Temperatur des Lösungsglühens, der Glühzeit, der Abkühlgeschwindigkeit, der Auslagerungstemperatur und -dauer.**

▶ *Überlegen Sie, wie die genannten Gefügebildungen technisch zustande kommen können!*

■ Ü. 2.8

### 2.2.2. Aluminiumlegierungen

#### 2.2.2.1. Allgemeines

Aluminium und Aluminiumlegierungen sind nach Stahl die am meisten verwendeten metallischen Werkstoffe. Besonders die Eigenschaften, wie geringe Dichte, hohe Festigkeit (Eignung für den Leichtbau), gute Leitfähigkeit, die Korrosionsbeständigkeit, die plastischen Eigenschaften und das gute Reflexionsvermögen, lassen immer wieder neue Anwendungsgebiete entstehen. Da die DDR keine Rohstoffbasis für Aluminium besitzt, ist eine effektive Materialökonomie von großer Bedeutung.
Die hauptsächlichen Legierungselemente sind: Mg, Si, Zn, Cu, Mn. Folgende Legierungsvarianten sind möglich (s. Tabelle 2.2):

Tabelle 2.2. Legierungsvarianten für Aluminium

| Basismetall | Aluminium | | | | |
|---|---|---|---|---|---|
| Legierungs-Element | Mn | Cu | Si | Mg | Zn |
| Zweistofflegierung | AlMn | | AlSi | AlMg | |
| Dreistofflegierung | AlMgMn | AlCuMg | AlSiCu | AlMgSi | AlZnMg |
| Vierstofflegierung | AlCuSiMn | | AlSiCuNi | | AlZnMgCu |

### 2.2.2.2. Legierung Aluminium–Silicium – Gußlegierung

Das Zustandsschaubild Aluminium–Silicium (Bild 2.7) weist nach, daß die $\alpha$-Mischkristalle nur sehr wenig Silicium aufnehmen, während die $\beta$-Mischkristalle bis etwa 4 Masse-% Aluminium lösen können. Mehrere technische Legierungen haben nahezu eutektische Zusammensetzung: Sie bestehen meist aus primären $\alpha$-Mischkristall-Dendriten, die in das Eutektikum aus $\alpha$- und $\beta$-Mischkristallen eingebettet sind.

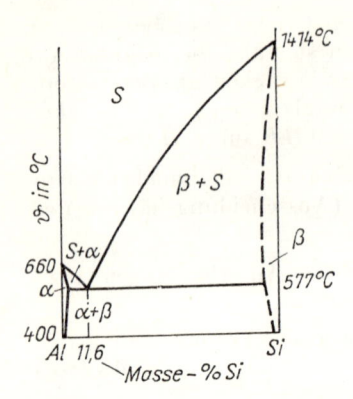

Bild 2.7. Zustandsschaubild Aluminium–Silicium

**Die gute Gießfähigkeit wird u. a. durch den niedrigen Schmelzpunkt sowie durch das sehr kleine Erstarrungsintervall bestimmt.**

Mit steigendem Siliciumgehalt nehmen Festigkeit und Härte zu. Untereutektische Gußlegierungen werden grobkörnig und weisen ein unausgeglichenes Eutektikum auf, wenn infolge der langsamen Abkühlung die siliciumreiche $\beta$-Phase große eckige, plattenförmige Körner oder auch nadlige Kristallite bilden kann. Dadurch wird der Guß spröde und unbrauchbar. Dieser Nachteil wird durch Überhitzung der Schmelze (730 bis 750 °C) und zunehmende Erstarrungsgeschwindigkeit behoben. Dies beruht auf der Unterkühlung der eutektischen Kristallisation, die dann eine normale eutektische Erstarrung bewirkt. Diesen »Veredlungs«-Effekt erzielt man durch Zugabe bestimmter Elemente. Bei den in Kokillen vergossenen Al-Si-Legierungen wird die Na-Menge verringert, da bereits durch die Abschreckwirkung der Kokille die »Entartung« des Eutektikums eingeschränkt wird. Durch Lösungsglühen bei 530 °C und nachfolgendes Abschrecken in Wasser werden inhomogene Legierungen gleichmäßiger, wodurch sich besonders die Dehnungswerte erhöhen. Typische Legierung: **G-AlSi12** mit $R_m = 167$ bis 216 MPa und $A = 8$ bis 4%.

**Al-Si-Legierungen (TGL 6557) verwendet man besonders für dünnwandige und formschwierige Teile. Sie besitzen gute Festigkeit und Korrosionsbeständigkeit.**

Deshalb empfiehlt sich auch ihre Verwendung für Gefäße in der Nahrungsmittelindustrie. Diese Legierungen sind für Grauguß und Stahlguß oft sehr geeignete Austauschstoffe. Sie zählen deshalb in den Sand- und Kokillengießereien der DDR zu den hauptsächlich vergossenen Nichteisenmetall-Werkstoffen (Tabelle 2.4.1).

■ Ü. 2.9

## 2.2.2.3. Legierung Aluminium—Magnesium — Knet- und Gußlegierungen

Das Zustandsschaubild der Al-Mg-Legierung (TGL 14725 und 6556) stellt im technisch interessanten Bereich ein System mit *beschränkter Mischkristallbildung* im festen Zustand dar (Bild 2.8). Formal kann die Legierung ausgehärtet werden. Da dem geringen Festigkeitsanstieg aber ein hoher Dehnungsabfall gegenübersteht, wird diese Möglichkeit technisch uninteressant. Um ein Ausscheiden von $\beta$-Mischkristallen zu verhindern, werden nur Legierungen eingesetzt, die bis max. 5% Mg enthalten. Legierungen, die die $\beta$-Phase ($Al_3Mg_2$) ausscheiden, sind anfällig gegenüber der *Spannungsrißkorrosion*, da sich bei Abkühlung die $\beta$-Phase plättchenförmig an den Korngrenzen ausscheiden kann (Bild 2.9a).
Ein schwach angreifendes Medium führt zur Auflösung der $\beta$-Phase und somit zu interkristallinen Anrissen, die unter Einwirkungen von Zugspannungen zur Spannungsrißkorrosion führen.
Häufig reicht eine Temperatur von 60 bis 80 °C aus, um die Ausscheidung zu erzeugen, d. h., Legierungen mit >3% Mg sind nicht anlaßbeständig.
Durch ein Homogenisierungsglühen um 450 °C wird der $\beta$-Mischkristall im $\alpha$-Mischkristall vollständig gelöst. Eine nachfolgende langsame Abkühlung bis kurz unterhalb der Löslichkeitslinie führt zu kugelförmigen Ausscheidungen. Das somit entstehende Perlschnurgefüge an den Korngrenzen hat keine unmittelbare Berührung untereinander, und das Auflösen der $\beta$-Phase wird verhindert (Bild 2.9b).

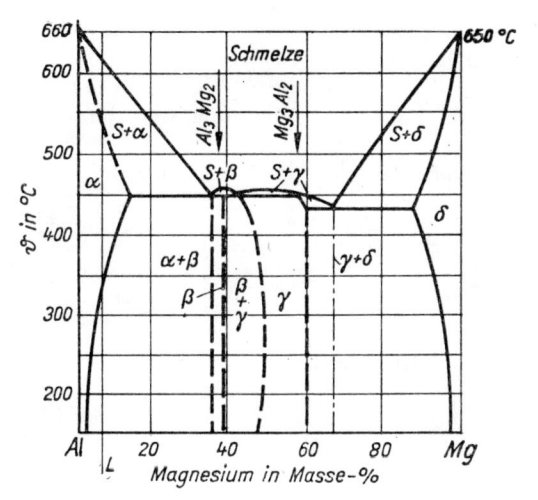

Bild 2.8. Zustandsschaubild Aluminium—Magnesium

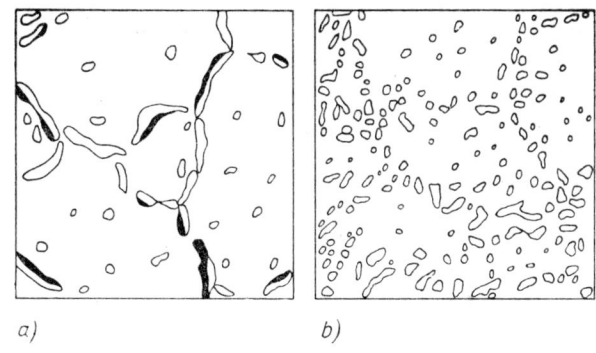

Bild 2.9
a) Schematisches Gefügebild von AlMg5$\alpha$- + zusammenhängende $\beta$-Mischkristalle
b) Schematisches Gefügebild von AlMg5 nach dem Glühprozeß, um $\beta$-Mischkristalle kuglig einzuformen

**Legierungen bis 3% Mg — keine Spannungsrißkorrosion; Legierungen bis 5% Mg — kaum Spannungsrißkorrosion.**

Al-Mg-Legierungen zeichnen sich durch eine gute Umformbarkeit, ausgezeichnetes Korrosionsverhalten (insbesondere gegen Seewasser), gute Schweißbarkeit und dekorative Wirksamkeit aus. Die Eigenschaften bestimmen die weitere Verwendbarkeit in der metallverarbeitenden Industrie.

**Als Al-Mg-Gußwerkstoffe werden in der DDR hauptsächlich Al-Legierungen mit 3% und 5% Mg für Beschläge, Griffe, in der Nahrungsmittelindustrie, im Fahrzeug- und Schiffbau eingesetzt.**

Die Legierungen bis 5% Mg enthalten häufig noch geringe Mengen Si, um eine Warmaushärtbarkeit zu erzielen und um die Gießbarkeit der Al-Mg-Werkstoffe zu verbessern.
Für Knet- und Gußlegierungen ist die Schweißeignung gut, und es werden Gas-, WIG- und MIG-Schweißungen empfohlen. Es muß darauf geachtet werden, daß die Naht nicht überhitzt wird. Um Risse zu vermeiden, ist eine Vorwärmung unbedingt vorzunehmen.
Technische Anwendung finden die Al-Mg-Legierungen bis 5,5% Mg. Größere Legierungsprozente an Mg führen zu der schon erwähnten Anfälligkeit der Spannungsrißkorrosion oder der interkristallinen Korrosion. Mn-Zusätze vermindern die Korrosionsanfälligkeit. Legierungen bis 4,5% Mg und bis 1% Mn haben sich als Schiffbauwerkstoffe (Decksaufbauten) gut bewährt. Die Legierung bringt die gleichen Festigkeitswerte wie AlMg5 ohne Mn-Zusatz. Da die Al-Mg-Legierungen in der Praxis nicht aushärtbar sind, ist eine Festigkeitssteigerung nur durch die beschränkte Mg-Zugabe zu erreichen.
Bei der Anwendung fallen die gute Laugenbeständigkeit im Vergleich zum Al und die gute Dauerfestigkeit auf.
Besondere Vorsicht ist wegen der Brandgefahr beim Gießen und Spanen geboten.

■ Ü. 2.10

### 2.2.2.4. Legierung Magnesium—Aluminium — Knet- und Gußlegierungen

Die technisch bedeutsame Seite des Zustandsschaubildes zeigt eine ähnliche Charakteristik wie die Al-Mg-Legierungen. Technische Al-Mg-Legierungen können bis 10 Masse-% Aluminium enthalten. Im Gefüge dieser Legierungen bilden sich infolge der Diffusionsträgheit der Legierungskomponenten neben den primären magnesiumreichen $\delta$-Mischkristallen (hexagonal) Korngrenzenausscheidungen der $\gamma$-Phase $Mg_3Al_2$ sowie das eutektische Phasengemisch $\delta + \gamma$. Durch Erwärmen der Legierung auf 450 °C (24 h) gleichen sich die Gefügeunterschiede aus. Bei langsamer Wiederabkühlung bilden sich $Mg_3Al_2$-Lamellen (s. Gefügebild 2.10).

**Mg-Al-Legierungen (TGL 14729) mit besonders guten mechanischen Eigenschaften sind die Knetlegierungen mit 9 bis 10 Masse-% Al.** Durch Erwärmen und Verformen werden im ganzen Werkstück gleichmäßige Festigkeitseigenschaften erzielt.

Anlaßbehandlungen unterhalb der Löslichkeitslinie werden vermieden, weil die Dehnungswerte stark abfallen.

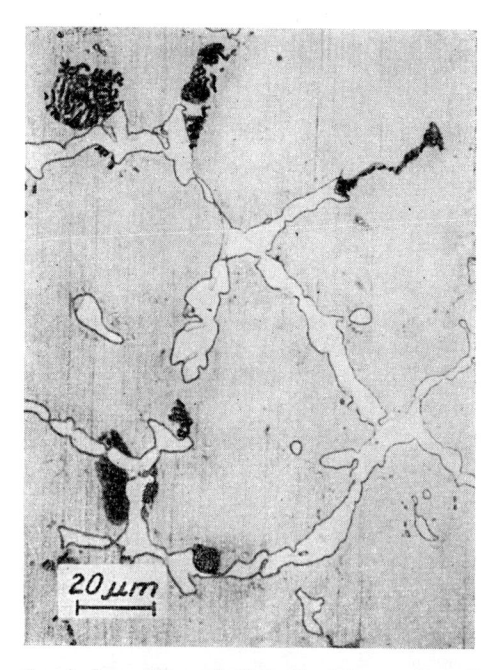

Bild 2.10. Gefügebild von
G-MgAl9Zn1; δ-Mischkristalle mit
γ-Mischkristallausscheidungen
an den Korngrenzen und in
lamellarer Form

In Anlage 12 und Tabelle 2.3 werden die wichtigsten Mg-Al-Legierungen nachgewiesen. Die Legierung MgAl3Zn eignet sich für mittlere Beanspruchungen bei guter chemischer Beständigkeit.

MgAl6Zn3 verwendet man besonders als Gußlegierung für schwingungsfeste Teile im Fahrzeug- und Maschinenbau. Als druckdichte Legierung im Behälterbau wird sie ebenfalls eingesetzt.

Im Behälterbau mit geringen Wanddicken werden Kokillen bzw. Druckgußlegierungen verwendet. Aluminium erhöht die Festigkeit und begünstigt die Feinkornbildung, ähnlich wirkt Zink. Mangan verbessert die Korrosionsbeständigkeit. Die Härte der Legierungen kann bei Si-Zusatz durch $Mg_2Si$-Ausscheidungen erhöht werden, wobei die Zähigkeit abfällt.

**Der niedrige $E$-Modul von 44 GPa der Magnesiumlegierungen erhöht die Unempfindlichkeit gegen stoßartige Belastungen und wirkt geräuschdämpfend. Das ist für Getriebegehäuse sehr vorteilhaft.**

Die geringe Steifigkeit dieser Werkstoffe gleicht man durch die Wahl von Profilen mit großen Trägheitsmomenten aus. Der großen Kerbempfindlichkeit begegnet man durch entsprechende Ausrundungen an Werkstückübergängen oder Entlastungskerben.

**Der Werkstückpreis von Bauteilen vermindert sich durch die hohe Schnittgeschwindigkeit, die bei der spangebenden Formung möglich ist.**

Die hohen Schnittgeschwindigkeiten führen zu starken Erwärmungen der Magnesiumlegierungen, demzufolge ist auf ausreichende Kühlung zu achten. Entstehende Spanbrände werden gelöscht, indem der Zutritt von Sauerstoff verhindert wird. Das erreicht man durch Aufschütteln von Graugußspänen oder Abdecksalzen (s. ASAO 18).

■ Ü. 2.11

Tabelle 2.3. Magnesiumlegierungen – Kennziffern und Eigenschaften

| Werkstoffe | Festigkeitseigenschaften | | | Allgemeine Eigenschaften | Bearbeitung | | Anwendungsgebiete |
|---|---|---|---|---|---|---|---|
| | $R_{p0,2}$ in MPa | $R_m$ in MPa | $A_5$ in % | | Zerspanung | Schweißen | |
| G-MgAl6Zn3 | 80 | 130 | 1,5 | Einsatz bei erhöhten Temperaturen | geringe Schnittkräfte ermöglichen höchste Schnittgeschwindigkeit, große Spantiefen und hohe Werkzeugstandzeiten | beschränkt schweißbar; kurze Schweißnähte | Profilstangen, Preß- und Schmiedeteile, druckdichte Gußstücke |
| G-MgAl8Zn1 | 80 | 130···170 (200) | 1···4 | bei Temperaturen über 150 °C fällt die Festigkeit ab; aushärtbar | | kaum schweißbar | |
| G-MgAl9Zn1 | 90···150 | 120···(220) | 0,5···3 | aushärtbar; GK geeignet | | | |
| G-MgAl9Zn2 | 80···140 | 120···(200) | 0,5···1 | relativ geringe Festigkeit und Dehnung; nicht für Teile, die stark beansprucht werden | | | |
| Hoch- und warmfeste Legierung G-MgZn5Th2Zr1 | 150···180 | 245···280 | 3···8 | hohe Streckgrenze; korrosionsbeständig; Warmrißneigung; GK geeignet | | sehr gute bis gute Schweißbarkeit | werden wegen des hohen Zr-Preises nur für Sonderzwecke verwendet; Zr als Kornfeinung |
| G-MgTh3Zn2Zr1 | 90···120 | 140···190 | 5···12 | saubere Gießtechnik; kriechfest; neigt zu Schwindungsrissen; korrosionsbeständig | | | |

Tabelle 2.4.1. Aluminiumlegierungen (AlMg, AlSi) – Kennziffern und Eigenschaften

| Werkstoffe | Festigkeitseigenschaften | | | Allgemeine Eigenschaften | Bearbeitung | | Anwendungs-gebiete |
|---|---|---|---|---|---|---|---|
| | $R_{p0,2}$ in MPa | $R_m$ in MPa | $A_5$ in % | | Zerspanen | Schweißen | |
| G-AlMg3 | 60···120 | 130···180 | 2···4 | gute bis ausreichende Gießbarkeit | sehr gut | ausreichend | Rahmen, Griffe, Beschläge |
| G-AlSi5Mg | 90···180 | 130···190 | 0,5···1 | sehr gute bis ausreichende Gießbarkeit | gut bis ausgezeichnet | gut | chemischer Apparatebau und Nahrungsmittelmaschinen |
| G-AlSi6Cu | 90···180 | 150···220 | 0,3···1 | ausgezeichnete Gießeigenschaft | gut | sehr gut | hochbeanspruchte Teile des Motorenbaues |
| G-AlSi7Cu1 | 100···170 | 140···200 | 0,2···0,8 | gute bis ausgezeichnete Gießeigenschaft | gut | sehr gut | Universalwerkstoff für Apparate-, Geräte-, Fahrzeug- und Motorenbau |

Tabelle 2.4.2. Aluminiumlegierungen (AlCuMg) — Kennziffern und Eigenschaften

| Werkstoffe | Festigkeitseigenschaften | | | Allgemeine Eigenschaften | Anwendungsgebiete |
|---|---|---|---|---|---|
| | $R_{p0,2}$ in MPa | $R_m$ in MPa | $A_5$ in % | | |
| AlCuMg1 | 220···260 | 210···390 | 6···14 | aushärtbare Legierung hoher Festigkeit; ungeschützt, nicht korrosionsbeständig | für mechanisch hochbeanspruchte Teile im Fahrzeug-, Maschinen- und Flugzeugbau; Zahnräder, Kompressorkolben, Radkörper |
| AlCuMg2 | 240···310 | 240···470 | 5···12 | | |
| AlCu3Mg | 230···260 | 370···390 | 10 | | |

Tabelle 2.4.3. Aluminium und Aluminiumlegierungen (Al, AlMg, AlMgSi) — Kennziffern und Eigenschaften

| Werkstoffe | Festigkeitseigenschaften | | | Allgemeine Eigenschaften | Anwendungsgebiete |
|---|---|---|---|---|---|
| | $R_{p0,2}$ in MPa | $R_m$ in MPa | $A_{10}$ in % | | |
| Al99,9 bis 98R | 10···80 | 40···110 | 4···28 | dekorativ wirksam; gute Formbarkeit; chemisch beständig | Folien, Kabelmäntel, Reflektoren, Blitzableiter, Rotoren für Motoren, Sinterwerkstoffe |
| AlMg1 | 40···140 | 100···160 | 3···18 | korrosionsbeständig; dekorativ; anodisch oxydierbar | Molkereigeräte, Nahrungsmittel- und Verpackungsindustrie |
| AlMg3 | 80···180 | 180···255 | 3···15 | | Bauwesen, Fahrzeugbau, Schiffbau, Apparate- und Behälterbau |
| AlMg5 | 100···240 | 240···310 | 3···15 | | mechanisch hoch- und mittelbeanspruchte Teile im Schiff- und Fahrzeugbau |
| AlMgSi0,5 dek | 80···160 | 140···220 | 10···13 | warm aushärtbar; korrosionsbeständig; dekorativ; anodisch oxydierbar | mittlere mechanische Beanspruchungen im Schiff- und Fahrzeugbau, Armaturen, Verkleidungsbleche |
| AlMg1Si1 | 80 | 130···150 | 14···15 | | mechanisch hochbeanspruchte Teile im Fahrzeug- und Apparatebau |

| Bearbeitung | | | |
|---|---|---|---|
| Warmformgebung | Kaltformgebung | Zerspanung | Schweißen |
| sehr gute Schmied- und Preßbarkeit | gut im weichen Zustand | wegen Langspanbarkeit nicht auf Drehautomaten Pb-Zugabe | gut; die Festigkeitsminderung in der Schweißzone kann durch Neuaushärtung aufgehoben werden |

| Bearbeitung | | | |
|---|---|---|---|
| Warmformgebung | Kaltformgebung | Zerspanung | Schweißen |
| Schmieden und Pressen sehr gut | Walzen, Ziehen, Biegen im weichen und halbharten Zustand sehr gut | gut im harten Zustand; kleine Schneidwinkel, hohe Schnittgeschwindigkeit im weichen Zustand | sehr gut; Festigkeitsminderung in der Wärmeeinflußzone bei kaltverfestigten Werkstoffen |
| gute Schmied- und Preßbarkeit | gutes Walz- und Ziehverhalten | gut | gut; Festigkeitsminderung in der Schweißzone ist zu beachten |
| | nur im weichen Zustand | nur im harten Zustand | |
| sehr gute Schmied- und Preßbarkeit | im weichen und kalt ausgehärteten Zustand gute Bearbeitbarkeit | gut, wenn Spezialwerkzeuge angewendet werden | gut, denn die Festigkeitsminderung wird durch Neuaushärtung aufgehoben |

### 2.2.2.5. Aluminium-Kupfer-Magnesium-Legierungen

Als aushärtbare Legierung tritt sie in Verbindung mit Mn auf. Legierungsbestandteile sind: 2,0 bis 4,9 % Cu, 0,2 bis 1,8 % Mg und 0,2 bis 1,1 % Mn.
Die Temperatur des Lösungsglühens richtet sich nach der Zusammensetzung der Legierung und liegt meistens zwischen 470 und 505 °C. Eine Kaltaushärtung erfolgt nach dem Abschrecken. Mn wird zugesetzt, um die Rekristallisationstemperatur zu erhöhen und die Grobkornbildung zu verringern.
Die Legierungen sind korrosionsempfindlich gegenüber Schichtkorrosion, wobei die Warmaushärtung die Korrosionsempfindlichkeit erhöht. Aus diesem Grund werden Bauteile meistens mit Al plattiert.
Anwendung finden diese Legierungen als Nietwerkstoffe, da diese kaltausgehärtet geschlagen werden (AlCuMg 0,5).
Legierungen mit 1 bis 2 % Cu sind Konstruktionswerkstoffe des Flugzeug-, Fahrzeug- und Maschinenbaus. Pb-Zugabe verbessert die Spanbarkeit (s. Tabelle 2.4.2).

### 2.2.2.6. Legierung Aluminium—Silicium—Magnesium

Das Bild 2.11 ist ein Schnittbild durch das Dreistoffsystem Al—Mg—Si (quasibinäres Schaubild). Der Schnitt liegt bei der technisch wichtigen Legierung und gibt darüber Auskunft, wie die Löslichkeit der Phase $Mg_2Si$ im $\alpha$-Mischkristall abnimmt,

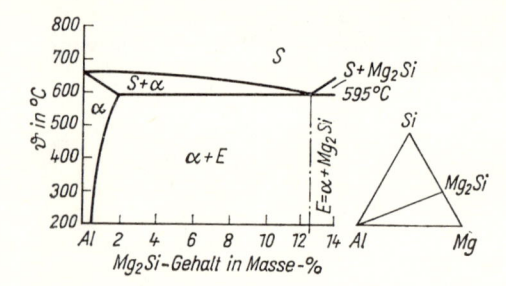

Bild 2.11. Zustandsschaubild (Schnittdiagramm/quasibinäres Diagramm) von Al-$Mg_2$Si und Lage des Konzentrationsschnittes in der Grundfläche des Dreistoff-Schaubildes Al—Si—Mg

was bekanntlich die Aushärtung ermöglicht. Durch Warmaushärten erzielt man bei diesen Legierungen in kurzer Aushärtezeit eine $R_m \approx 290$ MPa. Knetlegierungen wie AlMg1Si1 werden als Halbzeuge in Form von Blechen, Bändern, Rohren, Drähten und Stangen geliefert. Die Sand- und Drucklegierungen G-AlSi5Mg, G-AlSi10Mg bzw. GD-AlSi10Mg haben nach Kalt- oder Warmaushärtung eine $R_m \approx 160$ bis 240 MPa. Das Bild 2.12 zeigt das typische Gefüge einer nicht ausgehärteten Legierung.
Eine Sondergruppe stellen die warmfesten *Kolbenlegierungen* dar (s. Tabelle 2.4.1). In diesen Legierungen wirkt Kupfer kornfeinend und härtesteigernd, während der Nickelzusatz die Warmhärte erhöht.
Als *Zylinderkopflegierung* verwendet man G-AlCuNi oder G-AlSi12CuNi oder als Austauschlegierung auch G-AlMg. Diese Legierungen haben eine hohe dynamische Festigkeit und gute Wärmeleitfähigkeit bei geringer Dichte. Die Legierung G-AlSi12CuNi besitzt nach Abschrecken von etwa 500 °C und Warmaushärtung bei etwa 200 °C eine $R_m \approx 270$ MPa sowie $\approx 120\ HB$, während $A_5 \approx 0,5 \%$ beträgt. Die Entwicklungstendenz geht dahin, noch hochfestere Legierungen zu erzeugen, um das Leistungsgewicht von Motoren weiter zu senken. Es beträgt in Europa heute etwa 9 bis 10 kg kW$^{-1}$, und man ist bestrebt, es noch weiter zu verringern.

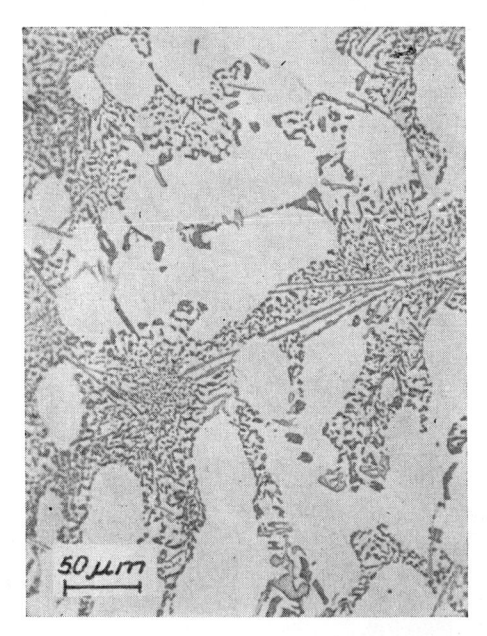

Bild 2.12. Gefügebild G-AlSi10Mg;
α-Mischkristall-Dendriten + Eutektikum
(α + Mg₂Si) + Al₆Mn-Kristalle (dunkel)

### 2.2.2.7. Legierung Aluminium—Zink—Magnesium

Diese Legierungen haben viel Ähnlichkeit in der Gefügebildung mit Al-Mg-Si-Legierungen. Um Korngrenzenabscheidungen zu verhindern, werden sogenannte Stabilisatoren (in Zehntelprozenten) wie Chrom, Titan, Vanadin und Kupfer zugegeben.

**Legierungen dieser Art sind für Teile hoher Festigkeit bestimmt, so im Flugzeugbau, im Bergbau für Grubenstempel, für Fahrräder (Felgen, Tretkurbeln und Zahnräder) und für Teile im Maschinenbau.**

Auch beim Bau von Schienen- und Straßenfahrzeugen (Fahrgestelle und Aufbauten), im Kran- und Brückenbau setzt man sie vorteilhaft ein. Dafür geeignete Legierungen werden als Bleche, Bänder und Rohre angeliefert. Die Legierung AlZnMg1 ist selbsttätig aushärtend, was besonders für Schweißungen von Bedeutung ist. Man erreicht dabei eine $R_m$ bis 270 MPa, während nach einer regulären Aushärtebehandlung $R_m \approx 350$ MPa erreicht wird. Bei Legierungen mit höherem Zn-Gehalt besteht die Gefahr der Korngrenzenkorrosion. Diese Legierungen sind dadurch relativ kerbempfindlich, wodurch auch leicht die Spannungskorrosion begünstigt wird. Dazu neigen besonders stranggepreßte Rohre, wenn deren Korngrenzen an der Oberfläche bevorzugt senkrecht zur Spannungsrichtung stehen, wie dies bei stranggepreßten Rohren, bei Innendruckbeanspruchung, der Fall ist.

### 2.2.2.8. Zusammenfassung der Aluminiumlegierungen

s. Tabellen 2.4.1, 2.4.2 und 2.4.3 (auf den Seiten 67 bis 69)

## 2.2.3. Titanlegierungen

Diese Legierungen verwendet man heute besonders beim Bau von Weltraumflugkörpern (z. B. in Strahltriebwerken) und Kernreaktoren. Die Legierungen TiAlCrV4 bzw. TiCr5Al3 finden besonders Anwendung in korrosionsbeständigen Teilen im Maschinen- und Flugzeugbau für hohe Festigkeitsbeanspruchung (s. Tabelle 2.5).

Tabelle 2.5. Einige Titanlegierungen und ihre Verwendung

| Kurzzeichen | Festigkeit $R_m$ in MPa | Verwendung |
| --- | --- | --- |
| TiAl5CrMo2 | ≈ 980 | hauptsächlich für Schmiedeteile |
| TiAl6V4 | ≈ 930 | hauptsächlich im Maschinen- und Apparatebau |
| TiAl5Sn2,5 | ≈ 830 | besonders für geschweißte Konstruktionen |

Der höheren Kerbempfindlichkeit dieser Legierungen muß durch entsprechende konstruktive Maßnahmen, wie allmähliche Werkstoffübergänge, entsprochen werden.

■ Ü. 2.12 und 2.13

## 2.2.4. Kupferlegierungen

Über Kupfer und dessen wichtigste Eigenschaften wurden Sie bereits informiert. Durch Legieren mit den Elementen Nickel, Zink, Zinn, Aluminium, Beryllium u. a. Elementen werden speziell Festigkeit, Härte sowie Verschleißfestigkeit erhöht, wobei die gute Korrosionsbeständigkeit weitgehend erhalten bleibt. Auch liegen bei den meisten Kupferlegierungen die Leitfähigkeitswerte für Elektrizität und Wärme noch verhältnismäßig hoch, ausgenommen die Widerstandslegierungen. Die Formbarkeit im warmen und im kalten Zustand ist bei vielen Kupferlegierungen gut möglich. Auch sie werden sowohl knet- wie gießtechnisch hergestellt, wodurch sich bestimmte spezifische Eigenschaften ergeben (s. Tabelle 2.7.1).

*Wiederholen Sie, was Sie darüber im Abschnitt 2.2.1. gelesen haben!*

**Kupferlegierungen lassen sich kalt verfestigen (z. B. Messinge, Bronzen), wieder entfestigen oder durch bestimmte Wärmebehandlung aushärten (z. B. Be-Bronze).**

*Wiederholen Sie die Bildungsbedingungen für die lückenlose Mischkristallbildung im kristallinen Zustand!*

### 2.2.4.1. Legierung Kupfer–Nickel

Cu-Ni-Legierungen (TGL 0-17664) sind gut warm- und kaltformbar (kfz-Gitter!), gut schweißbar und sehr korrosionsbeständig. Aus diesen Legierungen stellt man Drähte, Stangen, Bänder, Bleche und Rohre her. Den Einfluß, den der Nickelgehalt auf einige Eigenschaften der Legierungen im System Kupfer–Nickel hat, zeigen die Bilder 2.13 und 2.14. Die starke Änderung der elektrischen Leitfähigkeit wird durch den Einbau von Fremdatomen (Ni) in das Gitter der reinen Komponente (Cu)

Bild 2.13. Zustandsschaubild
Kupfer—Nickel

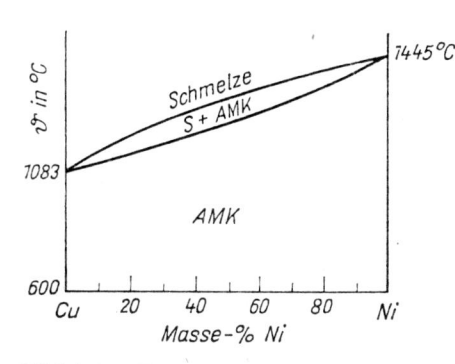

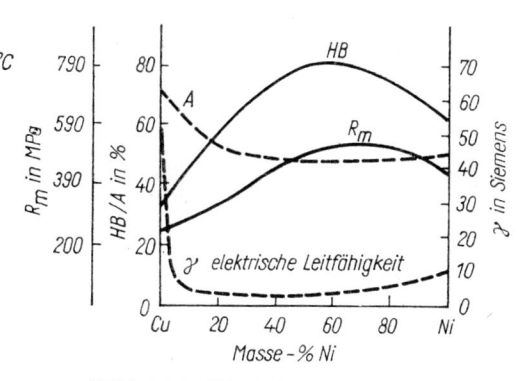

Bild 2.14. Einfluß der Legierung auf Zugfestigkeit $R_m$, Härte $HB$, Bruchdehnung $A$ und elektrische Leitfähigkeit $\gamma$

verursacht. Die Elektronenbeweglichkeit wird dadurch verringert (s. Physik). Cu-Ni-Legierungen dienen daher in der E-Technik als *Widerstandswerkstoff*. Zu ihnen gehört das *Rheotan* ($\varkappa = 2{,}1$ Siemens). In Thermoelementen wird meist *Nickelin* eingesetzt, eine Legierung, die aus 67% Kupfer, 30 bis 31% Nickel und 2 bis 3% Mangan besteht.

**Die Leitfähigkeit metallischer Stoffe wird bei Erwärmung verringert, weil durch die Wärmeschwingungen der Atome im Gitter die freien Elektronen in ihrer Beweglichkeit behindert werden. Gitterstörungen aller Art, wie Versetzungen, Fremdatome usw., haben ähnliche Wirkung.**

▶ *Ergänzen Sie diese Hinweise durch Ihre Kenntnisse aus der Physik hinsichtlich Bändertheorie!*

Die Eignung bestimmter Legierungen für elektrische Widerstände beruht demnach auf der weitgehenden oder vollständigen Mischkristallbildung. Die Legierung CuNi44 (Rheotan bzw. Konstantan) ist dafür kennzeichnend. Bei der Herstellung dieser Legierungen ist zu beachten, daß möglichst keine Kristallseigerungen entstehen (s. »Grundlagen metallischer Werkstoffe, ....«, Bild 2.52).

■ Ü. 2.14

### 2.2.4.2. Legierung Kupfer—Zink — Knet- und Gußmessing und Sondermessing

Das Teildiagramm Bild 2.16 zeigt die Austauschmischkristalle $\alpha$ und $\beta$ sowie die Phasen $\beta'$ und $\gamma$. Bei den Legierungen CuZn10, CuZn20 und CuZn30 bildet sich nach langsamer Abkühlung jeweils eine homogene AMK-Phase ($\alpha$). Die Gefügebildung ähnelt der des AMK-Typs. Auch hinsichtlich der Eigenschaften sind Legierungen, die aus homogenen AMK bestehen, ähnlich in der günstigen Festigkeit, Zähigkeit und Verformbarkeit sowie Korrosionsbeständigkeit (homogene Phase!). Diese Legierungen behalten die entsprechenden Eigenschaften ihrer Komponenten bei (z. B. kfz-Gitter des Cu) bzw. weisen günstige Eigenschaftskombinationen auf. Die Legierungen CuZn37, CuZn40 durchlaufen bei ihrer Abkühlung komplizierte Gefügebildungen. CuZn37 erfährt folgende Umwandlungen: $S \to S + \alpha \to \beta + \alpha \to \alpha$.

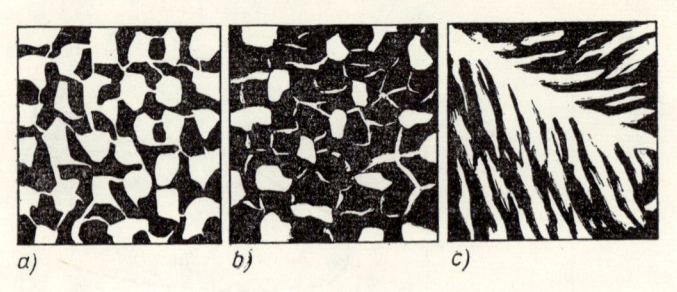

# 74  2. Nichteisenmetalle und Nichteisenmetall-Legierungen

Bild 2.15

a) Gefügebild (Schema; Knetmessing CuZn40; Gefügegleichgewicht durch Ofenabkühlung; $\approx 70\,HB$)
b) CuZn40 von 700 °C in $H_2O$ abgekühlt ($\beta$-Phase – dunkel – überwiegt)
c) GK-CuZn40 mit Stengelkristallen

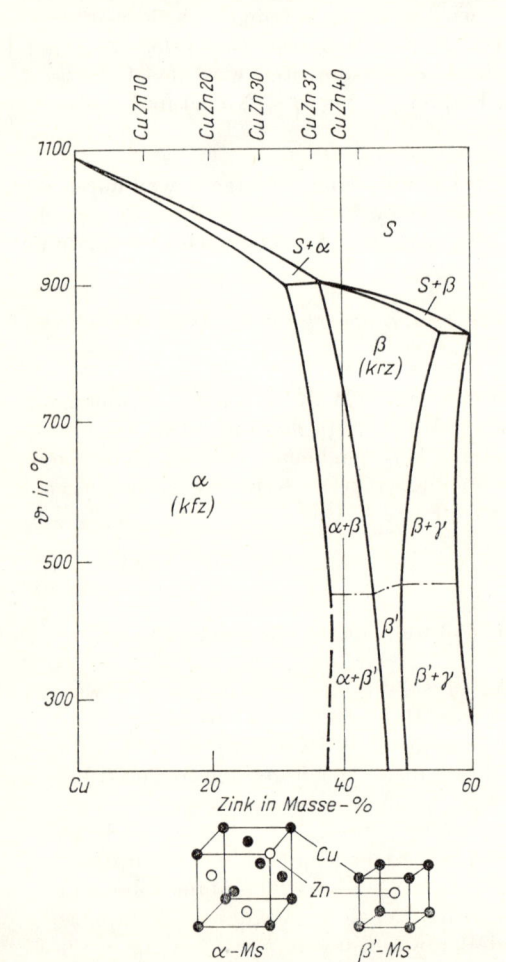

Bild 2.16. Zustandsschaubild Kupfer–Zink (Kupferseite) und Kristallgitter von $\alpha$- und $\beta'$-Phase

Die umhüllenden Gefügebildungen durch Diffusion werden besser verstanden, wenn man die Gefügebildungen der Legierungen CuZn37 und CuZn40 miteinander vergleicht.

■ Ü. 2.15

Bei schneller Abkühlung ab $\approx 800\,°C$ bleiben die Mischkristallarten $\alpha + \beta$ mit höherem $\beta$-Anteil bestehen. Bei Erwärmung bilden sich Ausscheidungen der $\alpha$-Phase, wodurch bei Verformung die Versetzungsbewegungen stark behindert werden. Längeres Glühen bei $\approx 600\,°C$ schafft Diffusionsausgleich und stellt den zähen Verwendungszustand her (Schmiedemessing). Bei den Legierungen CuZn40 und CuZn40Pb2 bildet sich ab $\approx 750\,°C$ um die vorhandene $\beta$-Phase durch Diffusion die $\alpha$-Phase (Bild 2.15a). Erst bei niedriger Temperatur ist dieser Vorgang abgeschlossen. Durch zu schnelle Abkühlung kann ein Phasenverhältnis erzielt werden, das mehr $\beta$- als $\alpha$-Mischkristalle enthält. Vergleichen Sie das Bild 2.15a mit den Bildern 2.15b und 2.15c. In diesem Zustand ist der Werkstoff ebenfalls härter und spröder, als wenn sich das Gefügegleichgewicht einstellt, bei dem die zähe und weichere $\alpha$-Phase überwiegt. Mit Hilfe des »Hebelgesetzes« kann man auch in diesem Zustandsdiagramm das Phasenverhältnis von $\alpha : \beta$ ermitteln. Während langsamer Abkühlung erfolgt bei 454 °C die Umbildung der $\beta$- in die $\beta'$-Phase. Bei dieser befindet sich das Zinkatom in der Mitte des kfz-Gitters. Durch die $\beta'$-Phase werden die Messingsorten härter und für die Zerspanung geeigneter, da der Span infolge der spröderen $\beta'$-Phase besser bricht. Diese Eigenschaft wird noch durch den Bleianteil verbessert. Die Automatenfertigung von Werkstücken wird dadurch erleichtert. Das Verformen der Legierung CuZn40 erfolgt am zweckmäßigsten bei 700 °C, weil hier das beginnende Einphasengebiet ($\beta$-Phase) das Umformen zusätzlich erleichtert. Bei längerer Glühdauer und Temperaturen über 700 °C ist zu beachten, daß Zink auszudiffundieren beginnt wegen seines hohen Dampfdruckes.

▶ *Es wird auf das Wandern von Versetzungen bei Verformungen in kaltem und warmem Zustand, in homogenen und inhomogenen Werkstoffen verwiesen.*

Weitere Legierungselemente erhöhen die Eigenschaften, wie Festigkeit, Härte, Verschleiß- und Korrosionsfestigkeit.
Die Empfindlichkeit der Cu-Zn-Messingsorten (TGL 0-17660 und 17661) gegen verschiedene Zerstörungsmöglichkeiten ist zu beachten. So kann es bei kaltverformtem Messing (z. B. CuZn40) bei Hinzutreten von Elektrolyten (wie Ammoniak) zu *interkristalliner Korrosion* kommen (season cracking). Die Reckspannungen, die für das Aufreißen hartgezogener Rohre verantwortlich sind, lassen sich durch Erwärmen der Werkstücke auf $\approx 250\,°C$ wieder abbauen.

■ Ü. 2.16

### 2.2.4.3. Zusammenstellung der Kupfer-Zink-Legierungen

s. Tabelle 2.6

### 2.2.4.4. Legierung Kupfer–Aluminium – Knet- und Guß-Aluminiumbronze (TGL 0-17665)

Der Diagrammteil Bild 2.17 hat nur bis etwa 11 Masse-% Aluminium technische Bedeutung. Die Legierung CuAl5 weist nur $\alpha$-AMK auf. Eine Legierung mit 10 Masse-% Al durchläuft zunächst eine peritektische Gefügebildung und bildet schließ-

Tabelle 2.6. Kupfer-Zink-Legierungen (Messinge) — Kennziffern und Eigenschaften

| Werkstoffe | Festigkeitseigenschaften | | | Allgemeine Eigenschaften | Anwendungsgebiete |
|---|---|---|---|---|---|
| | $R_{p0,2}$ in MPa | $R_m$ in MPa | $A_5$ in % | | |
| CuZn37 | 130···370 | 290···610 | 5···45 | bei Pb-Zusatz verbessert sich die Spanbarkeit; bei Kaltformgebung sind Walzen, Rollen, Drücken und Ziehen möglich | Metall- und Holzschrauben, Druckwalzen, Reißverschlüsse, Blattfedern, Kühlerbänder |
| CuZn40 | 130···490 | 330···580 | 3···30 | Biegen, Stauchen, Prägen, Nieten sind gut möglich | Schrauben, Drehteile |
| CuZn40Pb2 | 120···420 | 360···670 | 2···25 | leichte Kaltformgebung im weichen Zustand gut stanzbar | Uhrenmessing, Schrauben, Drehstrom, Bauprofile |
| CuZn40Al2 | 230···245 | 540···590 | 10···12 | Ölkorrosionsbeständigkeit gut; seewasserbeständig; gute Festigkeitseigenschaft; hoher Verschleißwiderstand | Gleitlagerwerkstoff, Schiffbau |
| CuZn28Sn1 | 100···150 | 320···340 | 32···40 | korrosionsbeständig; gute Wärmeleitfähigkeit | für wärmeübertragende Bauteile (Platten, Kondensatoren), Schiffbau |
| CuZn40MnPb | 150···240 | 390···440 | 14···18 | mittlere Festigkeit bei guter Zerspanbarkeit | Wälzlagerkäfige, Stangen, Warmpreßteile |

lich bei sehr langsamer Abkühlung durch Diffusion die $\alpha$-Phase + $E'$: S → S + $\beta$ → $\beta$ → $\alpha$ + $\beta$ → $\alpha$ + $E'$ (s. Bild 2.17). Auch hier kann bei zu schneller Abkühlung ein Ungleichgewichtszustand ($\alpha$ + $\beta$) fixiert werden, wodurch die Bronze zu hart und zu spröde wird. Diffusionsglühen beseitigt diese Schwäche (vgl. Bilder 2.18a und b). Verwendet werden diese Bronzen besonders für korrosionsbeständige Armaturen, Kondensatorrohre, aber auch für Bremsbänder u. ä. Legierungen mit > 9 Masse-% Aluminium durchlaufen zunächst die umhüllende Umwandlung durch Diffusion und bilden dann durch Zerlegung der $\beta$-Phase das Eutektoid $\alpha$ + $\delta$ (s. Bild 2.17; $\delta \triangleq Cu_9Al_4$). Auch die $\beta$-Phase ist infolge ihrer komplizierten Struktur, verglichen mit der $\alpha$-Phase, schwer verformbar.

■ Ü. 2.17

Durch Eutektoidbildung wird die Legierung härter und fester, wodurch sie sich besonders für höhere Beanspruchungen eignet, z. B. als Lagerlegierung. Schreckt

| Bearbeitung | | | |
|---|---|---|---|
| Warmverformung | Kaltverformung | Zerspanung | Schweißen |
| Strangpressen bei etwa 760 °C | bei hohen Verformungsgraden Zwischenglühen | gut | — |
| befriedigend | befriedigend | gut | — |
| schlecht walzbar je mehr Pb | befriedigend | gut wegen Pb | problemhaft wegen schwammiger Schweiße |
| sehr gute Warmbildsamkeit | problematisch | gut | — |
| Strangpressen bei etwa 680 °C | bei hohen Verformungsgraden Zwischenglühen | gut | — |
| Strangpressen bei etwa 730 °C | befriedigend | gut Automatensondermessing | — |

man die Legierung mit 10 Masse-% Aluminium von $\approx 1000$ °C in Wasser ab, so bekommt sie eine Zugfestigkeit bis 880 MPa, wobei aber die Bruchdehnung bis auf 2% abfällt. Wiedererwärmen der Legierung auf $\approx 650$ °C verbessert die Dehnungswerte wesentlich. Die Zugfestigkeit $R_m$ liegt dann bei 490 bis 590 MPa. Die Legierung CuAl5 verwendet man für korrosionsbeständige Kondensatorrohre, Bremsbänder u. a. Für höhere Beanspruchung eignet sich die Mehrstoff-Aluminiumbronze CuAl10 Fe3Mn1, d. h. für hochbeanspruchte Werkstücke wie Gleitsteine, Steuerteile für Hydraulik, Ventilsitze, aber auch Getrieberäder. Solche Werkstücke zeichnen sich auch durch hohe Korrosionsfestigkeit aus.

**Gegenüber Abtragung (Erosion) und Grübchenbildung durch Hohlsogerscheinungen (Kavitation) ist die Legierung besonders beständig. Legierungselemente wie Eisen, Mangan oder Nickel verstärken diese Eigenschaft.**

Die Legierung G-CuAl9 wird besonders für Gußstücke verwendet, die hohe Korrosionsbeständigkeit haben müssen, außerdem eignet sie sich auch für Armaturen.

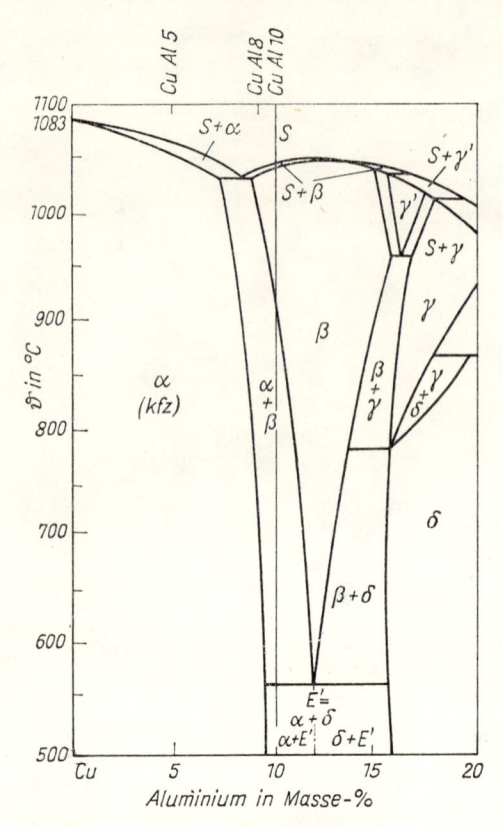

Bild 2.17. Zustandsschaubild Kupfer—Aluminium (Kupferseite)

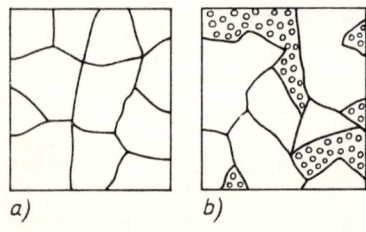

Bild 2.18
a) Gefügebild (Schema; CuAl5 bei 800 °C geglüht und im Ofen abgekühlt; homogene α-Mischkristalle; Gefügegleichgewicht; ≈ 60 HB)
b) Gefüge von CuAl10 (α-Mischkristalle + Eutektoid α + δ; Gefügegleichgewicht; ≈ 90 HB)

Diese Legierung ist schweißbar, läßt sich jedoch schlecht löten. Ihre *Brinell*härte liegt zwischen ≈ 80 bis 110 HB. Die Legierungen G-CuAl9FeMn und G-CuAl9NiFeMn, Mehrstoff-Aluminiumbronzen, sind besonders geeignet für Schnecken und Schneckenräder, Schrauben- und Kegelräder, Verschleißteile wie Gleitbacken und Kulissenrollen (s. Tabellen 2.7.1 und 2.7.2).

### 2.2.4.5. Legierung Kupfer—Zinn — Knet- und Guß-Zinnbronze (TGL 0-17662)

Dem Diagramm nach Bild 2.19a zufolge durchlaufen die verschiedenen Legierungen unterschiedliche Gefügebildungen, die aber technisch nicht nach dem Gleichgewichtsschaubild 2.19a kristallisieren, sondern mehr nach dem Bild 2.19b. Dadurch ergeben sich zähharte Werkstoffe, die durch die Elemente Kupfer und Zinn sehr korrosionsbeständig sind. Die Diffusionsträgheit und das große Erstarrungsintervall

Bild 2.19
a) Zustandsschaubild Kupfer—Zinn (Gleichgewichtszustand nach sehr langsamer Abkühlung im Ofen)
b) – – – Zustandsschaubild bei Sandguß
─── Zustandsschaubild bei Kokillenguß

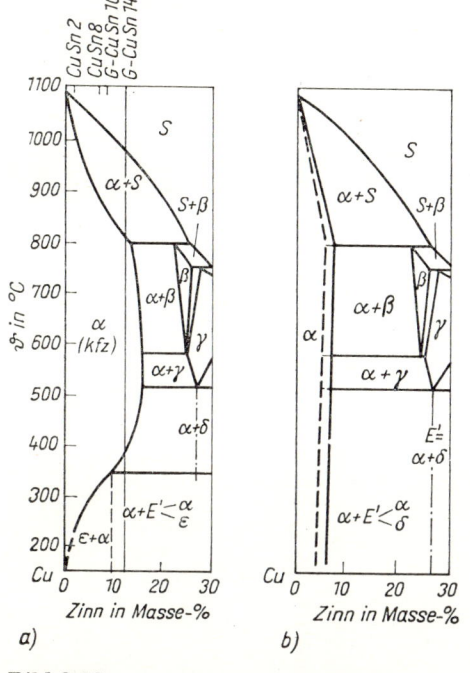

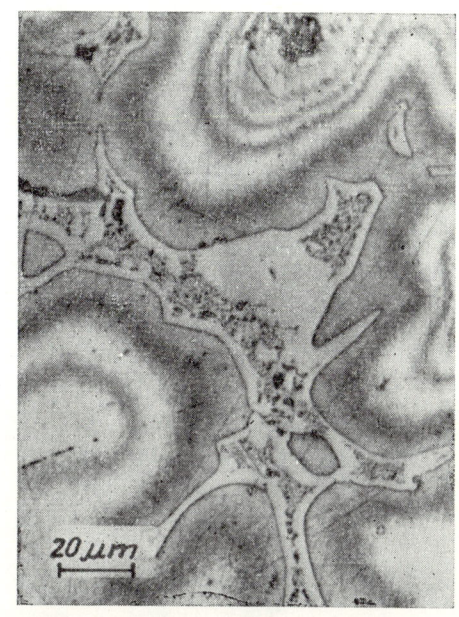

Bild 2.20. G-CuSn10 mit Phosphor desoxydiert; Zonenmischkristalle + Eutektikum (Cu + $Cu_3P$)

($S + \alpha$) führen zur Bildung von Kristallseigerungen, d. h., es ergeben sich Konzentrationsunterschiede in den Kristallitbereichen (Zonenmischkristalle, s. Bild 2.20), die die Warmumformung erschweren. Außerdem liegt vom Desoxydationsprozeß her als Rückstand noch $Cu_3P$ vor, wodurch die Warmbruchgefahr erhöht wird, weil bereits bei 707 °C das Eutektikum aus $Cu_3P$ und Cu zu schmelzen beginnt. Deshalb werden Bronzehalbzeuge folgendermaßen hergestellt:

— gegossenes Ausgangsmaterial wird bei 620 °C homogenisiert,
— danach erfolgt Umformen bei Raumtemperatur (erforderliche Zwischenglühungen werden bei 550 bis 650 °C durchgeführt).

Bronzedrähte werden heute kontinuierlich hergestellt, d. h. gegossen, zu Bunden gerollt, danach entrollt und auf die gewünschten Durchmesser gezogen.

**Die niedrig legierten Sn-Bronzen, CuSn2 bis 8, werden verwendet für Schrauben, Federn, Rohre für Wärmeaustauscher, Membranen, Drahtgewebe, Gleitstücke u. a.**

Federmaterial erzeugt man durch Kaltformung, wodurch Mindestzugfestigkeitswerte um 740 MPa erreicht werden. Bronzegleitlager haben gute Gleiteigenschaften und hohe Stoßfestigkeit. Aus ökonomischen Gründen werden diese Bronzen immer

Tabelle 2.7.1. Kupferlegierungen (CuSn, CuAl, CuSiZn, CuZnMn) – Kennziffern und Eigenschaften

| Werkstoffe | Festigkeitseigenschaften | | | Allgemeine Eigenschaften | Bearbeitung | | Anwendungsgebiete |
|---|---|---|---|---|---|---|---|
| | $R_{p0,2}$ in MPa | $R_m$ in MPa | $A_5$ in % | | Zerspanung | Schweißen | |
| G, GK, GZ CuSn10 | 120…170 | 220…350 | 5…15 | seewasserbeständig; gute Gleiteigenschaft; zäh; geeignet für Stoßbeanspruchung; Kaltformung: Aufplatzgefahr, Warmformung: Schmiederisse | $\alpha + \delta$ Eutektoid kurze Späne; bei Sandguß den ersten Span mit großer Schnittiefe | Lichtbogen- und Gasschmelzschweißen; wegen Porenbildung nicht geeignet | schnellaufende Schnecken- und Zahnräder, säurebeständige Armaturen, Wellenbezüge |
| G, GK, GZ CuSn10Zn3 | 120…150 | 200…220 | 7…8 | verschleißfest; hart und zäh; seewasserbeständig | | bei ReparaturSchweißen ist Vorwärmung erforderlich; keine Überschreitung des ternären Eutektikums (630°) | Gleitlager mit Flächenpressung bis 500 kp cm$^{-2}$, Bezüge für Schiffswellen, Schneckenräder mit mittleren Geschwindigkeiten |
| G, GK, GZ CuPb15Sn7 | 80…100 | 160…180 | 8 | weich; sehr gute Gleit- und Notlaufeigenschaften; gegen $H_2SO_4$ beständig | | Legierungen mit Pb sind schlecht schweißbar wegen des hohen Dampfdruckes | Gleitlager mit Kanten- und Flächenpressungen |
| G, G, GZ CuAl10Fe3Mn2 | 150…170 | 440…470 | 10…15 | verschleißfest; korrosions- und zunderbeständig; mittlere Lagerlaufeigenschaften; möglichst kalt gießen | die $\delta$-Phase hat Wirkung auf Standzeit; starke Wärmeentwicklung verlangt gute Kühlung; schwefelhaltig | hauptsächliches Verfahren ist WIG-Schweißung | Armaturen mit hohen Festigkeiten, Schrauben und Zahnräder, Verschleißteile, Nahrungsmittel- und chemische Industrie |

| | | | | |
|---|---|---|---|---|
| G, GK, GZ CuSi3Zn3 | 100 | 290 | 25 | hart und zäh; seewasserbeständig; verschleißfest; gutes Formfüllungsvermögen | Öle vermeiden | Gleitlager mit hohen Flächenpressungen, Schiffbau (Buchsen), geeignet für Schleuderguß |
| G, GK, GZ CuZn37Mn3AlFe | 150···160 | 440···490 | 12···15 | hart und zäh; seewasserbeständig; gute Festigkeit | | Armaturen, Druckmuttern für Spindelpressen und Walzwerke, Schiffsschrauben, Grund- und Stoffbuchsen |

Tabelle 2.7.2. Kupferlegierungen (CuSn, CuNi, CuAl) — Kennziffern und Eigenschaften

| Werkstoffe | Festigkeitseigenschaften | | | Allgemeine Eigenschaften |
|---|---|---|---|---|
| | $R_{p0,2}$ in MPa | $R_m$ in MPa | $A_5$ in % | |
| CuSn6 | — | 350···640 | 6···50 | verschleißfest; maßbeständig; gasdicht |
| CuNi10···30Fe | 110···240 | 310···370 | 36···38 | korrosionsbeständig bei hohen Temperaturen; erosionsbeständig bei hohen Wassergeschwindigkeiten |
| CuAl8 | 120···390 | 340···540 | 8···35 | seewasser- und säurebeständig; Al wird von starken Alkalien aufgelöst |
| CuAl10Fe3Mn1 | 200···340 | 490···690 | 5···15 | korrosionsbeständig; warm- und verschleißfest |

häufiger gegen gleichwertige Blei-Zinn-Bronzen ausgetauscht. Die Korrosionsfestigkeit der Bronzen ist allgemein höher als die der Messingsorten, wodurch sie sich besonders für Rohre, Armaturen u. a. eignen.

**Die höher legierten Guß-Zinn-Bronzen, G-CuSn10 bis 14, werden für Armaturen, hochbeanspruchte Schnecken- und Zahnräder, für Pumpen- und Turbinengehäuse u. ä. verwendet.**

Näheres darüber finden Sie in den Tabellen 2.7.1 und 2.7.2. Bronzen mit 10 bis 14 Masse-% Zinn durchlaufen komplizierte Gefügebildungen. Hier wird deutlich, welchen Einfluß die Abkühlungsgeschwindigkeit auf die Kristallisation ausübt. Schon bei Abkühlung dieser Legierungen in Sandformen erreicht die Gefügebildung nicht den Gleichgewichtszustand $\alpha + E' \langle_\varepsilon^a$. Das Gefüge besteht praktisch aus der $\alpha$-Phase und dem $(\alpha + \delta)$-Eutektoid. Die $\delta$-Phase gibt diesen zinnreichen Bronzen die große Härte und Sprödigkeit.

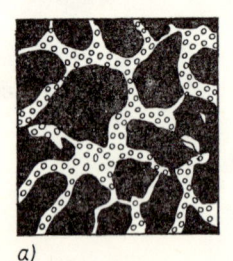

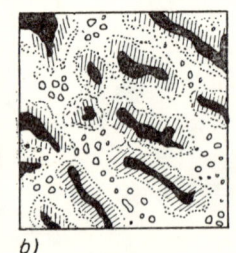

Bild 2.21
a) Gefügebild von G-CuSn14 (Schema; $\alpha$-Mischkristalle + Eutektoid $\alpha + \varepsilon$; $\approx 90\ HB$)
b) Inhomogene Mischkristalle (Kristallseigerung) durch schnelle Abkühlung entstanden (Gefügegleichgewicht; $\approx 100\ HB$)

| Anwendungsgebiete | Bearbeitung | | | |
|---|---|---|---|---|
| | Warmformgebung | Kaltformgebung | Zerspanung | Schweißen |
| Rohre, Hülsen für Federungskörper, Drahtgewebe, Rohre für Druckmeßgeräte | schnelle Abkühlung erhöht die Festigkeit; Warmrißneigung | gut walzbar | gut | gut |
| Kondensatoren und Kühler | gut bis befriedigend | gut | gut | gut |
| chemische Industrie, Schiffbau | Formgebung um 860 °C | Kaltformgebung ist möglich | abhängig vom Gefügezustand und Legierungsaufbau; bedingt möglich | schwierig wegen Bildung von Aluminiumoxid; Schutzgasschweißung |
| Getrieberäder, Lagerorgane bei Stoßbelastung, Ventilsitze, Hydrauliksteuerteile, Wellen und Spindeln | | | | |

Das Diagramm Bild 2.19b zeigt, wie bei schneller Abkühlung schon Legierungen mit $< 10\%$ Zinn Umwandlungen durchlaufen, wie das bei langsamer Abkühlung erst bei Legierungen mit höherem Zinngehalt üblich ist. Der naturgemäße Gefügegleichgewichtszustand wird nicht mehr erreicht. Vergleichen Sie die Bilder 2.21a und 2.21b! Das Festigkeitsdiagramm Bild 2.22 zeigt Ihnen, wie mit steigendem Zinngehalt Härte und Festigkeit zunehmen. Schließlich steigt nur noch die Härte, während die Zugfestigkeit schon etwas abfällt, was auf die komplizierte Gefügebildung zurückzuführen ist. Die stark abnehmende Dehnung bestätigt dies eben-

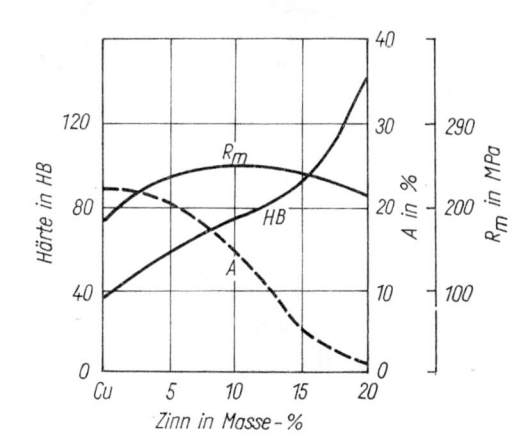

Bild 2.22. Festigkeitseigenschaften von Kupfer-Zinn-Legierungen (nach *Carpenter* und *Robertson*)

falls. Die Gefügebilder ergänzen dies, und die *HB*-Werte zu den Bildern 2.21a und 2.21b bestätigen erneut den Zusammenhang zwischen Gefügebildung, Abkühlungsbedingungen und den Eigenschaften. Aus dem Bild 2.22 ist ersichtlich, daß die Mindestzugfestigkeit der Gußbronzen 245 MPa erreichen kann bei einer Bruchdehnung $A_5 \approx 15\%$.

■ Ü. 2.18 und Ü. 2.19

### 2.2.4.6. Zusammenstellung der Kupfer-Zinn-Legierungen

s. Tabellen 2.7.1 und 2.7.2

### 2.2.4.7. Legierung Kupfer–Zink–Zinn – Rotguß

Diese Legierungen (TGL 8110) enthalten außer Kupfer etwa je 5 Masse-% Zink und Zinn und außerdem noch 3 bis 6 Masse-% Blei, wodurch die Spangebung verbessert wird (Späne der Klasse 1, besonders wichtig bei Automatenrotguß).
Die Gefügebildung kann man sinngemäß aus den Diagrammen Cu-Zn und Cu-Sn herleiten. Bei Temperaturen bis 300 °C existieren nur reine α-Mischkristalle. Die Einstellung des Gefügegleichgewichts ist von da ab, infolge träger Diffusion der Komponenten, unvollständig. Das technische Gefüge weist daher neben den Bleieinschlüssen einen Zustand auf, der außer geseigerten α-Mischkristallen das Eutektoid $\alpha + \delta$ aufweist. Dieser Gefügezustand vermittelt dem Rotguß eine höhere Härte.
Verwendet werden diese Legierungen hauptsächlich für *Schalenlager* (bis 200 °C) und für thermisch höher beanspruchte Armaturen sowie als Modellbauwerkstoff (s. Tabelle 2.8).

■ Ü. 2.20

Tabelle 2.8. Zusammenfassung der Rotgußarten (TGL 8110)

| Bezeichnung | Kurzzeichen | Bemerkung |
|---|---|---|
| Rotguß A | G-CuSn5Zn7A | 81···87% Cu, 5···8% Sn, 4···6% Pb, Rest Zn |
| Rotguß 4 | G-CuSn4Zn2 | 92···95,5% Cu, 3···5% Sn, 1···2% Pb, Rest Zn |
| Rotguß 5 | G-CuSn5Zn7 | 83···86,5% Cu, 5···7% Sn, 3···5% Pb, Rest Zn |
| Rotguß 10 | G-CuSn10Zn4 | 84···87,9% Cu, 9···11% Sn, Rest Zn |

### 2.2.4.8. Legierungen Kupfer–Blei und Kupfer–Blei–Zinn – Guß-Blei- und Guß-Blei-Zinnbronze

Diese Bronzen (TGL 8110) sind typische *Gleitbronzen*, die z. T. durch Zinnzusätze eine höhere Festigkeit erhalten. Blei ist in diesen Legierungen in elementarer Form in das Grundgefüge eingelagert. Diese Bronzen gießt man in Stützlager aus weichem Stahl. Bei der Herstellung dieser Verbundgußlager muß infolge der Dichteunterschiede der Komponenten dieser Legierungstyp schnell abgekühlt werden (z. B. Schleuderguß), damit eine gleichmäßige und feine Verteilung von Blei im Grundgefüge erzielt wird. Die Kupfer-Blei-Zinnbronzen können infolge ihrer höheren Festigkeit bis 245 MPa und ihrer Härte bis 85 $HB$ auch ohne Stützschale selbst bei hohen Flächendrücken, Beanspruchungsstößen und hoher Kantenpressung verwendet werden, z. B. in Dieselmotoren, Wasserpumpen, Lagern für Flugzeuglaufräder, Kaltwalzwerken u. a. (s. Tabelle 2.9).

Tabelle 2.9. Guß-Bleibronze und Guß-Blei-Zinnbronze (TGL 8110)

| Bezeichnung | Kurzzeichen | Verwendung |
| --- | --- | --- |
| Guß-Bleibronze 25 | G-CuPb25 | Lagermetall für höchste Lagerdrücke und Umfangsgeschwindigkeiten, Notlaufeigenschaften und chemische Beanspruchung; 27···45 $HB$ |
| Guß-Blei-Zinnbronze 15 | G-CuPb15Sn | Guß-Blei-Zinnbronze mit besten Gleiteigenschaften; beständig gegen Schwefelsäure; 55···75 $HB$ |
| Guß-Blei-Zinnbronze 22 | G-CuPb22Sn | Guß-Blei-Zinnbronze mit besonders guten Notlaufeigenschaften; beständig gegen Schwefelsäure; 45···80 $HB$ |

**Außer den guten Belastungseigenschaften besitzen diese Legierungen gute Einlauf- und Notlaufeigenschaften und sind von hoher volkswirtschaftlicher Bedeutung, weil man diese Vorteile auch bei dünner Lagermetallschicht erzielen kann.**

Auch für säurebeständige Armaturen werden diese Bronzen verwendet.

### 2.2.4.9. Legierung Kupfer—Beryllium (Berylliumbronze)

Bei Cu-Be-Legierungen liegen ähnliche Kristallisationsbedingungen vor wie bei Cu—Sn und Cu—Al. Bei einer Temperatur von 864 °C besitzt Kupfer eine Löslichkeit für Beryllium von etwa 2,1 Masse-%, die nach tieferen Temperaturen hin stark abnimmt. Bei 575 °C bildet sich aus der $\beta$-Phase das Eutektoid $\alpha + \beta'$ ($\beta' \triangleq$ CuBe). Werden die technischen Legierungen aus dem Lösungsgebiet bei 800 °C abgeschreckt, so besteht die Legierung aus $\alpha$- und unterkühlten $\beta$-Mischkristallen. Die Härte liegt danach bei $\approx$ 130 $HB$. Durch Anlassen kann die Härte noch gesteigert werden (Ausscheidungshärtung durch Segregatbildung), wobei die Härte nach $^{1}/_{2}$ Stunde Anlaßdauer bei 300 °C auf 300 $HB$ und nach etwa 10 h auf 425 $HB$ ansteigt. Bei weiterem Anlassen fallen die Härte- und Festigkeitswerte ab (Einstellung des Gefügegleichgewichts).

**Verwendet werden Cu-Be-Legierungen für Teile, die hohem Verschleiß ausgesetzt sind, für stromleitende Formteile, Preßformen sowie Sonderlager, Blattfedern, weiterhin für Spiralfedern, Uhrteile und besonders wegen der guten Wärmeleitfähigkeit für funkensichere Werkzeuge, die in Bergwerken, Gasanstalten und Munitionsfabriken benötigt werden.**

■ U. 2.21

Bei der Bearbeitung von Beryllium und seinen Legierungen ist die ASAO 31 zu beachten, da die staubfeinen Teilchen dieser Stoffe schwere Lungenkrankheiten hervorrufen können.

■ Ü. 2.22 und Ü. 2.23

### 2.2.5. Niedrigschmelzende Nichteisenmetall-Legierungen

Im Abschnitt NE-Metalle haben Sie bereits das Erforderliche über die Metalle Blei, Cadmium, Zinn und Zink gelernt.

▶ *Wiederholen Sie das Wissen über Schmelzpunkte sowie Gittertypen dieser Metalle (s. Anlagen 9 und 10 sowie »Grundlagen metallischer Werkstoffe, . . .«)!*

Nachfolgender Abschnitt enthält Näheres über folgende Legierungen:

— Pb-Sb- sowie Pb-Sb-Sn-(Cd)-(Cu)-Legierungen werden gieß- bzw. schmelztechnisch hergestellt und zeichnen sich durch gute Formfüllung und Fließfähigkeit aus, was sie u. a. für Lagerlegierungen geeignet macht. Pb-Sb-Legierungen werden aber auch walz- und strangpreßtechnisch hergestellt, z. B. Bleche, Folien, (bis 0,1 mm dick) sowie Kabelmäntel.

— Pb-Sn- bzw. Pb-Sn-Sb-Legierungen stellen durch ihre vorteilhaften Schmelz- und Fließeigenschaften die wichtigsten Weichlote. Während die Sb-freien Lote überwiegend in der E-Technik verwendet werden, finden die Sb-haltigen (bis 2 Masse-%) überwiegend Verwendung für Klempnerarbeiten und Sb-arme Lote (bis 0,5 Masse-%) für Zinkblechlötung, Verzinnung sowie Feinlötung.

— Zn-Legierungen, speziell Zn-Al-, Zn-Al-Cu-Legierungen, werden als Druckgußlegierungen für die Herstellung formschwieriger Teile eingesetzt oder es werden aus ihnen durch Strangpressen Halbzeuge hergestellt.
Zn-Al-Legierungen mit 22 Masse-% Al (eutektoide Konzentration, s. Bild 2.26) zeigen während des Umformpressens (abhängig von bestimmten Umformtemperaturen und -geschwindigkeiten) »superplastische« Eigenschaften, d. h., daß sich bei der Gefügeumwandlung des Formungsprozesses sofort Kristallerholung und Rekristallisation (Entfestigung) ergeben. Diese mit »Prestal« bezeichnete Legierung wird für die Herstellung dünnwandiger Karosserieteile und Gehäuse erprobt. Die Festigkeit dieser Legierung beträgt $R_m = 255$ bis $290$ MPa.

— Pb-Legierungen, wie z. B. der Pb-Ca-Typ, sind aushärtbar und eignen sich unter eingeschränkten Bedingungen als Lagerwerkstoff.

#### 2.2.5.1. Blei-Antimon-, Blei-Zinn-Legierungen

Die Zustandsschaubilder lassen erkennen, daß die Lage des niedrigen Erstarrungs- bzw. Schmelzpunktes (eutektische Temperatur) durch die Schmelzpunktunterschiede der Komponenten mit bestimmt wird.

▶ *Welche Eigenschaften ergeben sich daraus für die technische Anwendung? Wiederholen Sie die Grundlagen in »Grundlagen metallischer Werkstoffe, . . .«, und ergänzen Sie diese mit dem jetzt Gelernten!*

Durch Legieren mit Antimon werden Härte- und Druckfestigkeit von Blei verbessert, ohne die Korrosionsfestigkeit und Kaltformbarkeit wesentlich zu verändern. Die *Brinell*härte von Weichblei beträgt $\approx 4\,HB$, die eutektische Legierung PbSb hat dagegen eine *Brinell*härte von $\approx 24\,HB$. Mit Antimon legiertes Blei nennt man daher *Hartblei*. Das Zustandsschaubild Blei–Antimon (Bild 2.23) läßt erkennen, daß die naheeutektischen Legierungen einen niedrigen Schmelzpunkt und ein kleines Erstarrungsintervall besitzen, woraus sich gute Gießeigenschaften ergeben. PbSb8 und PbSb9 sind untereutektische Legierungen, während PbSb12 bereits übereutektisch ist (Bild 2.24).

▶ *Erläutern Sie, wie das Gefüge von PbSb12 zusammengesetzt ist!*

Die erforderliche Härte und Druckfestigkeit erhalten diese Legierungen durch die feinverteilten antimonreichen $\beta$-Mischkristalle. PbSb-Legierungen werden verwendet als Lagerwerkstoff für niedrige Belastungen, als Schriftmetall (Letternmetall),

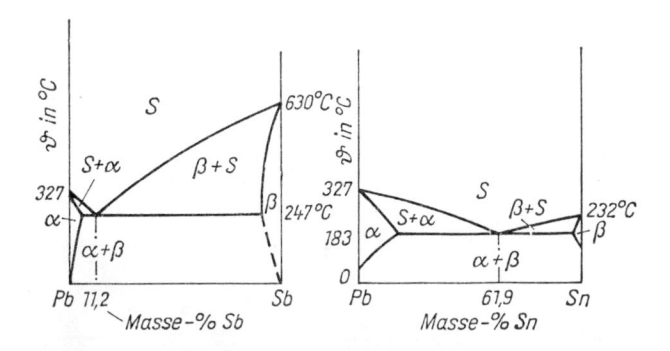

Bild 2.23. Eutektische Zustandsschaubilder Pb–Sb, Pb–Sn

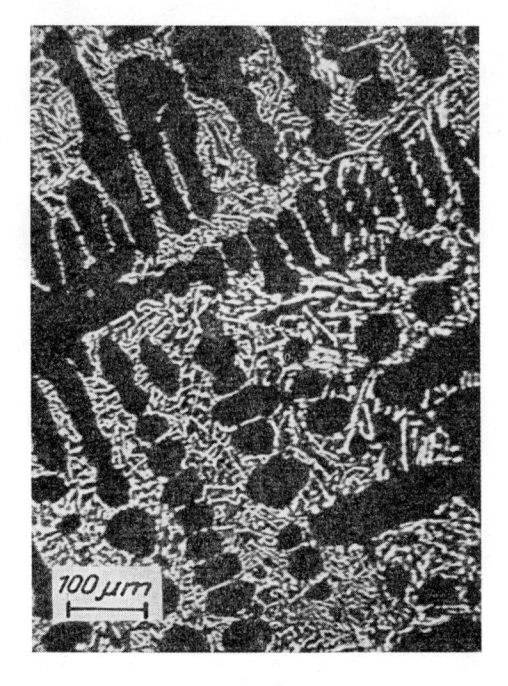

Bild 2.24. Gefügebild von PbSb9 ($\alpha$-Mischkristall-Dendriten + Eutektikum $\alpha + \beta$; $\approx 20\,HB$)

in der E-Technik für Akkuplatten, als Kabelmäntel (Blei + $\approx$ 0,5 Masse-% Antimon), für Anodenplatten in Verchromungsbädern, Rohrleitungen sowie Auskleidungen in chemischen Anlagen.

Die *Weichlote* (s. Tabelle 2.10) besitzen infolge starker Legierungsunterschiede auch unterschiedliches Schmelz- und Kristallisationsverhalten. Bei LSn30 kristallisieren bei langsamer Abkühlung $\alpha$-Kristalle in Form von Dendriten aus der Schmelze, die die Lötstelle uneben machen.

Tabelle 2.10. Gebräuchliche Weichlote (TGL 14703)

| Gebräuchliche Lote | Arbeitstemperatur in °C | Verwendung |
| --- | --- | --- |
| LSn 30 | 249 | bei der Reichsbahn zur Verbindung von Lager- mit Stützschale |
| LSn 40 | 223 | |
| LSn 50 | 200 | hauptsächlich verwendetes Lot |
| LSn 60 | 185 | in der Elektrotechnik |
| LSn 90 | 219 | in der Nahrungs- und Genußmittelindustrie |

LSn60 kristallisiert dagegen fast eutektisch. Für Lötverbindungen, bei denen die Betriebstemperaturen über Raumtemperatur liegen, wie dies z. B. bei Wicklungen elektrischer Maschinen, Warmwassergeräten u. ä. der Fall ist, verwendet man die bleireichen Lote, die allerdings stärker als die zinnreichen oxydieren, was sich auf die Haft- und Bindefähigkeit unvorteilhaft auswirkt.

■ Ü. 2.24

### 2.2.5.2. Lagerlegierungen auf Blei-Zinn-Basis

Hierbei handelt es sich um Drei- und Mehrstofflegierungen, z. B Pb—Sn—Sb oder Pb—Sn—Sb—Cu (TGL 14703). Sie werden aber hier eingeordnet, weil ihr Gefügeaufbau viel Ähnlichkeit mit den eutektischen Legierungen hat, die aus 2 Komponenten bestehen, wie z. B. das System Blei—Antimon. In Tabelle 2.11 sind diese Legierungen, die früher auch als *Weißmetall* bezeichnet wurden, aufgeführt.

Tabelle 2.11. Gebräuchliche Legierungen auf Blei-Zinn-Basis (Weißmetall; TGL 14703)

| Bezeichnung | Verwendung | $HB$ bei 20 °C | $HB$ bei 100 °C |
| --- | --- | --- | --- |
| LgPbSb12 | für normale Belastungen | 18 | 8 |
| LgPbSn10 | hauptsächlich verwendete Legierung | 23 | 9 |
| LgPbSn9CdNi LgPbSn9Cd | für höchste Anforderungen | 26···28 | 15 |
| LgSn80 | besonders geeignet für stoßartige Belastungen | 27 | 10 |

Im allgemeinen Maschinenbau werden diese Legierungen besonders für Lager in Pressen aller Art verwendet sowie für Schalenlager im Turbinen- und Lokomotivbau. Die zinnreiche Legierung LgSn80 kommt nur noch für Sonderzwecke in Frage. Man unterscheidet:

1. *Bleireiche Legierungen*, wie LgPbSn10 (sie enthält (in Masse-%): Sn ≈ 10, Sb ≈ 15, Cu ≈ 1, Rest Pb). Das Gefüge besteht aus dem Eutektikum, das überwiegend aus bleireichen und zum kleineren Teil aus antimonreichen Kristalliten besteht. In dieses sind die weißen Sb-reichen Trägerkristalle eingebettet (Bild 2.25).

2. *Zinnreiche Legierungen*, wie LgSn80 (sie enthält (in Masse-%): Sn ≈ 80, Sb ≈ 12, Cu ≈ 6, Rest Pb). Ihr Gefüge besteht aus einer zinnreichen Grundmasse, in der die würfelförmige Phase SnSb eingebettet ist. Das Element Kupfer bildet mit Zinn die harte und nadelförmige $Cu_6Sn_5$-Phase. Diese erhöht einmal die Härte des Lagerwerkstoffes und verhindert Schwerkraftseigerungen, indem sie primär kristallisiert und dabei ein Netzwerk von Nadeln bildet, an die etwas später die SnSb-Kristallite ankristallisieren. Danach bildet sich das Eutektikum. Beim Schleuderguß würden sich die dichteren Kristallphasen an der Stützschale anreichern, wenn dies nicht durch die $Cu_6Sn_5$-Phase verhindert würde. Diese Legierungen erfüllen besonders gut die Grundanforderungen eines Lagerwerkstoffes (s. Bild 2.25).

**Sie besitzen gute Einlauf- und Notlaufeigenschaften sowie hohe Kantenfestigkeit.**

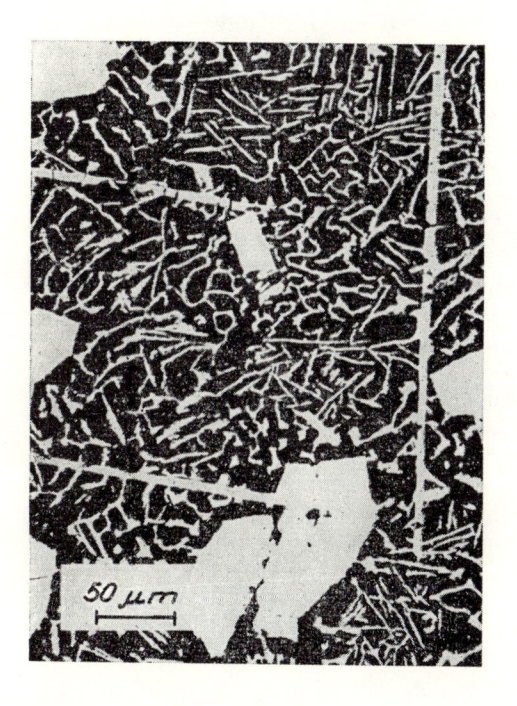

Bild 2.25. Gefügebild von LgPbSn10 (Sb-Sn-Mischkristalle (weiß) + Eutektikum + $Cu_6Sn_5$-Kristalle; lange Nadeln)

### 2.2.5.3. Legierung Zink–Aluminium – Zink-Knet- und Gußlegierungen

Das Zustandsschaubild 2.26 zeigt außer der bekannten eutektischen Gefügebildung, daß bei tieferen Temperaturen eine Phase instabil wird. Bei 275 °C bildet sich ein Eutektoid.

**Kristallbildungen benötigen Zeit. Je komplizierter eine Gefügebildung ist, um so mehr ist der Zeitfaktor zu berücksichtigen.**

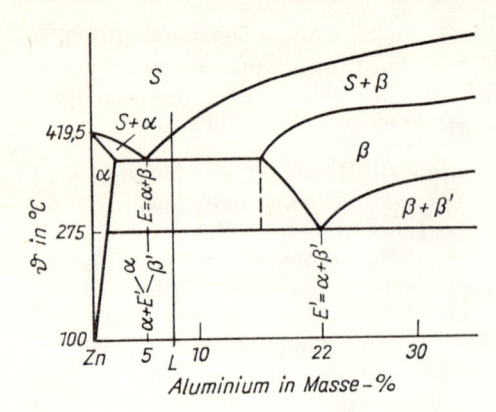

Bild 2.26. Zustandsschaubild Zink—Aluminium

Daraus folgt für die Zn-Al-Legierungen ( TGL 14743 und 0-1743): Die ausgeprägten Konzentrationsverschiebungen bei Legierungen mit mehr als 5 Masse-% Aluminium (besonders im Gebiet $S + \beta$) haben stärkere Kristallseigerungen zur Folge, die durch Kokillenguß begünstigt werden. Die schnell ablaufende Kristallisation ist mit Volumenänderungen verbunden, die in einem verzögerten eutektoiden Zerfall der $\beta$-Phase ihre Ursache haben. Die Folge sind lineare Schrumpfungen von 0,2%, die beachtet werden müssen, um die Maßhaltigkeit der Werkstücke einzuhalten. Die Werkstücke werden deshalb nach dem Guß auf 100 bis 150 °C 4 bis 5 h erwärmt. In dieser Zeit werden die komplizierte Gefügebildung und damit die Schrumpfung beendet. Als Beispiel sei die Legierung $L$ in Bild 2.26 angeführt:

$$S \to \beta + S \to \beta + E - E' + \alpha \qquad E' = \alpha + \beta'.$$

In der Abkühlungskurve dieser Legierung zeichnen sich ein Knick (Beginn der Bildung der $\beta$-Kristalle aus der Schmelze) und dann nacheinander zwei Haltepunkte ab (Bildung des Eutektikums und später die eutektoide Umwandlung). Ein Zusatz von etwa 1 Masse-% Kupfer erhöht etwas die Löslichkeit des Zinks, wodurch die erwähnte Schrumpfung bei diesen Legierungen kompensiert wird.

*Zinklegierungen* haben verschiedene Mängel. Abhängig vom Reinheitsgrad werden sie mehr oder weniger von Laugen- und Seewasser oder auch von heißem Wasser selektiv angegriffen. Zink löst sich auf, wenn die Legierungen mit edleren Metallen zusammenkommen. Bei Temperaturen unter 0 °C verhalten sie sich spröde. Nach Kaltverformung neigen Zinkdruckgußlegierungen zur Spannungskorrosion.

▶ *Die Besonderheiten und Schwächen der Zn-Al-Legierungen müssen beachtet werden, damit die Vorteile dieser Legierungen zur Wirkung kommen.*

*Vorteile:*
— Außerordentlich günstiges Druckgießverhalten (bis zu Wanddicken von 0,6 mm), daher geeignet für Gußteile mit hohen Maßanforderungen wie Kamera- und Vergasergehäuse, Schneckenräder, Gleitlager u. ä.
— Hohe Maßgenauigkeit und Konturentreue, da die Ausformschräge minimal sein kann.
— Geringer Formenverschleiß (Formentemperatur $< 245$ °C, Gießtemperatur $\approx 420$ °C),
— hohe Schußzahlen (bei kleinen Werkstücken $\leq 600$ Stück/h) und
— Druckgußteile aus Zn-Al-Legierungen lassen sich gut polieren und verchromen.

Tabelle 2.12. Zinkknetlegierung und Feinzink-Gußlegierungen (TGL 14743/0-1743)

| Bezeichnung | Festigkeit $R_m$ in MPa | Bruchdehnung $A_{10}$ in % | Brinellhärte HB |
|---|---|---|---|
| Zinkknetlegierung | | | |
| ZnAl1 | 180···245 | 80···40 | — |
| ZnAl4Cu1 | 360···430 | 15···18 | 80 |
| Feinzink-Gußlegierung | | Bruchdehnung $A_5$ | |
| GD-ZnAl4 | 245 | 1,5 | 70 |
| GD-ZnAl4Cu1 | 260 | 2,0 | 80 |
| G-ZnAl6Cu1 | 180 | 1,0 | 80 |

Hinweise auf Festigkeitseigenschaften verschiedener Zinkknetlegierungen finden Sie in Tabelle 2.12. ZnAl1 verwendet man für Drähte, Profile und elektrische Kontakte, ZnAl4Cu1 für Profile aller Art, Gesenkteile, als Lagerwerkstoff und als Austausch für Rotguß und Lagerweißmetall. Als Lagerlegierung besitzt ZnAl4Cu1 gute Belastbarkeit bei mittleren Geschwindigkeiten ($p \approx 780$ MPa und $\approx 4$ m s$^{-1}$ Umlaufgeschwindigkeit und nicht über 100 °C Erwärmung). Die Wärmeleitung dieser Legierung übertrifft die aller anderen Lagerlegierungen. Ihr Einlaufverhalten ist aber nicht gut und erfordert eine längere Einlaufzeit, die Notlaufeigenschaften sind unzureichend. Feinzinkgußlegierungen werden wegen ihres guten Formfüllungsvermögens für komplizierte Gußteile mit hohen Maßanforderungen verwendet (z. B. für Kamera- und Vergasergehäuse, Schneckenräder, Lager u. ä.).

■ Ü. 2.25

## 2.2.5.4. Legierung Blei—Calcium

Blei wird durch Legierungselemente aus dem Bereich der Alkali- oder Erdalkalimetalle aushärtbar, was im Zustandsschaubild durch die Linie veränderlicher Löslichkeit bestätigt wird.

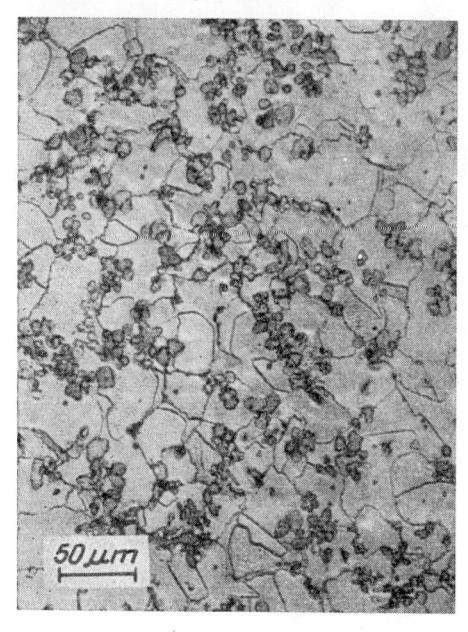

Bild 2.27. Bahnmetall neu, Bnn ($\alpha$-Mischkristalle + $\beta$-Phase Pb$_3$Ca in Form von Ausscheidungen; $\approx 30\,HB$ bei $+20$ °C; $\approx 16\,HB$ bei $+100$ °C)

Das Gefüge der Legierung Bnn besteht aus der Phase Pb$_3$Ca (TGL 14703), die in die weichere Grundmasse der bleireichen α-Mischkristalle eingelagert ist (Bild 2.27). Durch Erwärmen bis 75 °C wird die Bildung der Ausscheidungen beschleunigt, sie bilden in den ausgegossenen Lagern die Tragkristallite. Hinsichtlich Lagerbelastung besitzen diese Legierungen Eigenschaften, die zwischen denen der Pb-Sb-Sn- und der Pb-Sb-Legierungen liegen. Die Einlauf- und Notlaufeigenschaften sind so gut wie bei dem Typ Pb—Sb—Sn (Weißmetall). Von beträchtlichem Nachteil sind die leichte Oxydierbarkeit und infolgedessen das geringe Haftvermögen auf der Stützschale.

### 2.2.6. Eigenschaften und Verwendung der Gleitlagerwerkstoffe

Gleitlager werden sowohl statisch als auch dynamisch beansprucht. Während des Laufens, d. h. in der Phase der »flüssigen Reibung« — die auf dem im Schmierstofffilm aufgebauten hydrostatischen Druck beruht — tritt kein Verschleiß ein. Beim Anfahren bzw. Stillsetzen der Maschine ergeben sich aber Grenz- und Mischreibungszustände zwischen Lager- und Wellenwerkstoff. Dabei entstehen Reibungswärme und Metallabrieb (Lager- und Wellenverschleiß). Deshalb ist eine gute Bindung von Lager- mit Stützschalenwerkstoff erforderlich. Weiterhin ist es vorteilhafter, daß der Lagerwerkstoff verschleißt, weil er leichter auswechselbar ist. Dies erfordert aber vom Gleitlagerwerkstoff spezielle Eigenschaften, die man Einlauf- und Notlaufeigenschaften nennt (d. h. Selbstschmierung durch Schmiermittelreserve und im äußersten Falle Schmelzen der Lagerbestandteile mit dem niedrigsten Schmelzpunkt). Dadurch wird das Reibschweißen (auch »Fressen«) des Lagerwerkstoffes mit dem der Welle vermieden, d. h., das Ineinanderdiffundieren ihrer Atomgrenzschichten unterbleibt.

Der Gefügeaufbau der Gleitlagerwerkstoffe besteht demnach aus

— härteren Tragkristallen, eingebettet in ein weicheres und elastischeres Grundgefüge (s. Pb-Sb-, Pb-Sb-Sn-(Cu)-Legierungen). Diese Lagerwerkstoffe werden ausschließlich in Verbundlagern eingesetzt. Bei sehr dünner Lagerwerkstoffschicht und einer festen Stützschale (meist Stahl) wird die längste Lebensdauer erzielt. Für hohe Beanspruchungen eignen sich besonders Mehrschichtgleitlager aus Pb-Sb-Sn-(Cu)-Lagerschicht (0,01 bis 0,04 mm dick, Zwischenschicht aus Bleibronze sowie Stützschale aus Stahl).

— Kupfer- und neuerdings auch Aluminium-Lagerlegierungen werden, entsprechend ihrer höheren Festigkeit, überwiegend als Voll- und Kompaktlager verwendet.

— Blei-Bronze bzw. Blei-Zinn-Bronze enthalten in einem härteren Grundgefüge die weicheren und elastischen Bleieinlagerungen, die ähnliche Aufgaben erfüllen wie die bleireiche eutektische Grundmasse in den Pb-Sn-Sb-Legierungen. Auch die Blei- bzw. Blei-Zinn-Bronzen werden, wie schon im Abschnitt 2.2.5.2. erwähnt, als Dünnguß auf Stahlstützschale vorteilhaft eingesetzt.

*Stellen Sie sich folgendes vor:* In einer Presse muß ein Schalenlager ausgewechselt werden. Was muß beachtet und getan werden, damit die Presse wieder vorschriftsmäßig und zuverlässig arbeiten kann? Nachfolgend wird Ihnen gezeigt, wie Sie zielgerichtet und systematisch vorgehen müssen, wenn Lagerwerkstoffe praxisgerecht und ökonomisch effektiv eingesetzt werden sollen:

— Welche Belastungen, d. h. Flächenpressung und Drehzahl, muß das Lager aufnehmen?
— Welches Material hat die erforderlichen Eigenschaften?
— Welcher Gefügezustand des Materials garantiert diese Eigenschaften?
— Was muß beim Einbringen (z. B. durch Schleuderguß) der Lagerlegierung beachtet werden, damit der erforderliche Gefügezustand erhalten bleibt (oder entsteht)?
— Welche Bearbeitung muß noch ausgeführt werden, damit die notwendige Maßhaltigkeit und Oberflächengüte gewährleistet werden?
— Welche Prüf- und Kontrollmöglichkeiten gibt es, um diese Bedingungen zu erfüllen?

Diese Fragen geben Ihnen Hinweise, worauf Sie bei Ihrem weiteren Studium achten müssen, um das dargestellte Problem umfassend lösen zu können.

■ Ü: 2.26

*Entwicklungstendenzen der Lagerwerkstoffe*

Neue Lagerwerkstoffe mit wesentlich höherer Lebensdauer und ohne Wartung wurden im Verlaufe der letzten Jahre in Weltraumflugkörpern und Mondfahrzeugen erprobt. Man kombinierte Molybdänflächen mit festen Schmierstoffen aus Metallsulfiden. Die Benutzungsdauer solcher Lager liegt um 500% höher als die der konventionellen. Das periodische Schmieren, z. B. bei Anwendung in Kraftfahrzeugen, könnte bei Einführung solcher Lagerwerkstoffe gänzlich wegfallen. Auch in diesem Falle müssen noch bis zum großtechnischen Einsatz Probleme wie Herstellungstechnologie sowie Werkstoffpreis und Umstellungsfragen gelöst werden.

# 3
# Pulvermetallurgisch hergestellte Werkstoffe

*Zielstellung*

In diesem Abschnitt lernen Sie einen neuen Weg zur Herstellung metallischer Werkstoffe kennen. Das Hauptaugenmerk in der Darstellung wird darauf gerichtet, daß Sie die Bedeutung der Pulvereigenschaften und der Herstellbedingungen für die erreichbaren Eigenschaften pulvermetallurgisch hergestellter Werkstoffe erfassen. Sie sollen ferner erkennen, wann dieser Weg aus technischen und ökonomischen Erwägungen heraus gangbar ist und wo pulvermetallurgisch hergestellte Werkstoffe zweckmäßig eingesetzt werden können.

## 3.1. Notwendigkeit und Bedeutung der Pulvermetallurgie

In den bisherigen Ausführungen haben Sie metallische Werkstoffe kennengelernt, die über den schmelzflüssigen Zustand hergestellt werden. Da bei Werkstoffen, die unmittelbar aus der Schmelze erstarrt sind, noch keine optimalen Eigenschaften vorliegen, sind weitere Be- und Verarbeitungsschritte, wie Wärmebehandlung und spanlose sowie spanabhebende Formung, notwendig. Diese Eigenschaftsänderung ist jedoch nicht bei allen metallischen Werkstoffen möglich bzw. oft aus ökonomischen Gründen nicht vertretbar. Sie werden sich nun sicherlich die Frage stellen, warum und wo das nicht möglich ist. Mit Ihren bisherigen Kenntnissen über Eisen- und Nichteisenmetalle können Sie eine solche Frage beantworten, wenn Sie beispielsweise von den Ihnen bekannten Schmelzpunkten für einige Metalle ausgehen.

■ Ü. 3.1

Nicht nur der Schmelzpunkt eines Werkstoffes muß in unsere Betrachtungen einbezogen werden; es gibt noch weitere Faktoren, die ein Umgehen des schmelzflüssigen Zustandes erfordern. Eine Schmelzbehandlung ist auch dann ungünstig, wenn ein Metall eine hohe Reaktivität aufweist (z. B. Beryllium), wenn ein gefordertes Gefüge z. B. mit gleichmäßiger Verteilung unlöslicher Phasen, einer geringen Korngröße oder einer bestimmten Porosität nicht erreichbar ist oder wenn spezifische Eigenschaften nur im kristallinen Zustand erzielbar sind, wie ein geringer Gasgehalt oder eine hohe Reinheit.

Dieser andere Weg ist über das Metallpulver realisierbar, und der Zweig der Metallurgie, der sich mit der Herstellung von Werkstoffen aus Metallpulvern befaßt, ist die *Pulvermetallurgie*.

## 3.1. Notwendigkeit und Bedeutung der Pulvermetallurgie

Unter Pulvermetallurgie ist das Herstellen von Werkstoffen aus Metall- und Nichtmetallpulvern durch Pressen und nachfolgendes oder gleichzeitiges Sintern bei Temperaturen unterhalb des Schmelzpunktes des Pulvers bzw. seiner einzelnen Komponenten zu verstehen.

Obwohl die Produkte der Pulvermetallurgie an der Masse des hergestellten Stahles anteilmäßig nur einen äußerst geringen Prozentsatz ausmachen, gibt es vielfältige Anwendungsgebiete in allen Bereichen der Technik. Besondere Bedeutung haben *Sintermetalle* u. a. in der Elektrotechnik (z. B. Gleitwerkstoffe bei Stromabnehmern), in der Raumfahrt (z. B. Strahlaustrittsdüsen von Raketen) und im Maschinenbau (z. B. Lagerwerkstoffe, Metallfilter). Weitere Produktionssteigerungen werden zu erwarten sein, da sich ständig neue Einsatzgebiete finden

Das praktische Ziel der Pulvermetallurgie besteht einmal in der Herstellung von

Tabelle 3.1. Vor- und Nachteile der Pulvermetallurgie (nach [27])

| Vorteile | Nachteile |
|---|---|
| ■ Pulver fallen oft unmittelbar an oder werden aus Abfällen gewonnen (z. B. Herstellung von Eisenpulver aus pulverförmigen, schwer verhüttbaren Eisenerzen; Erzeugung von Aluminiumpulver aus Folienabfällen). <br> ■ Das Sintern unterhalb des Schmelzpunktes verhindert Reaktionen, die zur Schlackenbildung führen. Tiegel und Zuschläge werden nicht benötigt, dadurch werden Verunreinigungen des Einsatzgutes vermieden. <br> ■ Möglichkeiten der Herstellung von Werkstoffen aus Komponenten, die sich im flüssigen Zustand nicht miteinander mischen (z. B. W—Cu). → Pseudolegierungen, Tränklegierungen. <br> ■ Es lassen sich Kombinationen von Metallen und Nichtmetallen erzeugen, bei denen die Besonderheiten der beiden Komponenten gemeinsam zur Wirkung kommen (z. B. Graphit-Kupfer-Werkstoffe als Kontaktwerkstoffe für Stromabnehmer; Kupfer als Lieferant der hohen Leitfähigkeit; Graphit liefert Gleiteigenschaften). <br> ■ Hohes Ausbringen der Werkstoffe. Es fallen keine Abfälle durch Abgüsse, Steiger, Zugaben, Zerspanung an. <br> ■ Durch sorgfältig zusammengestellte Pulvermischungen lassen sich Legierungen herstellen, die keine Seigerungen aufweisen. <br> ■ Eine hohe Maßhaltigkeit der Fertigteile wird unmittelbar erreicht. <br> ■ Der gesamte Erzeugungsgang ist weitgehend automatisierbar. | ■ Pulverherstellung ist oft noch sehr teuer, Pulverkosten lassen sich aber im Großbetrieb erniedrigen. Der Einfluß des Pulverpreises kann durch Vorteile der Weiterverarbeitung herabgesetzt werden. <br> ■ Große Stückzahlen verlangen hochwertige Preßwerkzeuge, deren Preis ebenfalls ins Gewicht fällt. Es muß entschieden werden, ob sich bei der gegebenen Stückzahl die pulvermetallurgische Herstellung eines Formteiles lohnt. <br> ■ Der Betrieb der Sinteröfen und die Anwendung von Schutzgasen oder Vakuum sind kostspielig. Die Entwicklung geht dahin, mit Durchlauföfen und durch Anwendung billiger Schutzgase den Sinterbetrieb wirtschaftlicher zu gestalten. <br> ■ Größere Nacharbeiten an gesinterten Werkstücken setzen die Wirtschaftlichkeit herab. Sie muß vermieden bzw. auf ein Mindestmaß reduziert werden, und zwar dadurch, daß Pulvermischungen angewendet werden, die im verdichteten Zustand beim Sintern weder wachsen noch schwinden. <br> ■ Verwickelte Formen mit einspringenden Kanten oder mit einem großen Verhältnis von Länge zu Durchmesser sind überhaupt nicht oder nur unter schwierigen Bedingungen herstellbar. <br> ■ Porenfreie Werkstücke sind nur durch Heißpressen oder durch Tränken mit einem niedriger schmelzenden Metall möglich. Für die Massenerzeugung sind diese Verfahren aber meist zu teuer. |

Tabelle 3.2. Vorteile der pulvermetallurgischen gegenüber der konventionellen Herstellung [35]

| | Konventionelle Herstellung | Pulvermetallurgische Herstellung |
|---|---|---|
| Materialausnutzung | 40% | 95% |
| Arbeitskräftebedarf für 1 000 t Produktion | 400 AK | 250 AK |
| Energiebedarf für 1 000 t Produktion | 75 kJ | 29 kJ |
| Standzeiten bei Verschleißteilen | 100% | 200% |
| Selbstkosten beim Anwender | 100% | 50% |

Sonderwerkstoffen mit neuartigen Eigenschaften, die mit üblichen Verfahren nicht erreichbar sind, und zum anderen in der wirtschaftlichen Fertigung von Formteilen, die sich in hohen Stückzahlen pulvermetallurgisch günstiger herstellen lassen als durch andere Verfahren. Müssen Sie nun entscheiden, nach welchem Verfahren ein Erzeugnis hergestellt werden soll, dann beziehen Sie in Ihre Überlegungen noch die in den Tabellen 3.1 und 3.2 enthaltenen Vor- und Nachteile der Pulvermetallurgie mit ein. Im Herstellungsgang lassen sich viele Einflußfaktoren variieren, die die unterschiedlichsten Eigenschaftskombinationen hervorrufen. Dabei müssen stets ökonomische Gesichtspunkte beachtet werden, wie es in Tabelle 3.1 bereits angedeutet wurde.

Aus der Definition der Pulvermetallurgie lernten Sie schon die einzelnen Arbeitsschritte zur Herstellung pulvermetallurgischer Werkstoffe kennen. Bei Beschränkung auf das Wesentliche ergeben sich folgende Phasen:

— Pulverherstellung,
— Pressen und
— Sintern.

Alle drei Phasen haben für die Erreichung optimaler Eigenschaften pulvermetallurgisch hergestellter Werkstoffe eine ganz bestimmte Bedeutung. An das Sintern schließt sich oftmals ein Kalibrieren an, das im wesentlichen nur der Verbesserung der Maßgenauigkeit dient.

## 3.2. Pulvereigenschaften und ihr Einfluß auf die Preßbarkeit und Sinterfähigkeit sowie auf die Eigenschaften des Fertigerzeugnisses

### 3.2.1. Pulverherstellung

Die möglichen Verfahren zur Herstellung von Pulvern sind abhängig von den physikalischen und chemischen Eigenschaften des Ausgangsmaterials. Andererseits unterscheiden sich die nach den verschiedenen Verfahren hergestellten *Metallpulver* ganz erheblich in den Pulvereigenschaften. Ferner ist zu beachten, daß auch unterschiedliche Herstellungsbedingungen bei Anwendung des gleichen Verfahrens die Eigenschaften der Pulver ändern.

Zur Herstellung von Metallpulvern kommen neben physikalischen Verfahren, wie

mechanische Zerkleinerung, Verdampfen und Kondensation, auch chemische und physikalisch-chemische Verfahren, wie z. B. chemische Umsetzung, Reduktion oder Zersetzung von Metallverbindungen und Elektrolyse, zur Anwendung.
Während spröde Metalle gemahlen werden (z. B. in Kugel-, Rohr-, Schwing-, Schlag- und Wirbelschlagmühlen), lassen sich für duktile Metalle andere Verfahren anwenden. Ist beispielsweise ein Material schmelzbar, so läßt sich die Schmelze im Wasserstrahl verspritzen, wir sprechen dann vom *Granulieren*, oder die Schmelze läßt sich im Gasstrom zerstäuben. Läßt sich ein Metall verdampfen, dann können wir es aus der Dampfphase feinverteilt niederschlagen.
Auch die chemischen Verfahren haben ihre Bedeutung für die Herstellung von Metallpulvern. So lassen sich z. B. Metallpulver durch die elektrolytische Abscheidung des Metalls aus wäßrigen Lösungen oder Salzschmelzen, durch thermische Zersetzung leicht flüchtiger Metallverbindungen in der Gasphase, durch die Reduktion von Metalloxiden bei entsprechenden Temperaturen und durch die Reduktion von Metallsalzlösungen und -schmelzen herstellen.
Durch die thermische Zersetzung leicht flüchtiger Metallverbindungen in der Gasphase ist z. B. die Herstellung von Eisen- und Nickelpulver aus ihren Carbonylen $Fe(CO)_5$ und $Ni(CO)_4$ möglich.

## 3.2.2. Pulvereigenschaften

Sie wissen nun, daß solche Pulvereigenschaften wie Größe, Form und Oberfläche je nach Material und Herstellungsverfahren sehr verschieden sein können. Auch die chemische Zusammensetzung wird durch das jeweilige Verfahren beeinflußt. Die Reinheit der Metallpulver wird durch den Gehalt der Hauptmetalle und der Verunreinigungen bestimmt. Metallische Verunreinigungen rühren z. B. bei mechanisch zerkleinerten Pulvern vom Abrieb der Mahlorgane her. Neben diesen metallischen Verunreinigungen sind im Pulver noch Oxide, Nitride, Carbide oder Hydride vorhanden.
Die Teilchengröße hat für die Verwendbarkeit eine maßgebende Bedeutung, das werden Sie in den folgenden Abschnitten erkennen. Zur Beurteilung der Teilchengröße spielt die Teilchenform eine Rolle, die auf Grund der unterschiedlichsten Formen der Pulverteilchen schwierig zu bestimmen ist. Bei den meisten industriell hergestellten Pulvern schwankt die Größe der Teilchen zwischen 1 µm und 0,5 mm. Diese durch das Verfahren bestimmte Größenverteilung kann durch Wegnahme oder Zugabe einzelner Fraktionen beliebig verändert werden.
Die Metallpulver weisen je nach Herstellungsverfahren unterschiedlichste Teilchengestalt auf. Eisenpulver liegt z. B. mit kompakten, aber regelmäßig geformten Teilchen vor, wenn es nach dem Hametag-Verfahren (Wirbelmühle) mechanisch aus Draht- oder Blechstückchen hergestellt wurde. Wenn Pulver nach dem Roheisen-Zunder-Verfahren (Verdüsen einer Roheisenschmelze) gewonnen wird, entstehen kugelige oder tropfenförmige Teilchen mit schwammartiger Oberfläche. Wird Kupfer- oder Bronzepulver durch Verdüsen erzeugt, so werden je nach den angewandten Bedingungen kugelige oder spratzige Teilchen gebildet.

■ Ü. 3.2

Besonderen Einfluß hat die Teilchengestalt auf die Oberfläche der Pulverteilchen. Die Gesamtoberfläche der Pulverteilchen ist außerordentlich groß. Sie wächst im umgekehrten Verhältnis zum Durchmesser. Wenn die Größe der Teilchenoberfläche

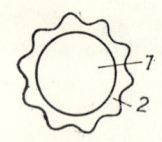

Bild 3.1. Schematische Darstellung der Struktur eines Pulverteilchens
*1* Metallkern
*2* oxydierte Außenhülle von ungleichmäßigem Relief, Feuchtigkeit und Gase enthaltend

auf ein Gramm oder einen Kubikzentimeter der Pulversubstanz bezogen wird, sprechen wir von der spezifischen Oberfläche. Oftmals beträgt die spezifische Oberfläche von rauhen Pulverteilchen mehrere hundert Quadratmeter je Gramm. Das Bild 3.1 vermittelt Ihnen schematisch einen Eindruck von der Struktur solcher Teilchen. In diesem Zusammenhang muß erwähnt werden, daß Feinstpulver besonders gute Sinterfähigkeit haben. Das kann mit dem hohen Energiegehalt begründet werden, den diese Teilchen besitzen.

Die Größenverteilung der Pulver beeinflußt in bestimmtem Maße die Dichte, die ein Pulver beim Einfüllen in eine Form annimmt. Natürlich übt hierauf auch die Teilchenform, die, wie Sie wissen, sehr unterschiedlich sein kann, einen nicht zu unterschätzenden Einfluß aus. Um die Raumausfüllung bzw. die erwähnte Dichte bewerten zu können, wird das Pulver lose in ein Meßgerät geschüttet. Durch Klopfen und Rütteln wird nun versucht, die durch die unregelmäßige Teilchengestalt hervorgerufenen Hohlräume zu vermindern. Wir sprechen vom Schütt- oder Füllvolumen bzw. vom Klopf- oder Rüttelvolumen. Diese Kenngrößen, deren Kehrwerte als *Fülldichte* und *Klopfdichte* bezeichnet werden, sind wichtige technologische Daten.

Dadurch, daß die Pulverteilchen mit dem Luftsauerstoff in Berührung kommen, ist die Oberfläche meist mit einer Oxidschicht bedeckt. Aus diesem Grunde müssen Metallpulver vor ihrer Weiterverarbeitung einer reduzierenden Vorbehandlung unterzogen werden.

### 3.2.3. Beeinflussung der Preßbarkeit durch die Pulvereigenschaften

Das Pressen des Metallpulvers zu Formkörpern wird im allgemeinen in stationären Stahlformen und mit hydraulischen Pressen durchgeführt, wobei Preßdrücke bis 1 GPa aufgebracht werden. Durch den Preßvorgang werden Halbfabrikate in den Formen und Ausmaßen hergestellt, wie sie unter Berücksichtigung gewisser Formveränderungen durch nachfolgendes Sintern und Kalibrieren für das Fertigprodukt erforderlich sind. Daraus erkennen Sie, daß der Preßling eine ausreichende Festigkeit besitzen muß, um die der Sinterung vorangehenden Arbeitsgänge, wie Transport und Verpackung, ohne Zerstörung zu überstehen.

Wir wollen nun untersuchen, von welchen Faktoren die Festigkeit des Preßlings abhängt. Wird Pulver in eine Preßform geschüttet, dann liegt eine geringere Schüttdichte vor, und durch Rütteln erreichen wir eine weitere Verringerung des Porenvolumens. Unter nun folgender Druckeinwirkung gleiten die Pulverteilchen zunächst auseinander. Sie führen Drehbewegungen aus, um eine günstigere Lage einzunehmen. Durch diese Teilvorgänge entstehen an den Berührungsstellen unter dem Einfluß von Adhäsionskräften festere Verbindungen. Bei weiterer Druckzunahme werden zunächst elastische und später plastische Formänderungen hervorgerufen. Durch die plastischen Formänderungen werden punktförmige Berührungsstellen in flächenförmige überführt. Gleichzeitig nehmen dabei der Porenraum ab und die Dichte zu. In den Porenräumen enthaltene Gase werden, wenn die Poren nach

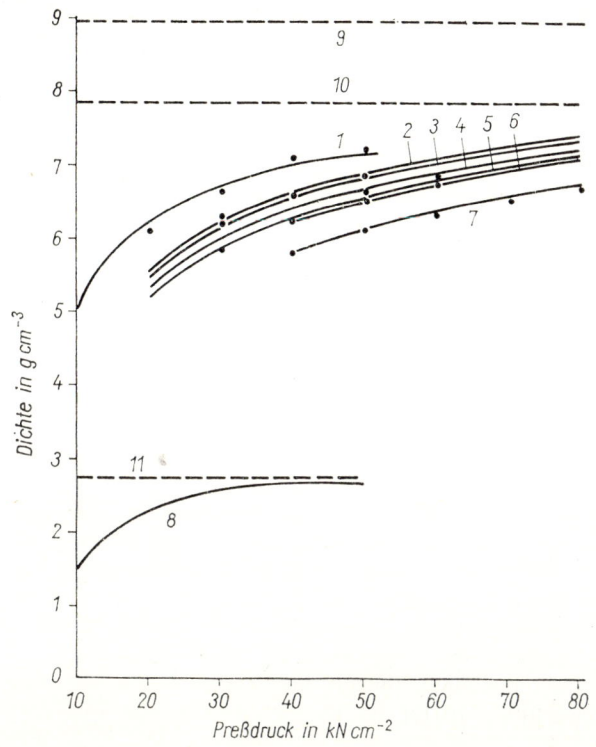

Bild 3.2. Verpreßbarkeit von verschiedenen Metallpulvern [36]

1 Elektrolytkupferpulver
2 wasserverdüstes Eisenpulver, nachreduziert
3 Schwammeisenpulver, hochverdichtbare Qualität
4 Elektrolyteisenpulver
5 Schwammeisenpulver, Standardqualität
6 wasserverdüstes Nickel-Molybdän-Vergütungsstahlpulver
7 wasserverdüstes austenitisches Chrom-Nickel-Stahlpulver
8 luftverdüstes Aluminiumpulver
9 theoretische Dichte von Kupfer
10 theoretische Dichte von Eisen und niedriglegierten Stählen
11 theoretische Dichte von Aluminium

außen verschlossen sind, sehr stark komprimiert. Damit behindern sie eine stärkere Verdichtung des Pulvers. Hieraus können Sie die Schlußfolgerung herleiten, daß durch Kaltpressen keine absolut porenfreien Werkstücke hergestellt werden können. Das Bild 3.2 stellt die Abhängigkeit der nach dem Pressen vorliegenden Dichte $\delta$ vom Preßdruck $p$ dar. Eine Steigerung der Dichte kann sowohl durch Glühen des Pulvers als auch durch Gleitmittelzusätze erreicht werden.

Nun wollen wir aber auf die die Festigkeit beeinflussenden Faktoren zurückkommen. Wesentlichen Einfluß hat die Form der Pulverteilchen. Während spratzige Pulverteilchen infolge ihrer Verhakungen bei der plastischen Verformung hohe Festigkeiten ergeben, lassen sich die verlangten Festigkeitseigenschaften mit kugeligen Pulverteilchen nicht erreichen, da sie sich wesentlich schlechter verdichten lassen. Für uns ergibt sich die allgemeine Schlußfolgerung:

**Für Preßteile wird meist eine unregelmäßige Gestalt der Pulverteilchen bevorzugt, demgegenüber werden aber für Metallfilter kugelige Pulverteilchen verwendet.**
Wesentlich ist auch, daß Pulverteilchen mit metallisch reinen Oberflächen höhere Festigkeiten ergeben als Pulverteilchen, die mit einer Oxidschicht überzogen sind. Der Grund dafür ist, daß die Oxidschichten die Ausbildung festhaftender flächenförmiger Berührungsstellen behindern.

Wir wollen noch den Einfluß der Teilchengröße beachten. Die Preßbarkeit nimmt mit kleiner werdender Teilchengröße zu. Deshalb gewinnen Feinstpulver mit Durchmessern unter 0,1 μm zunehmendes Interesse, da sie wegen ihrer großen spezifischen Oberfläche ein starkes Reaktionsvermögen besitzen. Da jedoch die

Herstellungskosten derartiger Pulver und der Schwund beim Sintern sehr hoch liegen, bleibt die praktische Anwendung zunächst auf spezielle Einsatzgebiete beschränkt.

Bei den Pulvereigenschaften erfuhren Sie, daß im Pulver oft Oxide, Nitride, Carbide oder Hydride vorhanden sind. Diese Tatsache hat einen nicht zu vernachlässigenden Einfluß auf die Verpreßbarkeit und den Matrizenverschleiß. Diese Verunreinigungen im Pulver sind sehr hart und spröde, weshalb sie sich durch Kaltpressen nicht so weit verdichten lassen, daß Preßkörper mit genügender Festigkeit entstehen. In solchen Fällen wird das Heißpressen angewendet, da die Preßdrücke infolge der erhöhten Temperatur niedriger gewählt und dichtere und in einigen Fällen sogar porenfreie Werkstoffe erreicht werden können. Da das Heißpressen bereits mit Sintervorgängen verbunden ist, ergibt sich daraus ein Übergang zum nächsten Abschnitt.

### 3.2.4. Beeinflussung der Sinterfähigkeit durch die Pulvereigenschaften

Bei den Pulvereigenschaften haben wir davon gesprochen, daß die Pulverteilchen einen hohen Energieinhalt aufweisen, hervorgerufen durch die beim Zerkleinern zugeführte beträchtliche Energie. Dadurch befinden sich die Pulverteilchen nicht im energetischen Gleichgewicht. Sie werden versuchen, durch Abbau der Oberflächenspannung wieder den kompakten Zustand, nämlich den mit dem geringsten Energieinhalt, einzunehmen. Dieser Weg führt über die Diffusion an den Berührungspunkten und -flächen der einzelnen Pulverteilchen. Liegen die Temperaturen bei etwa $0{,}8$ bis $0{,}9 \cdot T_s$ ($T_s$ ist der Schmelzpunkt in K) des Hauptbestandteiles, sprechen wir vom Sintern.

**Unter Sintern verstehen wir einen Vorgang der Verkleinerung der inneren und/oder äußeren Oberfläche eines Körpers oder in Berührung befindlicher Körper bzw. Teilchen durch Auftreten oder Verstärkung von Bindungen (Stoffbrücken) bzw. durch Reduzierung des Hohlraumanteiles. Dabei bleibt mindestens eine der Hauptkomponenten während des ganzen Prozesses fest. Verringert sich lediglich die äußere Oberfläche, dann muß der Vorgang mit dem Neuauftreten oder der Verstärkung von Stoffbrücken parallel gehen, um als Sintervorgang angesprochen zu werden.**

Die Teilvorgänge beim Sintern in Abhängigkeit von der Temperatur $T_s$ sind aus dem Bild 3.3 ersichtlich. Sie erkennen, daß bis zu $0{,}23 \cdot T_s$ entsprechenden Temperaturen die Adhäsion vorherrscht. Zwischen $0{,}23 \cdot T_s$ und $0{,}37 \cdot T_s$ werden an der Oberfläche Platzwechselvorgänge wirksam. Erst bei höheren Temperaturen, also

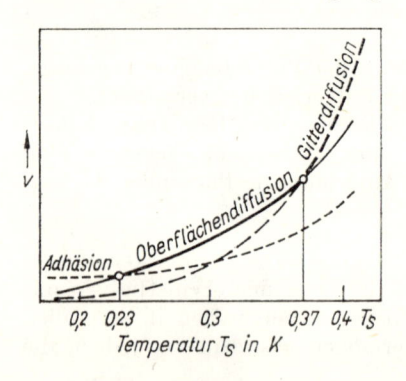

Bild 3.3. Teilvorgänge beim Sintern in Abhängigkeit von der Temperatur [38]

$v$ Geschwindigkeit

wenn Diffusionsvorgänge beschleunigt ablaufen können, wird der Gesamtvorgang dadurch bestimmt, daß auch die Atome aus dem Innern des Kristalls an die Oberfläche und von hier auch in das benachbarte Gitter gelangen. Dabei muß beachtet werden, daß es sich hierbei um Pulver handelt, das nur aus einer Komponente besteht. In einem Mehrkomponentensystem kann beispielsweise eine flüssige Phase auftreten, die den Gesamtablauf des Sinterns beträchtlich beeinflußt. Der Sintervorgang wird in solchen Fällen stark beschleunigt, da die Diffusion im flüssigen Zustand schneller verläuft. Außerdem kann, hervorgerufen durch die Kapillarwirkung, die Schmelze in die feinen Zwischenräume innerhalb der Pulvermischung eindringen.

Wir wollen uns in den folgenden Ausführungen noch kurz mit dem Einfluß der Eigenschaften der Ausgangspulver befassen. Bei der Sinterung feinerer Pulver wächst die Kontaktfläche der Teilchen stark an, während sich der beim Pressen entstandene Kontakt groben Pulvers beim Sintern oftmals verringert. Die Ausbildung einer großen Kontaktfläche ist jedoch für die Festigkeitseigenschaften des Sinterkörpers entscheidend, wie aus dem Bild 3.4 hervorgeht. Die mechanischen

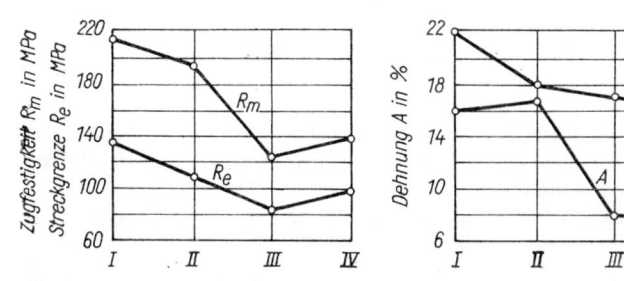

Bild 3.4. Schematische Darstellung der Abhängigkeit der mechanischen Eigenschaften des Sintereisens von der Ausgangspulverkorngröße

I   Teilchengröße bis 0,075 mm         III   0,1 bis 0,5 mm
II  0,075 bis 0,1 mm                   IV    bis 0,5 mm

Eigenschaften gesinterter Werkstücke nehmen mit feiner werdendem Pulver zu. Allgemein können wir feststellen, daß alle die Faktoren, die die Festigkeit des Preßlings erhöhen, zugleich auch ein festeres und dichteres gesintertes Werkstück ergeben. Deshalb ist es verständlich, daß rauhe Pulverteilchen günstigere Ergebnisse liefern als glatte und spratzige Teilchen, bessere als runde oder flache. Runde Teilchenformen ergeben überhaupt ungünstige Festigkeitseigenschaften. Daraus resultiert folgende Feststellung:

Die Struktur des Sinterkörpers, die Sekundärstruktur, ist stark abhängig von der Struktur des Preßkörpers, der Primärstruktur.

Liegen Pulverteilchen unterschiedlicher Zusammensetzung vor, das ist in der Praxis ein häufiger Fall, dann kommt es zum Konzentrationsausgleich. Dies führt im Teilcheninnern zur Erholung und wenn eine genügend hohe thermische Aktivierung vorliegt, zur Rekristallisation des Materials (Bild 3.5).

Werkstücke, die aus groben Pulvern gepreßt wurden, behalten häufig ihre durch den Preßvorgang erreichte Struktur, Größe und Form der Teilchen auch nach dem Sintern bei. Das ist dadurch zu erklären, daß bei groben Pulvern die Größenzunahme der Körner viel weniger ausgeprägt ist als bei feinen. Bei feinen Pulvern zeichnet sich demgegenüber die Sekundärstruktur gegenüber der des Preßkörpers durch eine erhebliche Zunahme der Korngröße und eine Verminderung der Porosi-

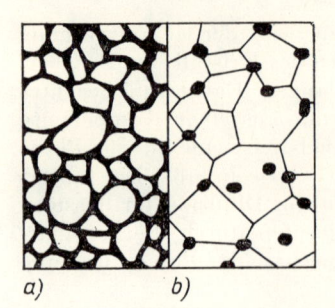

Bild 3.5. Schematische Darstellung der Entstehung des Gefüges bei einem Sinterkörper

*a)* gepreßt
*b)* gesintert

Dabei sind aus Teilchengrenzen Korngrenzen geworden, die z. T. durch Rekristallisation verschwunden sind; die Poren sind eingeformt [7].

tät aus. Diese vielen Einflußgrößen bringen es deshalb mit sich, daß allein bei einer bestimmten Stoffzusammensetzung eine große Anzahl an Versuchen erforderlich ist, um endgültige Aussagen über die maximal erreichbaren Eigenschaftswerte zu erhalten.

■ Ü. 3.3

## 3.3. Anwendung pulvermetallurgisch hergestellter Werkstoffe

Metallische Sinterkörper für Bauteile können wir nach ihrer Dichte einteilen, und zwar ausgedrückt in Prozent vom Wert für einen kompakten Werkstoff gleicher Zusammensetzung. Es ergeben sich vier Gruppen:

1. Für Filter und für ähnliche Zwecke werden Sinterkörper mit einer Dichte von etwa 50% verwendet.
2. Sinterkörper mit einer Dichte von etwa 75% erfüllen die Anforderungen, die an selbstschmierende Lager gestellt werden.
3. Für Werkstoffe mit mittleren Ansprüchen genügen Sinterkörper mit einer Dichte von 80 bis 95%.
4. Sinterkörper, die die Dichte des kompakten Metalls haben, lassen sich durch Tränken mit einem niedriger schmelzenden Metall, durch Heißpressen oder durch Warmverformen nach dem Sintern herstellen. Solche Sinterkörper eignen sich für Bauteile mit höherer Festigkeit.

Die Sinterwerkstoffe unter 1. und 2. wollen wir als porige und die unter 3. und 4. als dichte Werkstoffe bezeichnen. Um Konstrukteuren, Ökonomen und Technologen bei der Lösung von Aufgaben, wie z. B. Materialsubstitution und Erzeugnisentwicklung, eine wirksame Hilfe zu geben, wurden in Gemeinschaftsarbeit des Forschungszentrums des Werkzeugmaschinenbaus im VEB Werkzeugmaschinenkombinat »*Fritz Heckert*« Karl-Marx-Stadt und des Eisen- und Hüttenwerkes Thale speziell für die Anwendung pulvermetallurgisch hergestellter Werkstoffe »Anwendungskriterien der Pulvermetallurgie« erarbeitet.

### 3.3.1. Porige Werkstoffe

Im allgemeinen bietet die Porosität in unseren Werkstoffen keine besonderen Vorteile. In bestimmten Anwendungsfällen werden jedoch an den Werkstoff Anforderungen gestellt, die ein gewisses Porenvolumen erfordern.

▶ *Welche Anwendungsfälle kommen hier in Betracht?*

Wird beispielsweise ein bestimmter Prozentsatz Poren mit Öl getränkt, so bei Lagern, Dichtungsscheiben oder Zahnrädern, dann werden hierdurch Reibung, Abnutzung und Geräusche beim Betrieb erheblich herabgesetzt, während die Einlauffähigkeit verbessert wird. Bereits bei den Pulvereigenschaften haben wir davon gesprochen, daß ein Ausgangspulver mit kugeligen Teilchen wohl geringe Festigkeitseigenschaften ergibt, sich aber hervorragend für die Herstellung von Metallfiltern eignet.

In den folgenden Ausführungen sollen Sie einige Anwendungen von porigen Werkstoffen näher kennenlernen.

*Filterwerkstoffe*

Metallfilter werden in der Industrie und in Laboratorien dann eingesetzt, wenn eine langdauernde Reinigungswirkung erzielt werden muß. Die wesentlichsten Eigenschaften, die vom filtertechnischen Standpunkt von Metallfiltern gefordert werden, sind eine äußere durchgehende Porosität, die Durchlässigkeit und die wirksame Porengröße. Während die äußere durchgehende Porosität die Menge der durch das Filter durchgeflossenen Flüssigkeit oder des Gases und damit die Filtriergeschwindigkeit beeinflußt, ist die wirksame Porengröße ausschlaggebend für die Größe der zurückgehaltenen Verunreinigungen. Diese Filtereigenschaften sind wiederum durch eine Vielzahl von Faktoren bei der Herstellung der Metallfilter beeinflußbar. Das Bild 3.6 macht einige Abhängigkeiten deutlich.

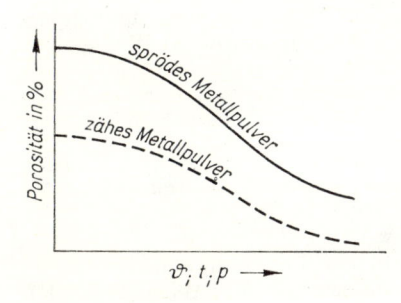

Bild 3.6. Schematische Darstellung des Einflusses der Herstellungsbedingungen auf die Porosität eines Sinterkörpers

Die Wahl eines geeigneten Filterwerkstoffes ist von den herrschenden Einsatzbedingungen abhängig. Als solche spielen die Art des Filtermediums, die Durchlässigkeit des Filters, der Filtrierüberdruck, die Filtertemperatur und die vom Metallfilter verlangte Festigkeit eine Rolle. Je nach den vorliegenden Bedingungen werden in der Praxis vorzugsweise Werkstoffe wie Cu-Sn-Bronzen, Cu-Ni- bzw. Cu-Ni-Sn-Legierungen, Silber mit oder ohne kleine legierungsbildende Zusätze (Si, Cd), Nickel, Eisen und unlegierter Stahl, nichtrostende und temperaturbeständige Stähle verschiedener Zusammensetzung sowie Carbide der Schwermetalle der 4., 5. und 6. Gruppe des Periodensystems verwendet. Da Metallfilter meist in der chemischen Industrie eingesetzt werden, müssen sie korrosionsbeständig sein. Aus diesem Grunde werden in der Hauptsache Bronzefilter und in steigendem Maße Filter aus korrosionsbeständigem Sinterstahl verwendet. Die Tabelle 3.3 enthält einige Eigenschaften von Metallfiltern.

*Gleitlagerwerkstoffe*

Selbstschmierende Gleitlager werden in der Hauptsache aus porösem Sintereisen oder bei Vorliegen korrodierender Medien aus Sinterbronze hergestellt. Die tech-

Tabelle 3.3. Eigenschaften von Metallfiltern aus verschiedenen Werkstoffen [37]

| Eigenschaften | Werkstoff | | |
|---|---|---|---|
| | Zinnbronze CuSn9 | rostbeständiger Stahl X5CrNiMo18.10 | Neusilber CuNi12Zn23 |
| Schmelzintervall, °C | 980···1000 | 1230···1300 | 1030···1040 |
| Dichte, g cm$^{-3}$ | 5,2···6,2 | 3,0···3,9 | 4,8···5,8 |
| Porosität, % | 30···40 | 50···60 | 30···40 |
| Wärmeleitfähigkeit, W (m K)$^{-1}$ | 0,21 | 0,063 | 0,146 |
| spezifische Wärme (20 °C), J (g K)$^{-1}$ | 0,34 | 0,50 | 0,39 |
| Zugfestigkeit, N mm$^{-2}$ | 40···60 | 30···50 | 15···35 |
| Dehnung, % | 4···6 | 2···5 | 2···4 |
| Druckfestigkeit, N mm$^{-2}$ | 35···70 | 30···55 | 16···54 |
| Stauchung, % | 15 | 5 | 15 |

nischen Lieferbedingungen für Gleitlager aus Sintermetall gehen aus TGL 26077 hervor. Derartige selbstschmierende Gleitlager werden z. B. in Büromaschinen, in Kraftfahrzeugen, in Haushaltmaschinen, aber auch in Maschinen und Aggregaten verwendet, und zwar überall dort, wo auf geringen Wartungsaufwand Wert gelegt wird.

■ Ü. 3.4

Die porösen Sinterlagerwerkstoffe haben sich in den letzten 50 Jahren auf Grund folgender Vorzüge durchsetzen können:

— Der Vorrat an Öl in den Poren setzt die Gefahr der Beschädigung des Lagers herab. Er vermindert außerdem den Verschleiß von Lager und Welle sowie den Ölverbrauch.
— Durch die poröse Struktur wird ein sehr gutes Einlaufen ermöglicht.
— Es können nicht nur gehärtete, sondern auch ungehärtete Wellen verwendet werden.
— Die spanabhebende Bearbeitung fällt weg, da das Werkstück sofort die entsprechenden Abmessungen erhält.
— Poröse Sinterlager zeichnen sich durch Einfachheit des Einbaues und des Betriebes aus.
— Die Herstellung ist aus einem Werkstoff möglich, an dem kein Mangel besteht (Eisen).

Wird Sintereisen für selbstschmierende Gleitlager verwendet, dann liegt die Teilchengröße des Ausgangspulvers zwischen 0,06 und 0,30 mm. Damit wird eine Porigkeit von etwa 20% erreicht, womit noch entsprechende Festigkeitseigenschaften erzielbar sind. Einige Eigenschaften von Sintereisen für porige Gleitlager gehen aus Tabelle 3.4 hervor.

Tabelle 3.4. Eigenschaften von Sintereisen für porige Gleitlager [27]

| | |
|---|---|
| Dichte | $5,8 \cdots 6,0$ g cm$^{-3}$ |
| Porenraum[1]) | $\approx 25\%$ Volumenanteil |
| Ölaufnahme beim Tränken | $\approx 2,5\%$ Masseanteil |
| Zerreißfestigkeit | $70 \cdots 100$ MPa |
| Dehnung $A_{10}$ | $\geq 2\%$ |
| Biegefestigkeit | $150 \cdots 200$ MPa |
| Quetschgrenze[2]) | 90 MPa |
| Härte $HB$ 5/125/30 | $25 \cdots 30$ |
| Schlagarbeit | 2,1 J |
| Wärmeleitvermögen zwischen 20 und 100 °C | 46 W (m K)$^{-1}$ |
| Wärmeausdehnungskoeffizient, linear zwischen 20 und 100 °C | $12 \cdot 10^{-6}$ K$^{-1}$ |
| spezifische Wärmekapazität zwischen 20 und 100 °C | 0,46 J (kg K)$^{-1}$ |
| spezifischer elektrischer Widerstand bei 20 °C | $2,05 \cdot 10^{-4}$ Ωm |

*Chemische Zusammensetzung, %*

| | | |
|---|---|---|
| C $\approx 0,02$ | Si $\leq 0,1$ | P $\leq 0,03$ |
| Mn $\approx 0,30$ | S $\leq 0,06$ | Cu $\approx 0,20$ |

[1]) Davon zugänglich, d. h. mit Öl oder ähnlichen Stoffen tränkbar, etwa 70%.
[2]) Ungetränktes Sintereisen verhält sich beim Druckversuch ähnlich wie Flußstahl, es läßt sich also ohne Bruch zusammenpressen. Wird es aber mit bei Raumtemperatur festen Füllstoffen, z. B. Hartparaffin, getränkt, so ist sein Verhalten ähnlich dem keramischer Werkstoffe. Das hier behandelte Sintereisen weist dann eine Druckfestigkeit von etwa 340 MPa auf.

*Reibwerkstoffe*

Reibwerkstoffe werden vorwiegend als Brems- und Kupplungsbeläge benötigt. An derartige Werkstoffe werden folgende Forderungen gestellt:

— ein hoher und bei Temperaturwechsel konstanter Reibungsbeiwert,
— hohe Lebensdauer und ein geringer Verschleiß,
— stoß- und ruckfreie Bremsung,
— ausreichende Festigkeit, um die bei der Bremsung auftretenden Kräfte aushalten zu können,
— Temperatur- und Korrosionsfestigkeit,
— hohe Wärmeleitfähigkeit,
— gutes Einlaufvermögen,
— hoher Widerstand gegen Festfressen.

Diese Anforderungen lassen sich nur mit pulvermetallurgisch hergestellten Werkstoffen realisieren, denn schmelzmetallurgisch lassen sich die für Reibwerkstoffe verwendeten Komponenten nicht vereinigen. Als Komponenten kommen für moderne Reibwerkstoffe (z. B. für Schwerlastkupplungen von Baggern) Eisen, Graphit, Blei und/oder Zinn sowie Kupfer und Nickel in Betracht. Eisen bildet in den Reibwerkstoffen das Stützgerüst, es erhöht den Reibungsbeiwert. Graphit verbessert die Schmierung, es mindert das Festfressen und die Kohäsion der Oberflächen und erhöht gleichzeitig die Stoßfreiheit der Bremsung. Blei steigert die Einlauffähigkeit und macht den Werkstoff widerstandsfähiger gegen Verschleiß. Bei hohen Temperaturen während des Bremsvorganges schmilzt das Blei und dient dann als Schmiermittel. Kupfer und Nickel erhöhen die Festigkeit, und durch

Kupfer wird außerdem eine ausreichende Wärmeleitfähigkeit erzielt. Da mit pulvermetallurgisch hergestellten Reibwerkstoffen keine hohen Festigkeitswerte erreicht werden, sind sie häufig in Form einer Schicht oder Auflage von 0,25 bis 30 mm auf einer tragenden Stahlgrundlage befestigt.

### 3.3.2. Dichte Werkstoffe

Bereits aus der oben angeführten Einteilung nach der Dichte erkannten Sie, daß Werkstoffe mit einer Porigkeit von weniger als 20% für Werkstücke mit mittleren und hohen Festigkeitsansprüchen verwendet werden. Den höchsten Prozentsatz in der Erzeugung nehmen Sintereisenteile ein. Da höhere Preßdrücke zu einer stärkeren Verdichtung führen, erreichen wir damit natürlich auf Grund einer höheren Dichte auch höhere Festigkeitswerte. Im Bild 3.7 sollen nochmals eine Reihe sol-

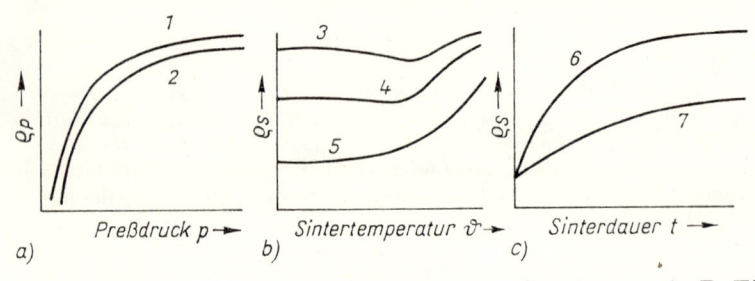

Bild 3.7. Dichte $\varrho$ von Metallpulverpreß- und -sinterkörpern (z. B. Eisen) als Funktion des Preßdruckes $p$, der Sintertemperatur $\vartheta$ und -dauer $t$ [31]

$\varrho$ P Preßdichte
$\varrho$ S Sinterdichte
1 weiches Pulver
2 hartes Pulver
3 hoher Preßdruck
4 mittlerer Preßdruck
5 ungepreßt
6 hohe Sintertemperatur
7 mittlere Sintertemperatur

cher Einflußfaktoren, die die Dichte und damit die Festigkeit beeinflussen, dargestellt werden. In der DDR werden im VEB Eisen- und Hüttenwerke Thale im VEB Bandstahlkombinat »Hermann Matern« 2 Sintereisenqualitäten für Sinterformteile erzeugt. Das unlegierte Sintereisen der Qualität SE 1 ist ein pulvermetallurgisch hergestellter Werkstoff mit einem Kohlenstoffgehalt von weniger als 0,20%, das kupferlegierte Sintereisen SE 2 wird unter Zusatz von Elektrolyt-Kupferpulver hergestellt. Die Tabelle 3.5 gibt Festigkeitskennwerte und Hinweise

Tabelle 3.5. Werkstoffkennwerte für unlegiertes und kupferlegiertes Sintereisen [51]

| Werkstoff | Zugfestigkeit in MPa | Biegefestigkeit in MPa | Dehnung in % | Dichte in g cm$^{-3}$ | Zulässige Abweichung in g cm$^{-3}$ | Härte $HB$ |
|---|---|---|---|---|---|---|
| SE 1-64 | 100···160 | 200 | 3 | 6,4 | ±0,3 | 40 |
| SE 1-68 | 170···230 | 310 | 8 | 6,8 | ±0,3 | 60 |
| SE 1-71 | 230···290 | 390 | 12 | 7,1 | ±0,3 | 75 |
| SE 2-64 | 180···240 | 330 | 2 | 6,4 | ±0,3 | 45 |
| SE 2-68 | 255···310 | 470 | 4 | 6,8 | ±0,3 | 75 |
| SE 2-71 | 320···390 | 590 | 6 | 7,1 | ±0,3 | 100 |

über Beanspruchungsmöglichkeiten an. Durch einen Vergleich können Sie feststellen, daß mit diesen Sintereisenwerkstoffen in der Regel nicht die Festigkeitswerte von kompaktem, schmelzmetallurgisch hergestelltem Metall erreicht werden.

*Kontaktwerkstoffe* gehören ebenfalls zu den dichten Werkstoffen. Hierzu sind Werkstoffkombinationen erforderlich, die die unterschiedlichsten Kontaktbedingungen an elektrischen Schalt- bzw. Energieübertragungsstellen realisieren. Da schmelzmetallurgisch hergestellte Metalle meist zu weich sind oder eine zu geringe elektrische Leitfähigkeit haben, werden auch hier die Forderungen durch pulvermetallurgisch hergestellte Werkstoffe besser erfüllt. Es ist nämlich auf diesem Wege möglich, die hohen Kontaktkräfte sowie den Abrieb und die Abbrandfestigkeit durch Molybdän oder Wolfram abzufangen. Die gute elektrische Leitfähigkeit wird durch Silber oder Kupfer gewährleistet.

Bereits im Abschnitt über die Beeinflussung der Preßbarkeit durch die Pulvereigenschaften haben Sie festgestellt, daß Oxidschichten auf Pulverteilchen die Ausbildung festhaftender flächenförmiger Berührungsstellen behindern. Das spielte lange Zeit eine wesentliche Rolle bei der Verarbeitung von Aluminiumpulver. Erst durch die bahnbrechenden Versuche der Schweizer *Zeerleder* und *Irmann* gelang es, aus Reinaluminium einen Werkstoff herzustellen, der bei Raumtemperatur eine Zugfestigkeit von 300 bis 350 MPa aufwies. Damit war das sogenannte SAP (Sinter-Aluminium-Produkt) entstanden, das besondere Bedeutung als Leichtbauwerkstoff erlangte. Seine hohe Dauer- und Warmfestigkeit wird insbesondere als Kolbenwerkstoff ausgenutzt. Ursache dieser hervorhebenden Eigenschaften sind u. a. wiederum die eingangs erwähnten Oxidschichten.

### 3.3.3. Sinterhartmetalle

Unter den Werkstoffen auf Hartstoffbasis haben die Sinterhartmetalle die größte wirtschaftliche Bedeutung. Deshalb sind die Sinterhartmetalle als Schneidwerkstoff in der Metallzerspanung eine für die metallver- und -bearbeitende Industrie sehr bedeutende Werkstoffgruppe.

Das sind solche Legierungen, die aus zwei gegensätzlichen Komponenten aufgebaut sind. Die eine Komponente wird von hochschmelzenden, sehr harten und verschleißfesten Hartstoffen gebildet und die zweite von einem zähen, weichen Bindemetall. Da die Eigenschaften dieser Komponenten so sehr voneinander abweichen, sind nur pulvermetallurgische Herstellungsverfahren anwendbar.

Die *Sinterhartmetalle* bestehen bis zu 96% aus hochschmelzenden Carbiden, meist WC und TiC. Die zähen Bindemetalle werden von Metallen und Legierungen der Eisengruppe, insbesondere von Co, gebildet. Eine Übersicht über die Zusammensetzung und die Eigenschaften von WC-TiC-TaC-Co-Hartmetallen zeigt die Tabelle 3.6.

Die Einteilung der Hartmetallsorten wird nach Zerspanungshauptgruppen (s. TGL 7965) vorgenommen. Beispielsweise ist die mit dem Buchstaben P bezeichnete Hauptgruppe für die Bearbeitung von langspanenden Werkstoffen, wie Stahl, Stahlguß und langspanendem Temperguß, geeignet. Diese Hartmetalle enthalten Titancarbid, aber auch daneben oft Tantalcarbid. Die Bezeichnungen innerhalb dieser Anwendungsgruppe lauten P 01, P 10, P 20, P 30, P 40 und P 50. Eine niedrige Ziffer bedeutet große Verschleißfestigkeit, eine hohe Ziffer dagegen große Zähigkeit.

## 3. Pulvermetallurgisch hergestellte Werkstoffe

Tabelle 3.6. Zusammensetzung und Eigenschaften von Hartmetallen [22]

| Mittlere Zusammensetzung in % | | | | Spezifische Dichte | Härte $HV$ 10 | Biegebruchfestigkeit | Druckfestigkeit | Elastizitätsmodul |
|---|---|---|---|---|---|---|---|---|
| WC | TiC | TaC | Co | in g cm$^{-3}$ | | in MPa | in MPa | in GPa |
| 96 | — | — | 4 | 15,2 | 1750 | 1570 | 5590 | 637 |
| 94 | — | — | 6 | 14,9 | 1600 | 1960 | 5390 | 608 |
| 91 | — | — | 9 | 14,6 | 1400 | 2210 | 4900 | 588 |
| 85 | — | — | 15 | 14,0 | 1200 | 2350 | 4020 | 530 |
| 92 | — | 2 | 6 | 14,8 | 1650 | 1860 | 5590 | 618 |
| 63 | 20 | 8 | 9 | 10,7 | 1600 | 1370 | 4810 | 520 |
| 70 | 12 | 8 | 10 | 12,4 | 1430 | 1720 | 4900 | 539 |
| 75 | 4 | 8 | 13 | 12,7 | 1350 | 1860 | 4610 | 549 |

Sinterhartmetalle werden vor allem als Schneidmetalle zur spanabhebenden Formgebung bzw. dort, wo höchste Härte, Verschleißfestigkeit und Zähigkeit, auch bei hohen Temperaturen, verlangt werden, eingesetzt.

Die Herstellung der Sinterhartmetalle erfolgt so, daß die Carbide gemeinsam mit den Bindemitteln gemahlen werden. Die Preßkörper werden zunächst bei 900 bis 1000 °C vorgesintert, um sie in diesem Zustand mit Carborund zu Profilkörpern schleifen zu können. Das Fertigsintern geschieht bei 1400 bis 1600 °C, wobei eine lineare Schrumpfung von etwa 20% eintritt, die natürlich beim vorhergehenden Bearbeitungsschritt Berücksichtigung finden muß.

Die Eigenschaften der Sinterhartmetalle sind im wesentlichen von der chemischen Zusammensetzung abhängig. Das Bild 3.8 zeigt einige Eigenschaften von Wolframcarbid-Cobalt-Hartmetallen in Abhängigkeit vom Cobaltgehalt. Ein Charak-

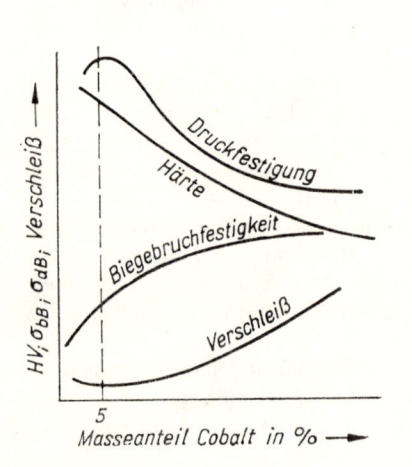

Bild 3.8. Eigenschaften von Wolframcarbid-Cobalt-Hartmetallen [32]
$HV$ Vickershärte
$\sigma_{bB}$ Biegebruchfestigkeit
$\sigma_{dB}$ Druckfestigkeit

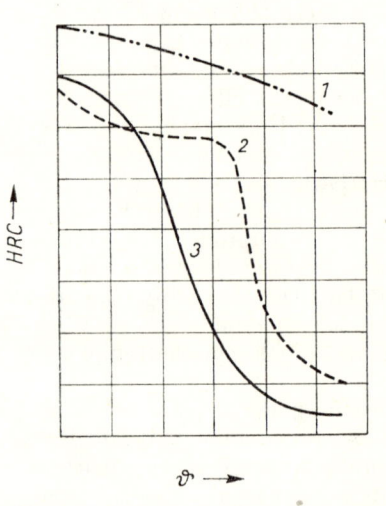

Bild 3.9. Warmhärte von verschiedenen Schneidwerkstoffen (schematisch)
1 Sinterhartmetall
2 Schnellarbeitsstahl
3 unlegierter Werkzeugstahl

teristikum der Hartmetalle ist die außerordentliche Härte, die auch bei hohen Einsatztemperaturen nur unwesentlich absinkt. Kennzeichnend ist auch die hohe Verschleißfestigkeit; sie weist fast keine Temperaturabhängigkeit auf, ebenso wie der Elastizitätsmodul. Aus dem Bild 3.9 ist im Vergleich zu unlegiertem Werkzeugstahl und Schnellarbeitsstahl die Temperaturbeständigkeit der Härte besonders deutlich ersichtlich.

Sinterhartmetalle zeigen oberhalb 800 °C beträchtliche Oxydationserscheinungen, die auf der Oxydationsanfälligkeit des Wolframcarbids beruhen. Demgegenüber ist bei wolframcarbidfreien Sinterhartmetallen mit Nickel-Chrom-Cobalt-Legierungen als Bindemittel auch bei Temperaturen oberhalb 1000 °C keine merkliche Oxydation feststellbar. Die Spannungsempfindlichkeit der Sintermetalle kann durch Zusatz weiterer Carbide wie $Mo_2C$, $VC$, $TaC$ oder $NbC$ abgebaut werden. Das ist besonders bei der Zerspanung nichtmetallischer Stoffe notwendig. Bei der Verarbeitung der Sinterhartmetalle zu Verschleißteilen werden Legierungen auf Wolframcarbid-Titancarbid-Basis eingesetzt.

## Ü. 3.5

Etwa um 1960 konnten unter hohem Druck und bei hohen Temperaturen Werkstoffe, die sogenannten superharten Stoffe, hergestellt werden, die diamantähnliche Eigenschaften aufweisen. In den Begriff superharte Stoffe sind neben den natürlichen und synthetischen Diamanten auch die harten, synthetisch hergestellten Phasen des Bornitrids eingeschlossen. Polykristalline, kubische Bornitride, die unter dem Handelsnamen »Elbor« bekanntgeworden sind, haben einen sehr hohen Verschleißwiderstand, aber demgegenüber eine geringe Bruchzähigkeit. Beim Zerspanen sind deshalb kleine Spanquerschnitte und hohe Schnittgeschwindigkeiten zu wählen. Bornitride haben gegenüber Diamanten den Vorteil, daß sie eine geringe chemische Aktivität aufweisen.

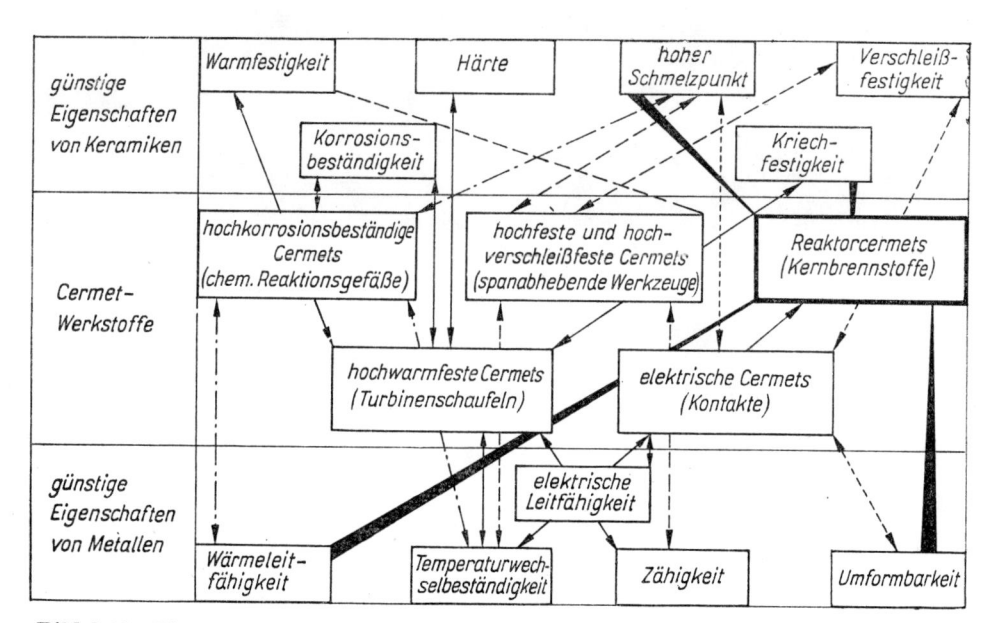

Bild 3.10. Eigenschaftskombinationen in Cermetwerkstoffen

## 3.3.4. Cermets

In den letzten zwanzig Jahren hat sich eine neue Werkstoffgruppe eingeführt, die neben Tonerde noch Metalle oder Metallcarbide enthält, die sogenannten *Cermets*.

**Jedes pulvermetallurgisch hergestellte, metallkeramische Gemenge ist ein Cermet, wenn die Eigenschaften der metallischen und keramischen Anteile direkt wirksam werden.**

Mit den Cermets wird eine Kombination der günstigsten Eigenschaften von metallischen und keramischen Stoffen angestrebt, wie das im Bild 3.10 erkennbar wird. Da aber auch ungünstige Eigenschaften in die Kombination eingebracht werden, ist immer zu berücksichtigen, daß mit jeder Verbesserung auch eine Verschlechterung einhergeht. Das Ergebnis ist schließlich ein Kompromiß mit einem Eigenschaftsmittelwert, der zwar von Volumenanteilen beider Phasen abhängig ist, aber darüber hinaus in sehr starkem Maße durch den Gefügeaufbau beeinflußt wird.

Neben ihrer ursprünglich im Vordergrund stehenden Verwendung als Hochtemperaturwerkstoff werden Cermets heute auch als Schneidwerkstoffe, als Reibwerkstoffe und in der Reaktortechnik eingesetzt, wie aus Bild 3.10 ersichtlich ist.

# 4 Plaste

*Zielstellung*

Im letzten Kapitel dieses Teiles werden Sie mit einer großen Gruppe nichtmetallischer Werkstoffe, den Plasten, vertraut gemacht. Es werden die Unterschiede zu den bisher behandelten Werkstoffen dargelegt sowie die wichtigsten Reaktionen beschrieben, mit deren Hilfe Plaste hergestellt werden.
Im Mittelpunkt stehen die Eigenschaften, die Verarbeitung und die Einsatzmöglichkeiten der Plaste. Erst die Kenntnis aller dieser Details bringt Sie in die Lage, diesen Werkstoff sinnvoll einzusetzen. Bei der Bearbeitung der entsprechenden Anlagen können Sie bereits überprüfen, inwieweit Sie die Eigenschaften und Einsatzmöglichkeiten dieses Werkstoffes richtig einschätzen.

## 4.1. Allgemeine Eigenschaften der Plaste

Seit Jahrtausenden sind dem Menschen die Bau- und Werkstoffe Metall, Stein und Holz bekannt. Aus natürlichen Vorkommen gewonnen, nutzt er sie für seine Zwecke und hat mit Hilfe langer Erfahrungen sowie der Entwicklung der Wissenschaft entsprechende Gesetze und Theorien erarbeitet. So war es auch möglich, bei diesen Werkstoffen neue Eigenschaften zu entwickeln und sie noch besser dem Einsatzzweck anzupassen.
Ganz anders verlief die Entwicklung der Plaste. Der Forschungsdrang der Chemiker schuf besonders auf dem Gebiet der organischen Chemie eine große Anzahl von Verbindungen, deren Aufbau zielgerichtet untersucht wurde (Tabelle 4.1).

Tabelle 4.1. Zeittafel

| | |
|---|---|
| 1841 | Kautschuk vulkanisiert |
| 1855 | Herstellung von Cellulose und Vulkanfiber |
| 1870 | Zelluloid, Kunstseide, Kunstleder |
| 1897 | Kasein-Kunstharze |
| 1909 bis 1910 | Phenolharze |
| 1920 bis 1930 | Polymerisate |
| 1935 | Polyamid, Polyurethane |
| 1940 | Epoxidharze |
| 1960 | Polycarbonate |

Die Anwendung solcher Verbindungen für technische Zwecke mußte aber erst erprobt werden. So war es ganz natürlich, daß sich unter bestimmten Bedingungen ein Stoff hervorragend bewährte, während er für andere Zwecke völlig ungeeignet war. Hinzu kam, daß es bereits auf vielen Gebieten natürliche Stoffe gab, z. B. Seide, Harz, Kautschuk u. a. Demgegenüber wurden die vom Chemiker geschaffenen Stoffe zunächst als »Kunststoffe« bezeichnet (z. B. Kunstseide, Kunstharze, künstlicher Kautschuk). Da diese Stoffe auf Grund des Materialmangels in der Zeit während und nach dem 2. Weltkrieg oft die traditionellen Werkstoffe ersetzen mußten, wurde der Begriff des »Kunststoffes« auch noch mit dem des »Ersatzstoffes« verbunden. Das war sachlich falsch, denn genau so könnten wir heute den Ziegelstein als »Ersatz« des natürlichen Steines ansehen.

Die Verwendung dieser neuen Werkstoffe »aus der Retorte« ist vielseitig: vom dünnen, fast unzerreißbaren Faden bis zur Filmunterlage oder Folie, harte und abriebfeste Werkstoffe wie Bremsbeläge oder weiche und dehnbare wie Kautschuk, leichte wie Schaumstoffe, poröse, die mit Luft gefüllt oder mit anderen Zusatzstoffen getränkt sind, biegsame und verformbare wie Schläuche oder Weichplaste, farblose als Werkstoff für optische Teile oder welche in leuchtenden Farben, mehrfarbige als Schichtstoff oder welche mit besonderen Oberflächeneffekten (Tabelle 4.2).

Tabelle 4.2. Einteilung der Hochpolymere

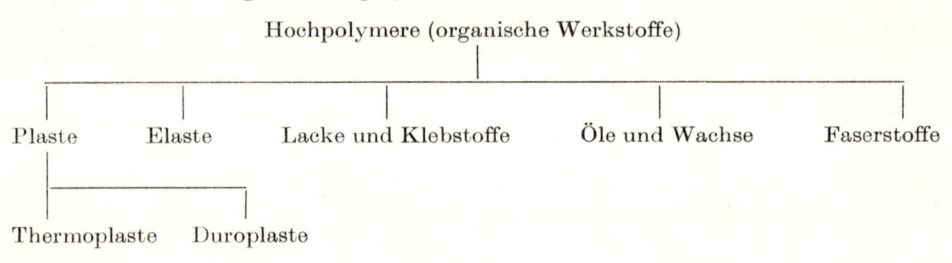

```
                    Hochpolymere (organische Werkstoffe)
          |            |              |                |              |
        Plaste       Elaste      Lacke und Klebstoffe   Öle und Wachse   Faserstoffe
          |            |
          |_____|
          |            |
     Thermoplaste   Duroplaste
```

Während in einigen Ländern noch der Begriff »Kunststoff« verwendet wird, benutzen wir heute die Bezeichnung *Plast* (Mz. Plaste).

**Plaste sind Werkstoffe, deren wesentliche Bestandteile aus solchen makromolekularen organischen Verbindungen bestehen, die synthetisch oder durch Umwandlung von Naturprodukten hergestellt wurden. Sie sind bei der Verarbeitung unter bestimmten Bedingungen plastisch formbar, bzw. sie sind plastisch geformt worden.**

■ Ü 4.1

Die Herstellung von Plasten erfordert also zwei Rohstoffquellen:

— Rohstoffe, die im ursprünglichen Zustand (Natur) nach dem Prinzip der makromolekularen Verbindungen aufgebaut sind, z. B. Cellulose, Gelatine, Knochenleim sowie verschiedene Kautschukarten,

— Rohstoffe mit einfachem Bauprinzip, z. B. Kohle, Erdöl und Erdgas, aus denen durch Synthese neue, makromolekulare Stoffe hergestellt werden.

Durch die gemeinsame Arbeit der sozialistischen Länder im Rat für Gegenseitige Wirtschaftshilfe stehen unserer Industrie die benötigten Rohstoffe zur Verfügung (Erdölleitung »Freundschaft«, Ethylen-Pipeline zwischen ČSSR und DDR). In den nächsten Jahren wird sich die Produktion von Plasten weiter erhöhen (Bild 4.1).

## Allgemeine Eigenschaften der Plaste 4.1.

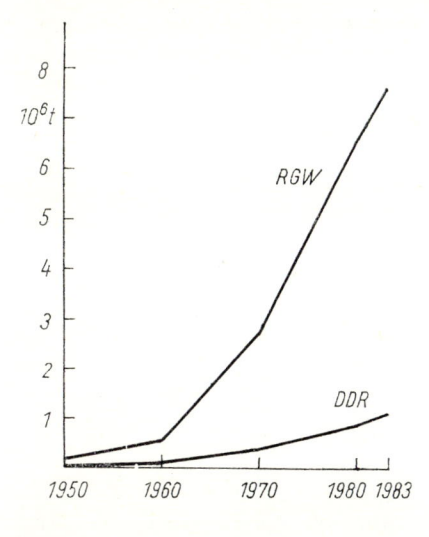

Bild 4.1. Plastproduktion RGW und DDR
(nach statistischem Jahrbuch der DDR)

Entsprechend den Rohstoffquellen unterscheiden wir die Gruppen der aus Naturstoffen hergestellten Plaste und die vollsynthetischen Plaste. Die Tabellen 4.3 und 4.4 vermitteln Ihnen eine erste Übersicht. Die hier auftretenden Begriffe werden in späteren Abschnitten besprochen.

Tabelle 4.3. Plaste aus Naturstoffen

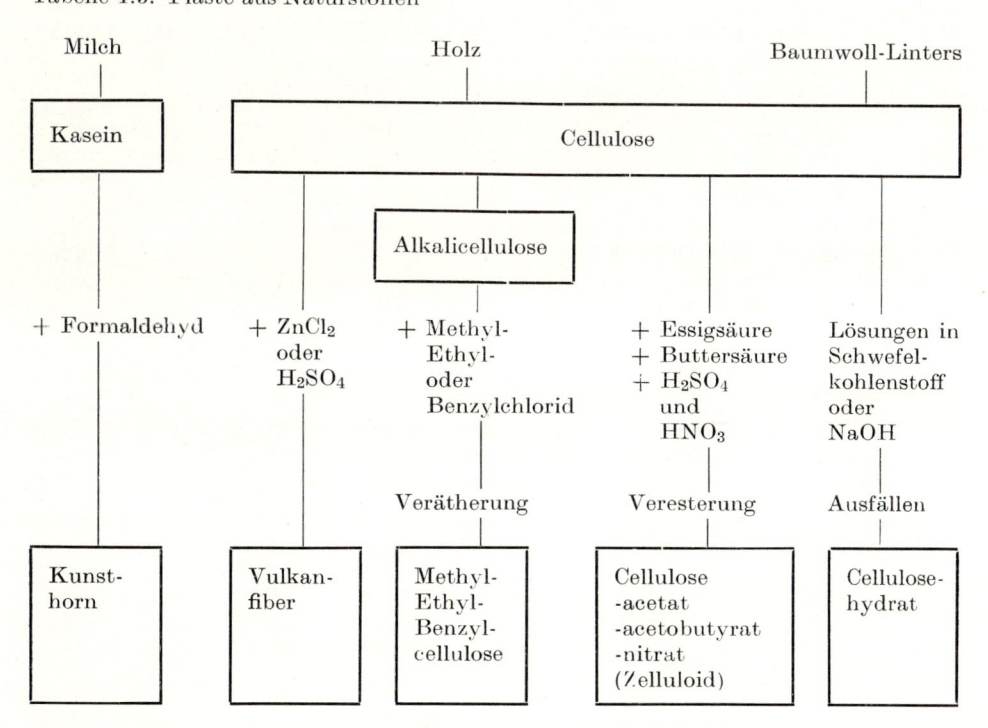

| Milch | Holz | | | | Baumwoll-Linters |
|---|---|---|---|---|---|
| Kasein | Cellulose | | | | |
| | | Alkalicellulose | | | |
| + Formaldehyd | + $ZnCl_2$ oder $H_2SO_4$ | + Methyl- Ethyl- oder Benzylchlorid | + Essigsäure + Buttersäure + $H_2SO_4$ und $HNO_3$ | | Lösungen in Schwefelkohlenstoff oder NaOH |
| | | Verätherung | Veresterung | | Ausfällen |
| Kunsthorn | Vulkanfiber | Methyl- Ethyl- Benzylcellulose | Cellulose -acetat -acetobutyrat -nitrat (Zelluloid) | | Cellulosehydrat |

8 Gußwerkstoffe

Tabelle 4.4. Vollsynthetische Plaste

| Polykondensate | | Polymerisate | | Polyaddukte | |
|---|---|---|---|---|---|
| Duroplaste | Thermoplaste | Duroplaste | Thermoplaste | Duroplaste | Thermoplaste |
| Phenolharze, Harnstoffharze, Melaminharze, vernetzte Polyesterharze (Alkydharze), vernetzte Silicone | Polyamide, lineare ungesättigte Polyesterharze, unverarbeitete Epoxidharze, unvernetzte Silicone | vernetzte ungesättigte Polyesterharze | Polyvinylabkömmlinge, Polystyrole, Polyakrylate, Polytetrafluorethylen, Polyvinylfluoride, Polyethylen, Polypropylen und andere | Epoxidharze, vernetzte Polyurethane | lineare Polyurethane |

▶ *Informieren Sie sich durch Studium der Tabellen 4.3 und 4.4 über die auftretenden Bezeichnungen der Plaste und ihre Zuordnung zu den einzelnen Gruppen! Fertigen Sie für spätere Diskussionen einen Auszug aus Tabelle 4.4 an, der die Gruppeneinteilung und die Plaste Polyesterharze, Epoxidharze und Polyurethane enthält!*

Wie alle Werkstoffe besitzen auch Plaste erwünschte und unerwünschte Eigenschaften. Eine genaue Kenntnis dieser Eigenschaften ermöglicht den richtigen Einsatz dieser Stoffe und schützt vor unangenehmen Erfahrungen oder gar Schäden. Bei den »klassischen« Werkstoffen ist uns das selbstverständlich, und wir versuchen, nicht erwünschte Eigenschaften durch Anwendung von Schutzmaßnahmen unwirksam zu machen (z. B. das Quellen von Holz, das Rosten des Stahles, die Sprödigkeit von Glas). Manches Vorurteil gegen die Anwendung von Plasten ist aber auf das Nichtbeachten der spezifischen Eigenschaften zurückzuführen.

Als *vorteilhafte Eigenschaften* können genannt werden:
— niedrige Dichte,
— leichte Formgebung,
— ohne Nacharbeit vielseitig formbar (Massenteile),
— anpassungsfähig für viele Zwecke,
— leichte Anfärbbarkeit,
— relativ hohe chemische Beständigkeit,
— günstige elektrische und dielektrische Eigenschaften,
— größtenteils physiologisch unbedenklich,
— fast unerschöpfliche Rohstoffgrundlage.

Dem stehen einige *unerwünschte Eigenschaften* gegenüber, die deshalb beim Einsatz unbedingt zu beachten sind:
— niedrige Wärmebeständigkeit,
— große Wärmeausdehnung,
— teilweise Brennbarkeit,
— geringe Festigkeit,
— elektrostatische Aufladung,
— weiche Oberfläche,
— Löslichkeit oder Quellen,
— Alterung unter Witterungseinfluß.

Daraus leitet sich die Aufgabe ab, beim Einsatz von Plasten den vorgesehenen Verwendungszweck genau zu prüfen, um Fehlschläge zu vermeiden.
Richtig angewendet, vermögen Plaste heute und in Zukunft vielfach traditionelle Werkstoffe nicht nur zu ersetzen, sie übertreffen sie sogar häufig in ihren Eigenschaften und bringen großen volkswirtschaftlichen Nutzen. Das zeigt ihr Einsatz auf allen Gebieten, denn von den heute hergestellten Plasten werden etwa

30% in der metallverarbeitenden Industrie,
20% in der Bauindustrie,
20% in der Leichtindustrie,
20% für Verpackungszwecke und
10% zur Herstellung von Konsumgütern
eingesetzt.

■ Ü. 4.2

## 4.2. Herstellung und Struktur der Plaste

▶ *Zum besseren Verständnis der Eigenschaften der Plaste sowie der Technologien der Verarbeitungsverfahren ist es notwendig, die wichtigsten Reaktionen zur Erzeugung der Plaste zu wiederholen. Hierzu gehören vor allem Kenntnisse der organischen Chemie.*
*Studieren Sie aufmerksam den Abschnitt 4.2.4. über den Zusammenhang Struktur–Verhalten, da aus der Art der Herstellung und der möglichen Struktur sich viele Eigenschaften ableiten, die beim Einsatz der Plaste beachtet werden müssen!*

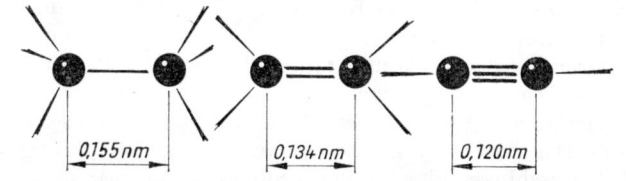

Bild 4.2. Einfach- und Mehrfachbindungen bei Kohlenstoffatomen (nach *Houwink*)

Kohlenstoff ist in der Lage, Verbindungen zu bilden, die Doppel- oder gar Dreifachbindungen aufweisen (Bild 4.2). Werden solche Mehrfachbindungen unter geeigneten Bedingungen aufgespalten, so können sich die einzelnen Bausteine vereinigen. Sie bilden Ketten, Ringe oder verzweigte Ketten.
Die Grundlage der Plaste ist ihr Aufbau aus sehr großen Molekülen *(Makromoleküle)*. Eine scharfe Grenze für den Begriff der makromolekularen Verbindung läßt sich nicht angeben. Gewöhnlich bezeichnet man Verbindungen als makromolekular oder hochpolymer, wenn ihre Moleküle mehr als etwa 1000 Atome umfassen. Das entspricht etwa einer Molekularmasse von 5000 und mehr. Organische Moleküle bestehen aus Atomen, die durch die chemische Bindung — die normalen Hauptvalenzen — zusammengehalten werden. Bei Makromolekülen treten zusätzlich zwischenmolekulare Kräfte, die Nebenvalenzen, auf (Dispersionskräfte, Dipol-Orientierungskräfte, Induktionskräfte, Wasserstoffbrücken), die von grundlegender Bedeutung für das physikalische Verhalten der Hochpolymeren sind. Daher weisen makromolekulare Verbindungen Eigenschaften auf, die niedermolekulare Stoffe nicht zeigen.
Plaste sind immer makromolekulare Verbindungen. Die zur Erzeugung von Plasten angewendeten Reaktionen sind: Polymerisation, Polykondensation und Polyaddition.

## 4.2.1. Polymerisation

**Unter Polymerisation versteht man die Verknüpfung zahlreicher organischer Moleküle (Monomere) zu Makromolekülen meist unter Aufspaltung von Mehrfachbindungen.**

Solche Reaktionen laufen in mehreren Stufen ab. Wir unterscheiden: Startreaktion, Wachstumsreaktion und Abbruchreaktion. Durch Energiezufuhr oder Katalysatoren (Initiatoren) werden einzelne Moleküle angeregt. Wird die Aktivierungsenergie überschritten, klappt die Doppelbindung auf, und es entstehen Radikale, die reaktionsfähig sind (Bild 4.3). Die Startreaktion erzeugt also reaktionsfähige Radikale.

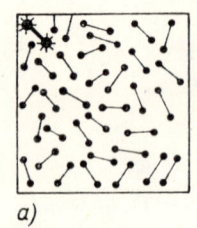

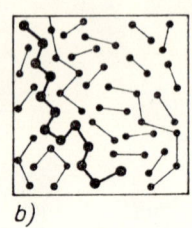

Bild 4.3. Mechanismus der Polymerisation (nach *Überreiter*)
a) Startreaktion
b) Wachstumsreaktion
c) Abbruchreaktion

Beim Zusammenstoß mit anderen Molekülen kann so viel Energie übertragen werden, daß auch hier die Doppelbindung aufklappt und durch ein Elektronenpaar eine Atombindung zwischen den beiden Radikalen zustande kommt: die Ketten wachsen. Im Vergleich zur Startreaktion verläuft die Wachstumsreaktion viel schneller, so daß die Ketten zu Makroradikalen mit der endgültigen Länge anwachsen. Dieses Wachstum entspricht dem Verlauf einer Kettenreaktion, und es könnte theoretisch bei geeigneten Bedingungen ein einziges Makroradikal entstehen. In der Praxis ist dem Wachstum eine Grenze gesetzt. Da man auf ein bestimmtes Produkt hinsteuert, wird die Wachstumsreaktion abgebrochen.

Die Abbruchreaktion beseitigt die angeregten Makroradikale und wandelt diese in Makromoleküle (Polymere) um. Das ist durch Elektronenaustausch, Anlagerung eines Wasserstoffatoms, durch Ringschlüsse oder Reaktion mit Fremdatomen möglich. Als Beispiel seien diese drei Reaktionen noch einmal bei der Umwandlung von Styrol in Polystyrol gezeigt (Bild 4.4).

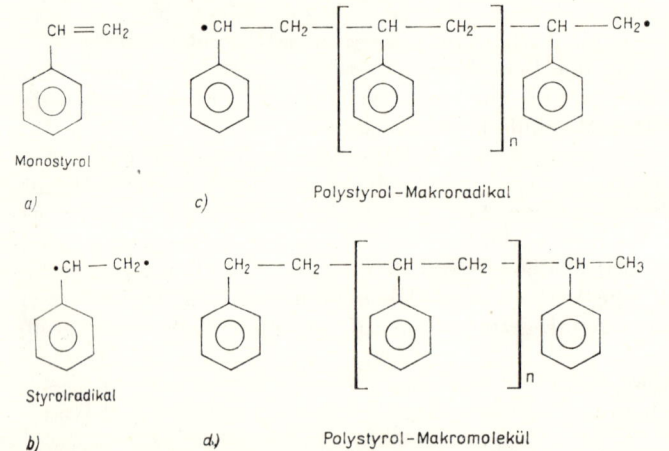

Bild 4.4. Start-, Wachstums- und Abbruchreaktion bei der Polymerisation von Styrol (nach *Houwink*)

Die bei der Polymerisation entstehenden Produkte heißen *Polymerisate*. Außer den einheitlichen Polymerisaten, deren Makromoleküle aus nur einer Art von Monomeren bestehen, kennt man auch noch *Mischpolymerisate*, deren Makromoleküle aus zwei oder mehreren Arten von Monomeren aufgebaut sind. Die Erzeugung von Mischpolymerisaten geschieht durch *Kopolymerisation*. Durch Polymerisation werden u. a. folgende Plaste hergestellt:

| | |
|---|---|
| Polyolefine: | Polyethylen (PE), Polypropylen (PP), Polyisobutylen (PIB) |
| Vinylpolymere: | Polyvinylchlorid (PVC), Polyvinylacetat, Polystyrol (PS), Polyvinyläther |
| Polyakrylate: | Polyakrylnitril (PAN), Polymethylmethakrylat (PMMA) |
| Polyfluorcarbone: | Polytetrafluorethylen (PTFE) |
| Polyacetate: | Polyoxymethylen (POM). |

## 4.2.2. Polykondensation

**Als Polykondensation bezeichnet man die Verknüpfung gleicher oder verschiedenartiger Moleküle zu Makromolekülen unter Abspaltung eines niedermolekularen Stoffes (z. B. Wasser, Alkohole, Ammoniak, Chlorwasserstoff). Moleküle mit zwei Verknüpfungsstellen bilden kettenförmige, solche mit drei Verknüpfungsstellen räumlich vernetzte Polykondensate.**

Die Kondensation ist eine Gleichgewichtsreaktion. Ist nach einer gewissen Reaktionszeit eine bestimmte Menge des Reaktionsproduktes gebildet, so stehen dieses und das abgespaltene Produkt mit den Ausgangsstoffen im Gleichgewicht, d. h., die Reaktion kommt zum Stillstand. Um die Reaktion schnell weiterzuführen, ist eine rasche Entfernung der gebildeten Reaktionsprodukte notwendig. Im Gegensatz zur Polymerisation, bei der die Wachstumsreaktion, einmal begonnen, ungehemmt weiterläuft, verlangsamt sich also die Reaktionsgeschwindigkeit bei der Kondensation bis zum Stillstand, wenn der Gleichgewichtszustand erreicht ist.
Das gibt andererseits die Möglichkeit, die Reaktion auf Zwischenstadien beliebig zu unterbrechen und die so erzeugten Halb- oder Vorprodukte später weiterzuverarbeiten. Das ist bei der Polymerisation nicht möglich.
Die entstehenden Produkte – die *Polykondensate* – haben andere Eigenschaften als die Polymerisate. Durch Polykondensation werden z. B. hergestellt:

Aminoplaste (UF, MF),
Polycarbonate (PC),
Polyamid 6,6 (PA 6,6),
Phenoplaste (PF),
Polyester (UP),
Silicone.

Das Bild 4.5 zeigt schematisch den Reaktionsverlauf bei der Herstellung eines Phenol-Formaldehydharzes.

▶ *Überlegen Sie, welche Unterschiede sich im Reaktionsverlauf zwischen Polymerisation und Polykondensation ergeben!*

▪ Ü. 4.3

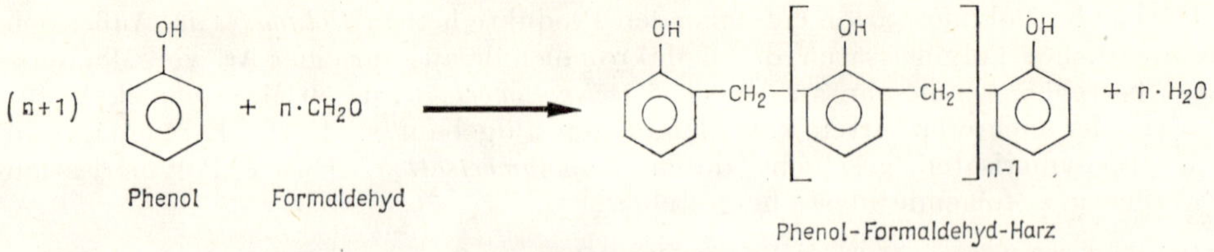

$(n+1)$ Phenol + $n \cdot CH_2O$ Formaldehyd ⟶ Phenol-Formaldehyd-Harz + $n \cdot H_2O$

Bild 4.5. Reaktionsverlauf bei Kondensation von Phenol-Formaldehyd-Harz (nach *Houwink*)

### 4.2.3. Polyaddition

**Unter Polyaddition versteht man die Verknüpfung gleicher oder verschiedenartiger Moleküle zu Makromolekülen unter Wanderung von Wasserstoffatomen ohne Abspaltung eines Stoffes. Dabei können sowohl lineare als auch vernetzte Produkte gebildet werden.**

Die Vorteile der Polyaddition sind darin zu sehen, daß einmal während der Reaktion keine abzuführenden Spaltprodukte, wie bei der Polykondensation, entstehen und zum anderen die mit der Reaktion verbundene Wärmetönung nicht so groß ist wie bei der Polymerisation.

Für diese Reaktion gibt es nur wenige Beispiele. Die Produkte bezeichnet man als *Polyaddukte*. Durch Polyaddition werden

Epoxidharze (EP) und
Polyurethane (PUR)

hergestellt.

■ Ü 4.4 bis 4.6

### 4.2.4. Struktur der Plaste

Plaste sind im festen Zustand amorph oder höchstens teilkristallin. Sie nehmen eine Zwischenstellung zwischen den eigentlichen Festkörpern und Flüssigkeiten ein. Die Makromoleküle besetzen nicht mehr definierte Gitterplätze, wie es bei den kristallinen Stoffen und den niedermolekularen Bausteinen der Fall ist, sondern die langen Moleküle verschlingen sich wenig geordnet ineinander und bilden ein isotropes sprödes oder zähelastisches Material, das sich durch Erwärmen in den plastischen Zustand überführen läßt. Von der Art, Gestalt und Größe der Makromoleküle und ihrer Ordnung untereinander hängen die physikalischen und chemischen Eigenschaften ab.

▶ *Schätzen Sie ein, welche Konsequenzen sich aus dem amorphen Aufbau der Plaste gegenüber kristallinen Stoffen (z. B. Metallen) in bezug auf die Festigkeit, die Verformung und bei Veränderung der Temperatur ergeben können!*

Ein Makromolekül besteht aus Grundbausteinen, den Molekülarten (Monomere). Zwischen diesen Grundbausteinen einerseits und den Makromolekülen andererseits sind verschiedene Bindungen unterschiedlicher Energie möglich. Man nennt die energiereichen Bindungen im Makromolekül die primären oder *Hauptvalenzbindungen*, die energieärmeren zwischen den Makromolekülen die sekundären oder *Nebenvalenzbindungen* (Summe der zwischenmolekularen Kräfte). Beträgt die Bindungsenergie für die Hauptvalenzbindungen 210 bis 840 kJ, so ist sie für die Nebenvalenzbindungen wesentlich geringer (4 bis 40 kJ).

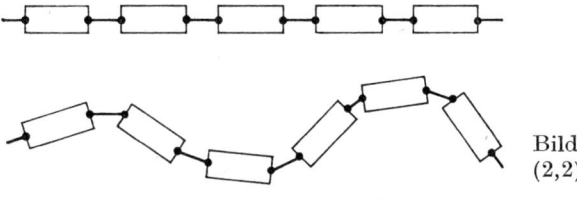

Bild 4.6. Kettenbildung bei (2,2)-Reaktion (nach *Kienle*)

2 - reaktiv

Bilden sich *lineare Makromoleküle* (Bild 4.6), so sind offensichtlich ihre Länge (Molekularmasse und Polymerisationsgrad) und ihre Orientierung untereinander maßgebend für die Eigenschaften des Stoffes. Bei geringer Länge der einzelnen Makromoleküle läßt sich der hochpolymere Stoff sicherlich schmelzen, oder man kann ihn auch in einem geeigneten Mittel quellen und lösen. Aus Lösungen lassen sich Fäden spinnen oder Folien ziehen, wobei die nicht orientierten Makromoleküle nach einer oder zwei Richtungen vorzugsweise gestreckt werden. Bei höheren Polymerisationsgraden wird der Stoff zwar nicht mehr löslich, aber bei Temperaturerhöhung leicht verformbar sein *(Thermoplaste)*.

Die Fadenmoleküle können auch beim Vorhandensein entsprechender Grundbausteine vernetzt werden (Bild 4.7). Solche Brücken werden z. B. beim Vulkanisieren von Kautschuk durch Zusatz von Schwefel hergestellt. Dadurch entstehen die hochelastischen, gummiähnlichen Eigenschaften. Bei Belastung läßt sich das Material weitgehend strecken, ohne daß die durch Brückenbildung verbundenen Makromoleküle voneinander abgleiten *(Elaste)*.

Diese Elastizität geht verloren, wenn bei der Kautschukvulkanisation der Schwefelzusatz mehr als 10% beträgt. Bei 40 bis 50% Schwefelzusatz erhält man den Hartgummi. Die Vernetzung hat jetzt solche Ausmaße angenommen, daß harte, unschmelzbare und unlösliche Produkte entstehen. Ähnliche Vorgänge ergeben sich bei der Härtung ungesättigter Polyesterharze. Dabei ist zu beachten, daß die Vernetzungen räumlich-dreidimensional ausgebildet werden *(Duroplaste)*.

Thermoplaste bestehen aus linearen oder schwach verzweigten Makromolekülen, während Duroplaste ihre Eigenschaften den räumlich eng *vernetzten Makromolekülen* verdanken. Bild 4.8 zeigt als Beispiel einen vielfach vernetzten Phenoplast (Phenol-Formaldehydharz). Vernetzungen in geringerem Maße liefern oftmals Stoffe mit kautschukelastischen Eigenschaften (Elaste).

Viele Plaste besitzen eine amorphe Struktur (Glaszustand, hartelastisch) und sind ohne Füllstoff glasklar. Durch eine günstige Molekülgestalt (möglichst linear und regelmäßig gebaut) und starke zwischenmolekulare Kräfte bilden sich aber kristalline Bereiche heraus (Bild 4.9). Diese Gebiete sind mit Hilfe röntgenografischer Methoden nachweisbar. Teilkristalline Plaste sind milchig getrübt und besitzen bessere mechanische Eigenschaften. Selbstverständlich läßt sich diese Struktur durch thermische oder mechanische Beanspruchung während des Verarbeitungsprozesses oder beim späteren Einsatz weitgehend beeinflussen.

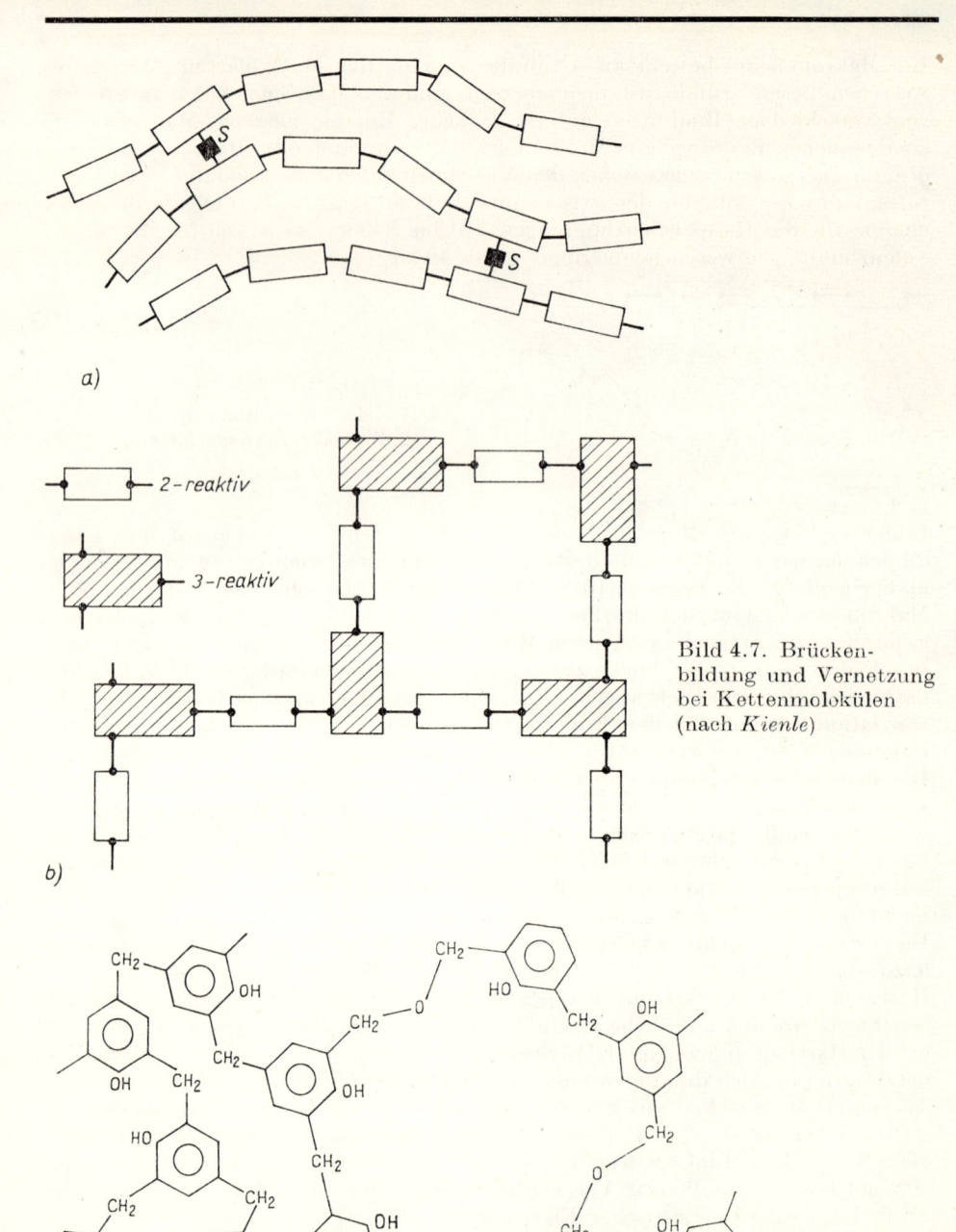

## 4. Plaste

a)

— 2-reaktiv
— 3-reaktiv

b)

Bild 4.7. Brückenbildung und Vernetzung bei Kettenmolekülen (nach *Kienle*)

Bild 4.8. Stark vernetzter Phenoplast (nach *Runge*)

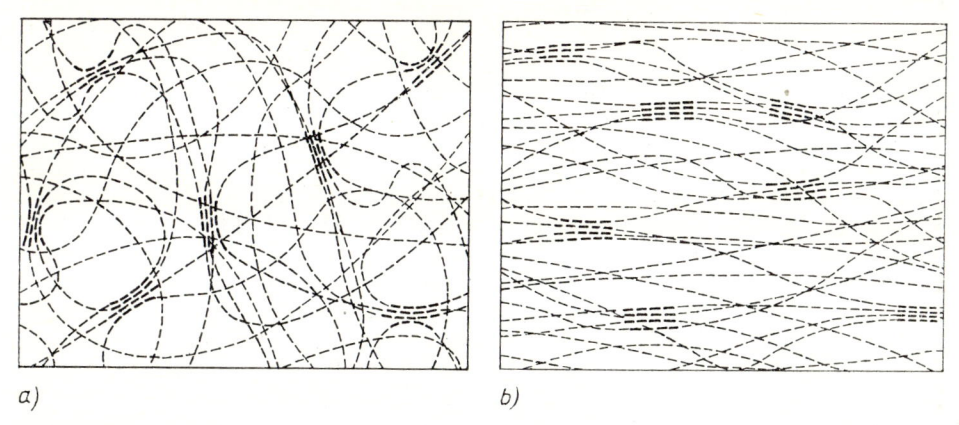

Bild 4.9. Kristalline Bereiche in Fadenmolekülen (nach *Runge*)
a) nicht orientiert
b) orientiert

▶ *Unterscheiden Sie Plaste und Elaste sowie Thermo- und Duroplaste (Tabelle 4.2), und prägen Sie sich den Zusammenhang zwischen Struktur und Verhalten ein. Überlegen Sie, warum die von Ihnen aus Tabelle 4.4 herausgeschriebenen Plaste Polyesterharze, Epoxidharze und Polyurethane einmal als Duroplaste und einmal als Thermoplaste aufgeführt sind! Durch welche Reaktionen werden Epoxidharze hergestellt und verarbeitet?*

■ Ü. 4.7

## 4.3. Bewertungskriterien zur Beurteilung der Plaste

▶ *Im folgenden Abschnitt werden die Merkmale für den technischen Einsatz von Plasten behandelt. Dazu gehören natürlich die Ihnen von der Prüfung der Metalle her bekannten Festigkeitswerte. Allerdings ergeben sich hier durch die Struktur der Plaste Besonderheiten. Auch werden gerade für den Einsatz auf bestimmten Gebieten bei Plasten weniger die Festigkeitseigenschaften als vielmehr die guten chemischen und dielektrischen Eigenschaften zur Bewertung herangezogen.*
*Die Bewertungskriterien müssen sorgfältig beachtet werden. Im Praktikum werden hierzu einige Versuche an Plasten durchgeführt. Informieren Sie sich dabei über die zu beachtenden Bedingungen anhand der entsprechenden TGL-Blätter.*

Um die Eignung eines Werkstoffes für bestimmte Einsatzgebiete beurteilen zu können, verlangt man die Angabe von meßbaren, vergleichbaren Größen verschiedener physikalischer und chemischer Eigenschaften. Dazu kommen Gesichtspunkte, die bei der Herstellung und Verarbeitung zu beachten sind.
So sind z. B. für Metalle die Zugfestigkeit, Streckgrenze und Härte, die chemische Zusammensetzung oder das Korrosionsverhalten gegenüber definierten Lösungen kennzeichnende Eigenschaftswerte. Betrachten wir in einer Zusammenstellung die für die Beurteilung von Plasten notwendigen Eigenschaften und deren Besonderheiten (s. auch Tabelle 4.7).

## 4.3.1. Mechanisches Verhalten

Um die mechanischen Eigenschaften zu kennzeichnen, benutzt man am besten Spannungs-Dehnungs-Diagramme für die Zugbeanspruchung. Im Bild 4.10 sind solche Diagramme für einige Metalle und Plaste gegenübergestellt. Zum Vergleich ist das Diagramm eines Baustahles St 38 eingezeichnet. Bei Stählen können die Bereiche der elastischen und plastischen Deformation meist durch eine ausgeprägte Streck- oder Fließgrenze voneinander unterschieden werden. Für den Einsatz von Werkstoffen bei Konstruktionen ist die Fließgrenze mindestens ebenso wichtig wie die Zugfestigkeit, da bei Beanspruchung ein Fließen nicht zulässig ist.

Bei entsprechenden Diagrammen von Plasten muß man zwischen spröden Plasten (z. B. Phenolharzen) und elastischen Werkstoffen (z. B. Kautschuk) unterscheiden (s. Bild 4.11). Zeigen spröde Plaste eine Zerreißkurve, die wir etwa mit einem spröden Metall (Gußeisen) vergleichen können, und bieten sie damit die Möglichkeit, den Anstieg der *Hooke*schen Geraden (*E*-Modul) zu ermitteln, so kann die

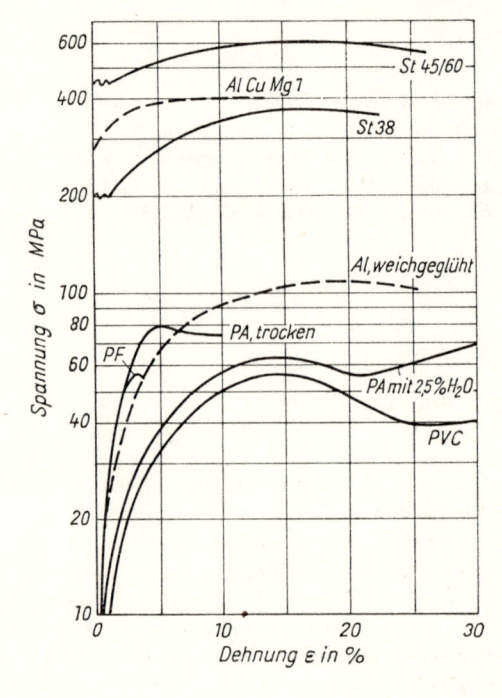

Bild 4.10. Spannungs-Dehnungs-Diagramme verschiedener Werkstoffe

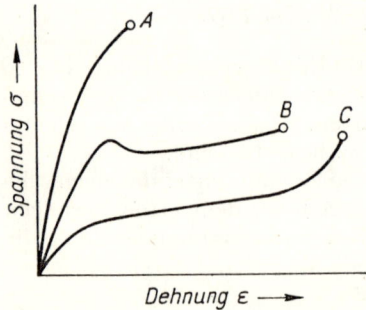

Bild 4.11. Schematische Spannungs-Dehnungs-Diagramme unterschiedlicher Plaste
*A* Duroplast
*B* Thermoplast
*C* Kautschuk

Zerreißkurve elastischer Werkstoffe einen ganz anderen Verlauf nehmen. Hier allerdings wäre die Angabe des $E$-Moduls fragwürdig. Zwischen beiden Möglichkeiten liegen Plaste, die zunächst einen Kurvenverlauf wie spröde Plaste zeigen. Bei bestimmter Belastung werden die sekundären Bindungen jedoch so beansprucht, daß sie nachgeben und die Formänderung danach bei fast unveränderter Belastung stattfinden kann. Daher lassen sich auch hier ein elastischer und plastischer Bereich in der Zerreißkurve unterscheiden.

**Da Plaste meist amorphe Stoffe sind, sind die Beziehungen zwischen Belastung, Formänderung und Zeitdauer sowie der Temperatur weitaus komplizierter als bei den Metallen.**

Bei Belastung verformt sich Plast zunächst rein elastisch. Obwohl die Belastung konstant bleibt, erfolgt eine weitere Verformung ($B-C$ im Bild 4.12). Bei Entlastung folgt einer spontanen elastischen Rückfederung ($C-D$) eine elastische Nachwirkung während einer bestimmten Zeitdauer ($t_2$ bis $t_3$). Durch Temperaturerhöhung ($t_3$ bis $t_4$) kann es zu einer Thermorückfederung kommen, die die Probe weiterhin entformt. Im Bild 4.12 gibt die Strecke $F-G$ den Anteil der bleibenden (plastischen) Verformung an.

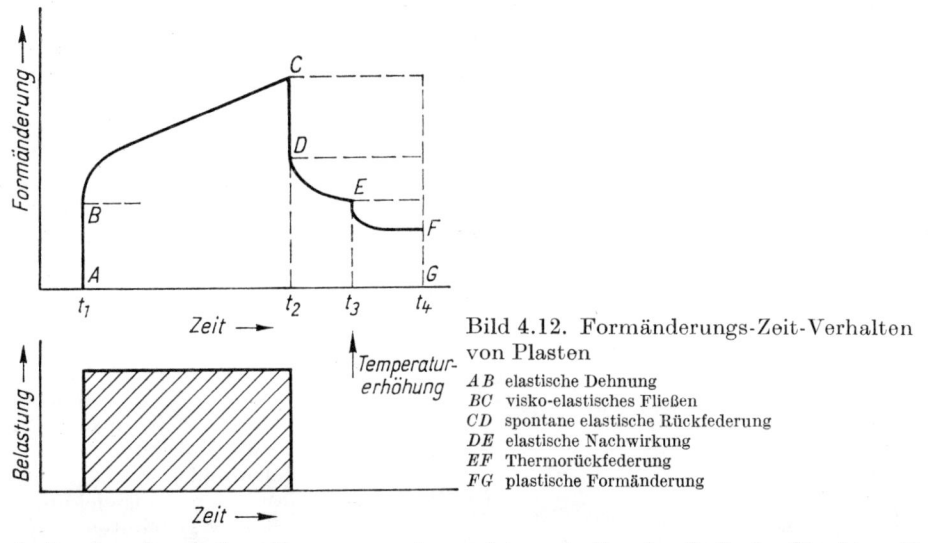

Bild 4.12. Formänderungs-Zeit-Verhalten von Plasten

$AB$ elastische Dehnung
$BC$ visko-elastisches Fließen
$CD$ spontane elastische Rückfederung
$DE$ elastische Nachwirkung
$EF$ Thermorückfederung
$FG$ plastische Formänderung

Außer der chemischen Zusammensetzung ist auch die physikalische Struktur für das mechanische Verhalten ausschlaggebend. Die bei diesen Werkstoffen auftretende und zum größten Teil von den Verarbeitungsbedingungen abhängige Orientierung der Makromoleküle führt bei den äußerlich homogen erscheinenden Körpern zu einer Anisotropie der Festigkeitseigenschaften (Bild 4.13). Daß kettenförmige Makromoleküle gegenüber kugeligen Teilchen dem Werkstoff eine größere Festigkeit verleihen, läßt sich nach Bild 4.14 leicht verstehen. Sind diese Kettenmoleküle vernetzt, verbessern sich ebenfalls die Festigkeit und das elastische Rückfederungsverhalten gegenüber schwach vernetzten Molekülen. Gelingt es beispielsweise bei Fasern oder Folien, die Moleküle durch Verstrecken zu orientieren und zu dehnen, so ergibt sich eine weitere Steigerung der Festigkeitseigenschaften (Bild 4.15 und Tabelle 4.5). Die wesentliche Beeinflussung der Festigkeitseigenschaften durch Füllstoffe werden wir im Abschnitt 4.5.2. besprechen.

# 4. Plaste

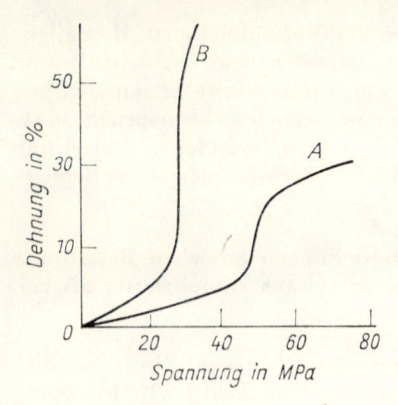

Bild 4.13. Anisotropie der Festigkeitseigenschaften von orientiertem Zellophan
A Versuchsstab ∥ Orientierungsrichtung
B Versuchsstab ⊥ Orientierungsrichtung

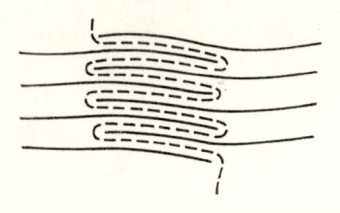

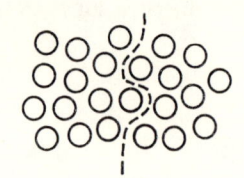

Bild 4.14. Kohäsionsfläche bei Kettenmolekülen und kugeligen Teilchen

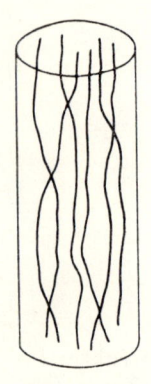

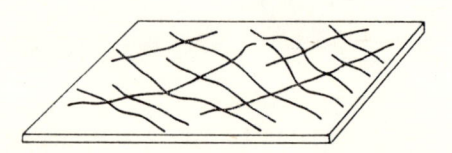

Bild 4.15. Ausrichtung linearer Molekülketten in Fäden und Filmen, Gestalt eines ungedehnten und eines gedehnten Fadenmoleküls

Tabelle 4.5. Einfluß der Orientierung der Moleküle auf die Zerreißfestigkeit (nach *Houwink*)

|  | Normalgedehnt | Hochgedehnt |
|---|---|---|
| Viskoseseide | 245 MPa | 790 MPa |
| Kupferseide | 240 MPa | 670 MPa |
| Acetatseide | 160 MPa | 520 MPa |

Die mechanischen Eigenschaften werden durch die Ermittlung folgender Größen bestimmt:

| | |
|---|---|
| Zugfestigkeit (in MPa) | |
| Dehnung (in %) | nach TGL 14070 |
| Elastizitätsmodul (in GPa) | |
| Druckfestigkeit (in MPa) | nach TGL 14069 |
| Biegefestigkeit (in MPa) | nach TGL 14067 |
| Schlagzähigkeit (in J) | nach TGL 14068 |
| Kerbschlagzähigkeit (in J) | |
| Kugeldruckhärte (in MPa) | nach TGL 20924. |

## 4.3.2. Thermisches Verhalten

Die Eigenschaften der Plaste werden sehr stark durch die Temperatur beeinflußt. Ihre Wärmebeständigkeit ist durch die organischen Bestandteile begrenzt und läßt sich durch Zusätze von anorganischen Stoffen nur in beschränktem Maß beeinflussen. Durch die Struktur ist die Wärmebeständigkeit ebenfalls bestimmt (vgl. Sie Duroplast — Thermoplast). Thermoplaste verformen sich schon bei Temperaturen oberhalb 80 °C, wodurch andererseits ihre Formgebung günstig beeinflußt wird.
Neben der Formbeständigkeit (bei Thermoplasten bis etwa 80 °C, bei Duroplasten bis etwa 140 °C) wird ihr Verhalten gegenüber Entflammbarkeit (Glutfestigkeit) geprüft.
Die Wärmeausdehnung von Plasten ist mehrfach größer als die von Metallen. Diese Tatsache muß besonders bei Werkstoffkombinationen (Auskleiden von Metallgefäßen mit Plasten, Einbetten von Metallteilen in Plaste und plastbeschichtete Metallteile) beachtet werden (Tabelle 4.6).

Tabelle 4.6. Wärmedehnzahl und Wärmeleitfähigkeit

| | Wärmedehnzahl in $10^{-6} \cdot K^{-1}$ | Wärmeleitfähigkeit in $W (m K)^{-1}$ |
|---|---|---|
| Kupfer | 16,2 | 400 |
| Aluminium | 23,9 | 220 |
| Eisen | 11,7 | 76 |
| Thermoplaste | $\approx 100$ | $\approx 0,2$ |
| Duroplaste | $\approx 50$ | $\approx 0,2$ |

Plaste sind durchweg schlechte Wärmeleiter. Das ermöglicht ihren Einsatz für Isolierzwecke (Schaumstoffe). Es ist aber beobachtet worden, daß diese Eigenschaft bei Dauerbeanspruchung (Schwingungsfestigkeit) zu einer Erwärmung der Bauteile und damit zu einer Schädigung der mechanischen Eigenschaften führen kann.
Gegenüber Metallen zeigen Plaste keinen definierten Schmelzpunkt. Teilkristalline Plaste weisen einen Schmelzbereich auf, der durch den Kristallitschmelzpunkt charakterisiert wird.
Thermoplaste werden oberhalb des Einfrierbereiches thermoelastisch, d. h., sie werden weicher. Oberhalb des Fließbereiches werden sie plastisch (flüssig). Beim Erstarren ist kein Erstarrungspunkt vorhanden. Das Festwerden der Plaste bezeichnet man als Einfrieren. Der Einfrierbereich ist unterschiedlich, er beträgt beispielsweise für

| | |
|---|---|
| Polyethylen | −70 bis −100 °C |
| Polypropylen | −32 °C |
| Polystyrol | +100 °C |
| Polyvinylchlorid | +65 bis +100 °C |
| Polymethakrylat | +8 °C. |

In diesem Zusammenhang können Plaste spröde und schlagempfindlich werden. Um das zu verhindern, werden Weichmacher zugesetzt, die den Makromolekülen auch bei tieferen Temperaturen große Beweglichkeit und damit große Elastizität verleihen.

Hochpolymere sind hitzeempfindlich. Thermoplaste können sich nach dem Erweichen zersetzen, wenn sie auf zu hohe Temperaturen erwärmt werden. Duroplaste zersetzen sich ohne vorheriges Erweichen. Dies ist beim Umformen oder Verbinden von Plasten zu berücksichtigen (Bild 4.16).

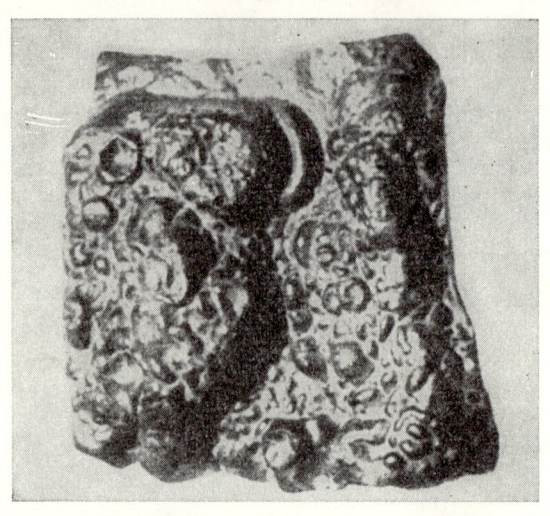

Bild 4.16. Stark verbranntes Tafelmaterial aus PVC (*Schrader*)

Durch Prüfmethoden werden hauptsächlich folgende Kennwerte für thermische Eigenschaften bestimmt:

spezifische Wärmekapazität (in $J\ kg^{-1}\ K^{-1}$)
Wärmedehnzahl (in $10^{-6}\ K^{-1}$)
Wärmeleitfähigkeit (in $W\ m^{-1}\ K^{-1}$)
Formbeständigkeit (nach *Martens* oder *Vicat* in °C)   nach TGL 14071
Glutfestigkeit   nach TGL 20960
Fließtemperatur
Einfriertemperatur
Kältefestigkeit.

▶ *Lösen Sie jetzt die Übungen 4.8 bis 4.11!*

### 4.3.3. Elektrische und dielektrische Eigenschaften

Die Entwicklung mancher Plaste wurde durch den Bedarf der Elektrotechnik angeregt, da ihre elektrischen Eigenschaften vom Beginn ihres Einsatzes an im Mittelpunkt standen.

Plaste gehören zu den wichtigsten Isolationswerkstoffen. Der spezifische Widerstand liegt in der Größenordnung von etwa $10^{10}$ bis $10^{13}$ $\Omega$m. Die hierbei interessierende Durchschlagfestigkeit beträgt 10 bis 100 kV mm$^{-1}$.
Die Dielektrizitätskonstante ist ein Faktor, der angibt, um wieviel die Kapazität eines Luftkondensators vergrößert wird, wenn man in ihm die Luft durch einen Isolierstoff ersetzt. Daher ist diese Angabe wichtig zur Kennzeichnung der elektrischen Eigenschaften. Die dielektrische Konstante $\varepsilon$ und die im Wechselfeld durch Verluste auftretende Phasenverschiebung $\delta$ sind frequenzabhängig. Deshalb werden beide Größen für bestimmte Frequenzen, hier 800 Hz, angegeben.

Elektrische Meßwerte sind:

| | |
|---|---|
| Oberflächenwiderstand als Vergleichszahl | |
| spezifischer Widerstand (in $\Omega$m) | nach TGL 15347 |
| Dielektrizitätskonstante | |
| Verlustfaktor (tan $\delta$) | nach TGL 200-0006 |
| Durchschlagfestigkeit (in kV cm$^{-1}$) | nach TGL 200-0009 |
| Kriechstromfestigkeit | nach TGL 200-0018. |

### 4.3.4. Chemische Eigenschaften

Für die chemische Industrie sind Plaste von ganz besonderer Bedeutung wegen ihres Widerstandes gegen chemisch wirksame Stoffe. Nicht nur zur Auskleidung von Behältern, sondern auch als Konstruktionswerkstoffe (Rohrleitungen, Profile, Hähne usw.) werden sie eingesetzt. Ihre chemische Widerstandsfähigkeit ist im allgemeinen recht groß, wenn auch die einzelnen Plaste sehr unterschiedlich reagieren. Für die Beurteilung der Widerstandsfähigkeit sind umfangreiche Versuche angestellt worden, und es muß daher auf die einschlägige Literatur verwiesen werden, in der sich entsprechende Beständigkeitstabellen finden.
Für den Einsatz und die Verarbeitung von Plasten ist es wichtig zu beachten, daß sie sich in bestimmten Reagenzien lösen können (in Einzelfällen quellen sie), gegen

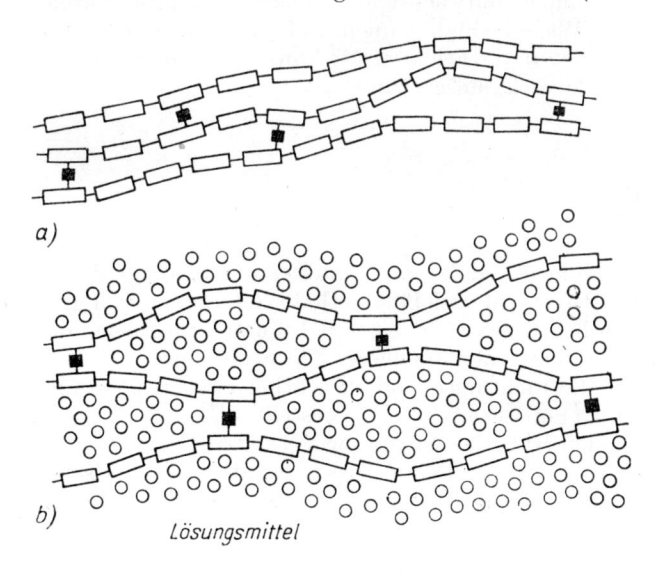

Bild 4.17. Quellvorgang bei vernetzten Plasten
*a)* ungequollen
*b)* gequollen

andere jedoch beständig sind. Wenn man die Quellbarkeit als begrenzte Löslichkeit bezeichnet, ist der Zusammenhang zwischen beiden Erscheinungen erkennbar. Gelingt es, durch das Lösungsmittel beispielsweise die Nebenvalenzbindungen eines Plastes zu spalten, so kann eine Auflösung stattfinden; andernfalls kommt es lediglich zum Quellen, wie Bild 4.17 zeigt. Bei der Herstellung von Lacken und Überzugsmitteln sind Löslichkeit und Quellbarkeit erwünscht, da nach der Verarbeitung das Lösungsmittel verdunstet und ein zunächst noch gequollener Film zurückbleibt, der durch weiteres Ausscheiden des Lösungsmittels die angestrichenen oder getauchten Gegenstände elastisch umspannt. Die durch das Quellen gedehnten Kettenmoleküle (Bild 4.18) nehmen später ihre ursprüngliche Form wieder ein.

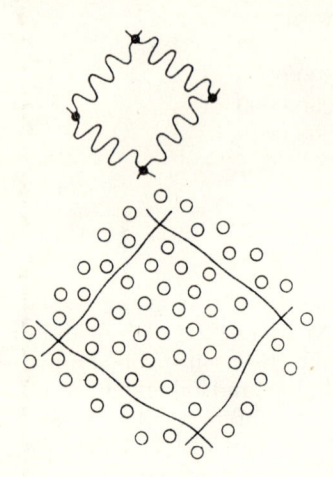

Bild 4.18
Kettenmolekül
*oben*: vor dem Quellen
*unten:* nach dem Quellen

Nicht alle Plaste quellen oder sind lösbar. Spielt einerseits die Moleküllänge dabei eine wichtige Rolle, so können andererseits stark vernetzte Plaste (z. B. Phenoplaste) kein Lösungsmittel aufnehmen und damit auch nicht beeinflußt werden. Manche Plaste sind in der Lage, Wasser aufzunehmen, z. B. Polyamid (PA). Dadurch werden Durchschlagfestigkeit und Dielektrizitätskonstante negativ beeinflußt. Sie sind für elektrische Zwecke nicht einsetzbar.

### 4.3.5. Optische Eigenschaften

Plaste sind abhängig von ihrer Struktur und den Zusatzstoffen durchsichtig, durchscheinend oder undurchsichtig, Polystyrol und Polymethakrylate lassen sich glasklar herstellen. Die Brechzahlen liegen zwischen 1,4 und 1,6 und ermöglichen den Einsatz für viele optische Zwecke. So werden in neuerer Zeit Stufenlinsen (*Fresnel*-Linsen) recht geringer Dicke für Betrachtungs- und Projektionszwecke, aber auch optische Linsen in Massenfertigung günstig aus Plast hergestellt.
Der Einsatz von Plasten zur Modellierung des Spannungsverhaltens von Bauteilen mit Hilfe der Spannungsoptik ist bekannt. Des weiteren gestatten die optischen Eigenschaften die Strukturforschung mittels Röntgenstrahlen oder mit Hilfe des Lichtmikroskops (Plastografie).

Die Werte für die wichtigsten Eigenschaften wurden in Tabelle 4.7 zusammengestellt. Dabei ist zu berücksichtigen, daß die Herstellungsverfahren einen großen Einfluß haben und daher nur Durchschnittswerte bzw. ungefähre Werte angegeben werden. Dazu kommt, daß die Angaben der einzelnen Quellen untereinander stark abweichen. Im Zweifelsfalle wende man sich an den Hersteller, der die geeigneten Werte für Einsatzzwecke nennt oder entsprechende Austauschlösungen vorschlagen kann. In den folgenden Abschnitten wird die Beeinflussung der Eigenschaften durch Herstellungsverfahren, Zusatzstoffe und Behandlung besprochen.

▶ *Beachten Sie, daß es üblich ist, für Plaste Abkürzungen zu benutzen (TGL 21733 Plastverarbeitung: Kurzzeichen für Plaste)! Im Abschnitt 4.2. und in Tabelle 4.7 sind sie zusammengefaßt. Prägen Sie sich diese Kurzzeichen ein, da sie im folgenden Text oftmals verwendet werden!*

## 4.4. Verarbeitung von Plasten

▶ *In diesem Abschnitt werden die wichtigsten Verarbeitungsverfahren der Plaste behandelt. Die Plastverarbeitung kann einesteils direkt zum Fertigerzeugnis oder zum Halbzeug führen, andererseits fällt aber auch unter diesen Begriff die Weiterverarbeitung der Halbzeuge oder mancher Fertigteile durch Umformen, Fügen, Beschichten oder Trennen.*

### 4.4.1. Allgemeines

Bei der Verarbeitung von Plasten müssen wir unterscheiden zwischen der Verfahrenstechnik, mit der z. B. Plaste oder entsprechende Zwischenprodukte von der chemischen Industrie hergestellt werden, und der Fertigungstechnik, deren Ergebnis die endgültige geometrische Gestalt des Werkstückes ist.

▶ *Erinnern Sie sich, daß sich beispielsweise die Polykondensation auf beliebigen Stufen des Herstellungsprozesses abfangen läßt (Abschnitt 4.2.2.) und diese Zwischenprodukte weiterverarbeitet werden können! Bei Polymerisationsprodukten werden oftmals Monomere als Zwischenprodukte geliefert, und die Polymerisation erfolgt beim Fertigungsprozeß. Es ist aber auch möglich, Thermoplaste als Halbzeuge im plastischen Bereich durch entsprechende Verfahren umzuformen.*

Genau wie bei der Metallverarbeitung teilen wir auch bei der Plastverarbeitung die Verfahren in fünf Gruppen ein: Urformen, Umformen, Trennen, Fügen, Veredeln.
Durch diese Verfahren erhält der Gebrauchsgegenstand (Formteil oder Halbzeug) seine festgelegten geometrischen Abmessungen.
Plaste können als Ausgangsstoffe für die Fertigungsverfahren in verschiedenen Formen und Aggregatzuständen anfallen, die wir von metallischen Werkstoffen wenig oder gar nicht kennen. So verwenden wir sie im zäh- oder leichtflüssigen Zustand, sie können als Pasten angeliefert oder in Form von Pulvern, Tabletten, Granulaten oder Schnitzeln eingesetzt werden.

## 4. Plaste

Tabelle 4.7. Die wichtigsten Eigenschaften der Plaste

| Kurz-zeichen | Bezeichnung | Beispiel für Handels-namen | Mechanische Eigenschaften | | | | | | | |
|---|---|---|---|---|---|---|---|---|---|---|
| | | | Dichte | Zug-festig-keit | Druck-festig-keit | Biege-festig-keit | $E$-Modul | Kugel-druck-härte | Schlag-zähig-keit | Kerb-schlag-zähig. |
| | | | in g cm$^{-3}$ | in MPa | in MPa | in MPa | in GPa | in MPa | in J | in J |
| *Umgewandelte Naturstoffe* | | | | | | | | | | |
| Vf | Vulkanfiber | | 1,4 | 60···100 | 300 | ≈ 160 | 4···8 | 100 | 12,6 | 3,4··· |
| CA | Celluloseacetat | Prenaphan Reilit | 1,3 | 22···50 | 55 | ≈ 60 | 1···1,5 | 60 | 6,2···7,7 | >0,7 |
| CN | Cellulosenitrat | Zelluloid | 1,4 | 60···70 | 64 | 60 | 2,5 | 60 | 7···14 | 1,4··· |
| *Polymerisate* | | | | | | | | | | |
| PE | Polyethylen Niederdruck- Hochdruck- | Gölzathen Mirathen | 0,94 0,92 | 22···34 9···14 | 36 $^1$) | $^1$) $^1$) | 0,5···1 0,2···0,3 | 40 12 | 10 $^2$) | |
| PS | Polystyrol | Polystyrol | 1,05 | 35···70 | 45···120 | 70···130 | 1,8···3,4 | 110 | 1,8 | 0,2 |
| PVC | Polyvinylchlorid | Ekadur Decelith | 1,40 | 45···60 | 80 | 120 | 3,5 | | 9,1 | 0,16 |
| PMMA | Polymethakrylat | Piacryl | 1,18 | 75···100 | 100···130 | 110···170 | 3,0···4,5 | 200 | 1,4 | 0,13 |
| PTFE | Polytetrafluor-ethylen PS Misch-polymerisat | Heideflon Ekafluvin | 2,2 1,05 | 10···50 50···75 | 70···100 | 18···20 18 | 0,3···0,4 0,15···0,25 | 100 | 0,6 10,5···14 | 3···6 |
| *Polykondensate* | | | | | | | | | | |
| US, MF | Aminoplast | Meladur Didi | 1,5 | 25 | 200 | >80 | 5,5···10 | 170 | 0,54···0,7 | >0,0 |
| PF | Phenoplast + Holzmehl + Papierschn. | Plastadur | ≈ 1,4 ≈ 1,4 | >25 >25 | >200 >140 | >70 >80 | 5,5···8,0 4,0···8,0 | 130 130 | 0,42 0,42 | >0,1 >0,4 |
| PA | Polyamid | Miramid | 1,13 | 40···80 | $^1$) | 20···100 | 0,3···1,6 | | $^2$) | |
| UP | ungesättigter Polyester | Polyester G | 1,30 | 45···80 | | 70···120 | ≈2,4 | | 1,0 | |
| *Polyaddukte* | | | | | | | | | | |
| PUR | Polyurethan | Utagen | 1,21 | 44···60 | 30···90 | 20···65 | 0,3···0,8 | | $^2$) | 0,27 |
| EP | Epoxidharz | Epilox | 1,20 | 55···80 | 120···200 | 90···150 | 3,0···4,0 | | 0,8···1,2 | 0,27 |
| | Silicone | Glasil | 1,4 | 90 | | 65 | | | 3,1 | 1,7 |

$^1$) nicht bestimmbar  
$^2$) bricht nicht  
+ gut  
○ mittel  
− unbeständig  
$DK$ Dielektrizitätskonstante für 800 Hz  
Freigelassene Spalten: Wert war nicht zu ermitteln

## Verarbeitung von Plasten 4.4.

| rmische Eigenschaften | | | | Elektrische Eigenschaften | | | Chemische Eigenschaften | | | |
|---|---|---|---|---|---|---|---|---|---|---|
| rme-nzahl | Wärmeleit-fähigkeit | Form-beständig-keit nach *Martens* | Brenn-barkeit | Durch-schlag-festigkeit | DK | tan $\delta$ | Beständigkeit gegen | | | |
| | | | | | | | Säure | | Alkali | |
| $10^{-6} \cdot K^{-1}$ | in W (m K)$^{-1}$ | in °C | | in kV mm$^{-1}$ | | | schwach | stark | schwach | stark |
| | 0,26 | 100···120 | gering | 1···3 | 4 | | ○ | – | ○ | – |
| ···130 | 0,18···0,22 | 45 | schwer entflammbar | 20···30 | 6···7 | <0,1 | – | – | – | – |
| | 0,2 | 58 | leicht bis feuergefährlich | 14 | ≈ 7 | | + | | | |
| ···200 | 0,37 | | brennt | 48 | 2,3 | $<3 \cdot 10^{-4}$ | + | + | + | + |
| | 0,30 | 104 | brennt | 60 | 2,3 | $<7 \cdot 10^{-4}$ | | | | |
| | 0,15 | 72···80 | brennbar | 60 | 2,44 | $<3 \cdot 10^{-4}$ | + | + | + | + |
| | 0,13 | ≈ 70 | erlischt | 35 | 8 | 0,03 | + | + | + | + |
| | 0,16 | 80 | brennt | 35 | 3,4 | 0,06 | + | | + | – |
| ·150 | 0,2 | | unbrennbar | >50 | | | | | | |
| | 0,14 | 65 | brennbar | 25 | 3,2 | | + | + | + | + |
| ·50 | 0,31 | 120 | sehr gering | 17 | 7 | <0,1 | + | – | ○ | – |
| ·50 | 0,27 | >125 | gering | 15···20 | 9 | <0,1 | + | ○ | ○ | – |
| ·30 | 0,25 | >125 | gering | 15···20 | 9 | <0,1 | + | ○ | ○ | – |
| | 0,21···0,29 | 65 | brennbar | 24 | 4,7 | | + | | | |
| | | | brennbar | 23 | | | | | | |
| | 0,24···0,27 | 46 | brennt | 25 | 3···5 | 0,03 | | | | |
| 96 | 0,17···0,19 | 50···120 | brennbar | 15···63 | 5···7 | 0,01 | | | | |
| | | >180 | | | | | | | | |

Vor der Verarbeitung werden Thermoplaste oft mit Farben, Stabilisatoren, Gleitmitteln, Weichmachern o. a. versehen. In Mischern und Knetern werden die zugesetzten Komponenten gleichmäßig verteilt. Preßmassen für Duroplaste bestehen zum großen Teil aus organischen oder anorganischen Zusatzstoffen, die mit dem Harz gemischt oder getränkt werden. Auch bei Thermoplasten werden zur Erhöhung der Festigkeit oftmals solche Stoffe eingearbeitet.

▶ *Während eine ganze Reihe von Verfahren mit der Bearbeitung von Metallen zu vergleichen sind, gibt es doch gerade auf dem Gebiet des Urformens abweichende Verfahren. Beachten Sie in den nächsten Abschnitten, wie sich die Eigenschaften der Werkstoffe durch die Verarbeitungsverfahren beeinflussen lassen!*

### 4.4.2. Urformen

Zur Verfahrensgruppe des Urformens rechnen wir bei der Plastverarbeitung Gießen, Tauchen, Pressen, Spritzgießen, Extrudieren, Blas- oder Vakuumformen und Schäumen.

Gießen ist ein relativ billiges Fertigungsverfahren, das keine speziellen Verarbeitungsmaschinen erfordert. Es kann vor allem für die Herstellung geringer Stückzahlen vorteilhaft eingesetzt werden. Verwendet werden härtbare Harze (PF, EP, PE), gelierbare Pasten (PVC-weich) und polymerisierbare Monomere. Während härtbare Harze in der Form aushärten, liefert das Gießen von Monomeren durch Polymerisation Erzeugnisse, die entweder direkt eingesetzt oder noch weiterverarbeitet werden können. Durch Foliengießen (CA) werden Folien großer Homogenität für Filmunterlagen hergestellt.

Einseitig offene Hohlkörper werden durch Tauchen entsprechender Modelle in Pasten, Dispersionen oder Lösungen hergestellt. Durch anschließendes Erwärmen wird der Plast geliert oder getrocknet. Nach dem Abkühlen des Überzuges wird dieser vom Werkzeug abgestreift (Bild 4.19).

Die klassische Verarbeitung der Duroplaste erfolgt durch Pressen. Beim Formpressen werden die Preßmassen in einem entsprechend gestalteten Werkzeug unter Anwendung von Druck und Wärme ausgehärtet (Bild 4.20). Wird die Preßmasse in einem besonderen Raum durch Wärme plastifiziert und dann unter Druck in das geschlossene Werkzeug gepreßt, so bezeichnet man das Verfahren als Spritzpressen. Dazu werden meist Kolbenpressen benutzt.

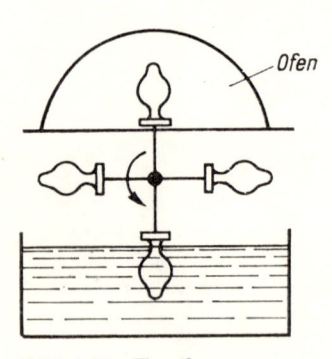

Bild 4.19. Tauchen

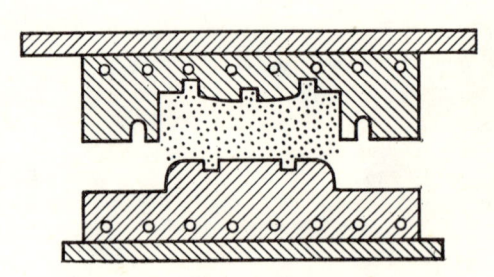

Bild 4.20. Formpressen

*Verarbeitung von Plasten* **4.4.** 133

Tränkt man Trägermaterialien, wie etwa Papier- oder Gewebebahnen oder Holzfurniere, mit Harzen und härtet sie nach entsprechender Schichtung unter Druck und Wärme aus (Schichtpressen), erhält man die Schichtpreßstoffe.
Durch Kolbenpressen können ebenfalls granulierte Thermoplaste in einem Heizzylinder plastiziert und dann unter Druck in einen Werkzeughohlraum gespritzt werden, in dem die Formmasse abkühlt und zum Fertigteil erstarrt. Durch Vielfachwerkzeuge können besonders bei Kleinteilen große Stückzahlen wirtschaftlich hergestellt werden (Bild 4.21). Diesen Vorgang bezeichnet man als Spritzgießen.
Im Gegensatz zum Spritzpressen (Verarbeitung von Duroplasten, Aushärten durch Kondensation) verarbeitet man mittels Spritzgießens vorwiegend Thermoplaste, bei denen die Fixierung der Form durch Abkühlen bewirkt wird.

▶ *Erläutern Sie die Arbeitsweise der Kolbenpresse am Bild 4.21, und vergleichen Sie mit der Arbeitsweise des Extruders (Bild 4.22)! Welche Plastgruppen eignen sich für die Verarbeitung im kontinuierlichen bzw. im diskontinuierlichen Betrieb?*

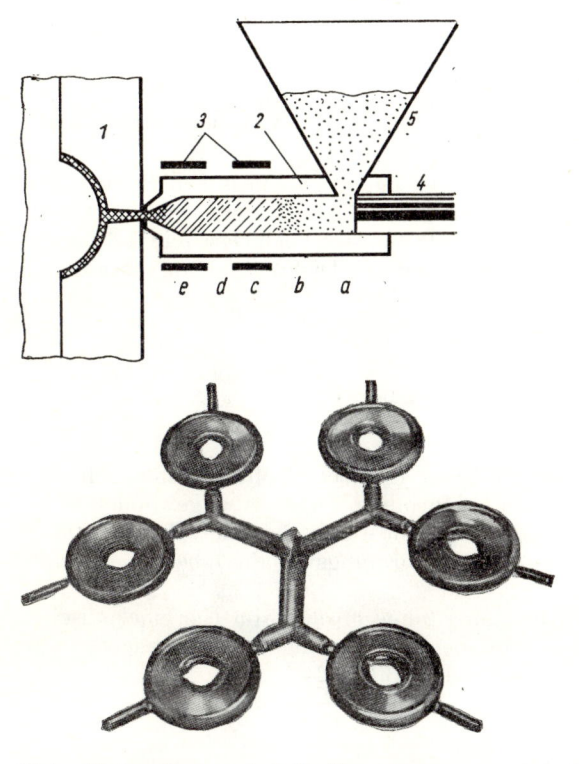

Bild 4.21. Spritzgießen von Thermoplasten

1 Werkzeug
2 beheizter Zylinder
3 Heizung
4 Kolben
5 Einfülltrichter
a   lockeres Pulver
b   verdichtetes Pulver
c, d thermoelastischer Zustand
e   plastischer Zustand
f   Arbeitsbeispiel

Beim Extrudieren wird die Formmasse aus einer Druckkammer durch ein profiliertes Werkzeug ins Freie gepreßt. Gegenüber der Kolbenpresse ist der Extruder (Bild 4.22) heute zum wichtigsten Maschinentyp der Plastverarbeitung geworden.
Durch Drehung der Schnecke durchläuft die Formmasse verschiedene Zonen, in denen der Aggregatzustand verändert und der Formstoff gut gemischt und geknetet wird. Typische Erzeugnisse sind Profile, Schläuche, Rohre.
Durch Blas- oder Vakuumformen werden geschlossene oder offene Hohlkörper aus Vorformlingen hergestellt, indem das plastische Material durch Druckluft oder den äußeren Luftdruck gegen das Werkzeug gepreßt wird (Bild 4.23).

Bild 4.22 Extruder

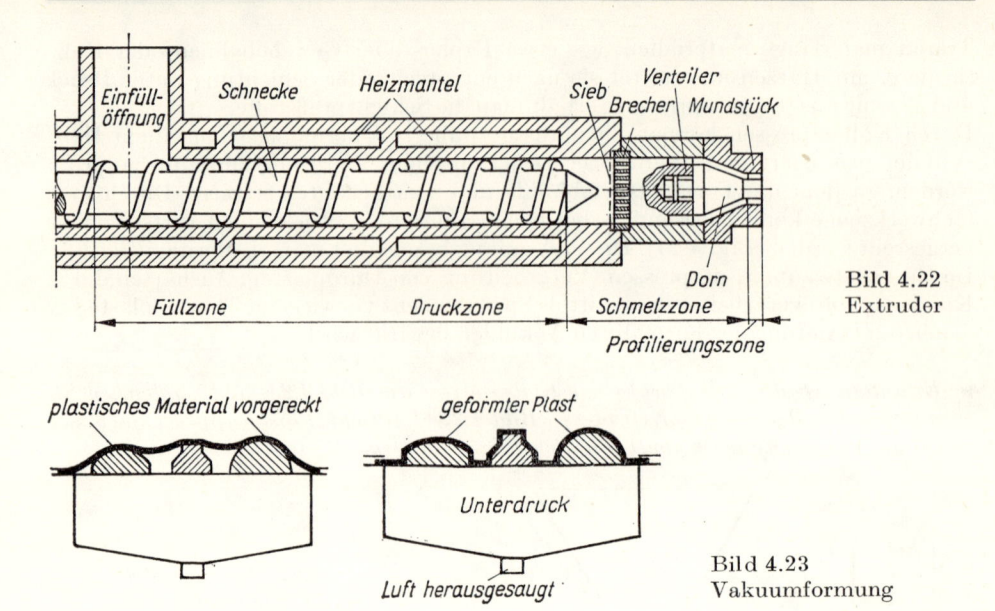

Bild 4.23 Vakuumformung

Durch Schäumen werden Formteile oder Halbzeuge in geschlossenen Formen hergestellt. Hierbei bilden die Vorpolymere selbst oder diesen zugesetzte Substanzen Gase. Im noch flüssigen Zustand des Plastes lassen sich auch Gase feinverteilt einblasen. Schaumstoffe zeichnen sich durch niedrige Dichte und ausgezeichnetes Isolier- und Dämmvermögen aus.

### 4.4.3. Umformen

Plaste werden vom Erzeuger oft als Halbzeug (Platten, Rohre, Profile) geliefert. Zur Fertigung der Endprodukte werden Umformungsverfahren angewendet. Während die Verarbeitung von Duroplasten meist nur durch spanende Formung möglich ist, steht eine relativ große Anzahl von Umformungsverfahren bei den Thermoplasten zur Verfügung.
Dabei werden Verfahren der freien Formung (ohne Formen) im thermoelastischen Zustand (z. B. Biegen und Ziehen) von der Umformung in Werkzeugen (z. B. Streckformen oder Formstanzen) unterschieden (Bild 4.24).

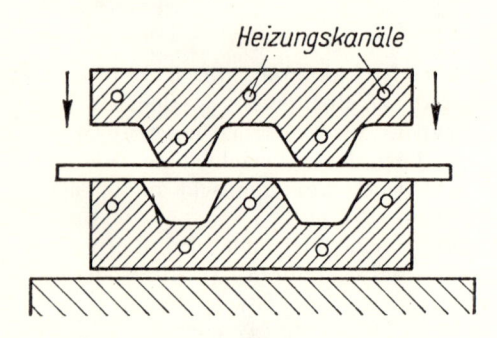

Bild 4.24. Formstanzen

## 4.4.4. Trennen

Die spanenden Verfahren der Formung sind bis auf veränderte Schneidengeometrie mit den Verfahren der Metallbearbeitung identisch.

## 4.4.5. Fügen

Durch Fügen können unlösbare und lösbare Verbindungen hergestellt werden. Unlösbare Verbindungen von Werkstücken aus Plasten lassen sich durch Kleben oder Schweißen erreichen. Während entsprechende Kleber eine Verbindung bei Raumtemperatur ermöglichen, benutzt man beim Schweißen höhere Temperaturen, die durch Heißluft, Heizelemente, Hochfrequenz oder Ultraschall erzeugt werden. Ein Beispiel für Technologie einer Schweißverbindung zeigt Bild 4.25, den Aufbau einer Schweißnaht Bild 4.26.
Durch die Verwendung von Klebern lassen sich Plaste untereinander, aber auch Metallteile sowie Plast und Metall miteinander verbinden. Hierbei unterscheidet man Einkomponentenkleber, bei denen während des Trockenvorganges ein Lösungsmittel entweicht, und Zweikomponentenkleber, bei denen kurz vor der Verarbeitung die Ausgangssubstanz mit dem Härter und eventuellen Zusätzen gemischt wird. Einer der bekanntesten Kleber ist Epoxidharz, das auch zum Ausbessern von Gußstücken verwendet werden kann. Die Härter üben Reizwirkungen auf Haut und Schleimhäute aus, daher sind bei der Verarbeitung die Arbeitsschutzbestimmungen zu beachten.
Für lösbare Verbindungen ist es möglich, Plastteile durch geeignete Gewinde (Rundgewinde nach TGL 0-168) zu verbinden (Bild 4.27). Einsatz von Metallschrauben mit Spitzgewinde, Holzschrauben oder oft bei benutzten oder besonders beanspruchten Verbindungen das Einpressen von Gewindebuchsen aus Metall werden ebenfalls angewendet.

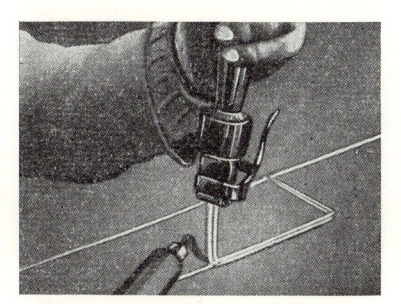

Bild 4.25. Heißgasschweißen von Polymethakrylat *(Schrader)*

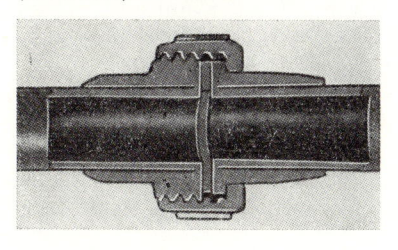

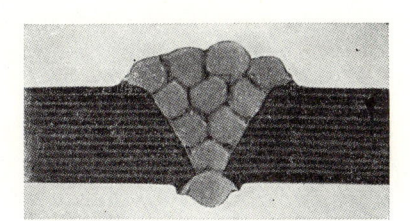

Bild 4.26. Aufbau einer PVC-hart-Schweißverbindung *(Schrader)*

Bild 4.27. PVC-hart-Rohrverschraubung

### 4.4.6. Veredeln

Zur Verfahrensgruppe Veredeln gehören Polieren, Bedrucken, Lackieren, Metallisieren. Nachbehandlungen, wie Tempern, Bestrahlen und Recken, und auch die Steuerung der inneren Struktur bereits beim Urformen und Umformen zählt man dazu. Hier sollen nur die kupferkaschierten Leiterplatten für gedruckte Schaltungen genannt werden.

Für das eingehende Studium der Verarbeitungsverfahren sei auf die Spezialliteratur verwiesen (Literaturverzeichnis), da bei den Gruppen der Plaste die Kenntnis der besonderen Verarbeitungsbedingungen von entscheidendem Einfluß auf die Haltbarkeit der hergestellten Gegenstände ist.

■ Ü. 4.12

### 4.5. Anwendung von Plasten

Aufbauend auf den bis jetzt behandelten wichtigsten Eigenschaften und Verarbeitungsmöglichkeiten wollen wir in diesem Abschnitt Beispiele zur Anwendung von Plasten kennenlernen. Dabei wird versucht, die Einsatzmöglichkeiten als Werkstoff, die zweckgerechte Veränderung der Eigenschaften und die bei Konstruktion und Herstellung zu beachtenden Besonderheiten jeweils an einem oder wenigen typischen Plasten zu erläutern. Die dabei gewonnenen Erkenntnisse können sinngemäß auf andere Fälle übertragen werden, wobei Sie aber die in den theoretischen Grundlagen behandelten Zusammenhänge zwischen Aufbau, Struktur und Verhalten beachten müssen.

### 4.5.1. Lieferformen der Plaste

Je nach dem Einsatzzweck oder der Aufgabe, die zu lösen ist, werden Plaste in verschiedenen Formen oder besser Herstellungsstufen bezogen. In der Praxis werden Sie folgende Fälle antreffen:

*Halbzeug*

Der Plastwerkstoff wird vom Hersteller als Halbzeug bezogen. Die wichtigsten Formen sind dabei: Blöcke, Tafeln, Profile oder Rohre, Folien, Fasern. Bei Thermoplasten kann die fertige Form der Werkstücke durch plastische Formgebung bei höheren Temperaturen erreicht werden. Bei Duroplasten sind nur spanabhebende Verfahren möglich, um die Form dem Verwendungszweck anpassen zu können. Verbindungsarbeiten sind je nach Eigenschaft des Werkstoffes unlösbar durch Kleben oder Schweißen, lösbar durch die üblichen Mittel des Maschinenbaues möglich.

*Fertigteil*

Die bezogenen Fertigteile werden von plastverarbeitenden Betrieben durch Spritzen, Pressen, Ziehen usw. in die endgültige Form gebracht. Der Zusammenhang zwischen Losgröße, Formkosten und Herstellungsverfahren beeinflußt sehr stark die auftretenden Kosten für das Teil. Bei Thermoplasten ist eine nachträgliche Veränderung durch plastische Verformung (Anpassen) möglich, während bei Duroplasten nur spanabhebende Verfahren eingesetzt werden können. In diesen Fällen können die Eigenschaften der Plaste durch Füllstoffe (s. Abschnitt 4.5.2) weitgehend beeinflußt und so dem Verwendungszweck angepaßt werden.

*Vorprodukt*

Der Plast wird vom Hersteller in Form von Pulvern, Granulaten oder Lösungen bezogen, die nach den bekannten Verfahren des Urformens zu Halbzeugen oder Fertigteilen verarbeitet werden. Dabei werden die vom Hersteller angegebenen Mischungen oder andere Verfahren durchgeführt. Der Plast erreicht dann in einiger Zeit seinen Endzustand und kann noch kurze Zeit nach der Mischung verarbeitet werden.

Beispiele hierfür stellen die Epoxidharze dar, die als Flüssigkeiten mit Härtern gemischt werden und dann zum Gießen in Formen, Ausbessern von Fehlern an Werkstücken oder Kleben von Metallteilen angewendet werden.

▶ *Wiederholen Sie jetzt die Übungen 4.9 sowie 4.3 bis 4.6, die Ihnen wichtige Erkenntnisse für die Verarbeitung des Halbzeuges bzw. die Verarbeitung des Vorproduktes vermitteln!*

### 4.5.2. Wirkung von Füllstoffen

Von Beginn der Plastherstellung an war man bestrebt, den Rohstoff durch Zusatzstoffe schwerer und härter zu machen. Auch wurden Stoffe zugesetzt, um den Rohstoff zu strecken und die Erzeugnisse zu verbilligen. Heute hat man erkannt, daß die Eigenschaften der Plaste durch zugesetzte Stoffe in starkem Maße beeinflußbar sind. Es werden bereits eine ganze Reihe von Stoffen recht unterschiedlicher Wirkung bei der Herstellung von Plasten eingesetzt. Tabelle 4.8 vermittelt eine Übersicht über Zusatzstoffe und ihre Wirkung.

Die eigentliche Beeinflussung der mechanischen und elektrischen Eigenschaften vieler Plaste wird aber durch Füllstoffe erreicht, die durch ihre Struktur und ihre Eigenschaften bestimmte Werte sehr stark verändern können. Diese Füllstoffe können in die warmen Thermoplaste oder in die noch nicht gehärteten Duroplaste eingearbeitet werden. So ist es also möglich, aus einem Plastwerkstoff je nach zugesetztem Füllstoff Werkstoffe mit unterschiedlichen Eigenschaften zu erzielen. In den Standards gibt man für die entsprechenden Plaste — je nach Plastgrundwerk-

Tabelle 4.8. Wirkung von Zusätzen

| Wirkung | Beispiel |
|---|---|
| chemisch | Stabilisatoren, Vulkanisatoren |
| färbend | Farbpigmente |
| verarbeitungsfördernd | Gleitmittel |
| verstärkend | Glasfasern (Zugfestigkeit erhöhend) |
| versteifend | Ruß (*E*-Modul erhöhend) |
| weichmachend | Weichmacher |
| streckend (Verschnitt) | Füllstoffe, Kaolin, Kreide |

Tabelle 4.9. Füllstoffe und Typisierung

| Eigenschaft | Beispiel | Typ-Bezeichnung | |
|---|---|---|---|
| | | Phenoplast | Aminoplast |
| *anorganisch* | | | |
| körnig | Gesteinsmehl, Kreide | 11 | 155 |
| kurzfaserig | Asbestfasern | 12 | 156 |
| langfaserig | lange Asbestfasern, Glasfasern | 15 | |
| Gespinst | Asbest | 16 | |
| *organisch* | | | |
| kurzfaserig | Holzmehl | 30···33 | 150 |
| faserig | Papier, Zellstoff | 51 | 152, 153 |
| Schnitzel | Papier, Gewebe | 54, 74 | 154 |
| Bahnen | Papier, Gewebe | 57, 77 | |

Tabelle 4.10. Eigenschaften von Phenolharzen nach TGL 15565

| | Biegefestigkeit in MPa | Schlagzähigkeit in $10^{-3}$ J | Kerbschlagzähigkeit in $10^{-3}$ J | Formbeständigkeit nach *Martens* in °C |
|---|---|---|---|---|
| ohne Füllstoff | 80 | 340 | 84 | 150 |
| Gesteinsmehl | 50 | 240 | 70 | 150 |
| Asbestfaser | 50 | 240 | 140 | 150 |
| Asbestgespinst | 70 | 1050 | 1050 | 150 |
| Holzmehl | 70 | 420 | 100 | 125 |
| Papierbahnen | 120 | 1050 | 700 | 125 |
| Gewebeschnitzel | 60 | 840 | 840 | 125 |

stoff und zugesetztem Füllstoff — einen Werkstofftyp durch eine Ziffer an. Eine Übersicht der eingesetzten Füllstoffe vermittelt Tabelle 4.9. Wie stark die Eigenschaften beeinflußt werden, zeigt Tabelle 4.10 für Phenoplaste (PF).

▶ *Vergleichen Sie in Tabelle 4.10 die unterschiedliche Wirkung der Füllstoffe, indem Sie — ausgehend vom reinen Plast — stark abweichende Werte unterstreichen!*

Die Kombination von Plasten mit Papier- oder Gewebebahnen hat besondere Bedeutung. Werden so getränkte Bahnen aufeinandergepreßt, entstehen Schichtpreßstoffe, die durch ihre guten mechanischen Eigenschaften für viele Maschinenteile eingesetzt werden.
Neue Möglichkeiten ergeben sich durch die Verwendung von Glasfasern, Glasgewebe (glasfaserverstärkte Polyesterharze) und durch das Einbetten von Metallfasern oder Haarkristallen (Whiskers), wodurch Werkstoffe mit außerordentlichen mechanischen Eigenschaften entstehen (Tabelle 4.11).

Tabelle 4.11. Vergleich der Eigenschaften von glasfaserverstärktem Polyesterharz, Stahl und Al-Legierungen

|  | Polyester und Glasseidenmatte | Polyester und Glasseidenstränge orientiert | Stahl | Al-Legierungen |
|---|---|---|---|---|
| Glasfaser, Masse-% | 30 | 60 | 60 | |
| Zugfestigkeit, MPa | 80···120 | 170···210 | 690···980 | 690···820 | 70···245 |
| Biegefestigkeit, MPa | 140···180 | 200···245 | 590···690 | 410···450 | 70···180 |
| Druckfestigkeit, MPa | 200···245 | 390···440 | 390···490 | 340···410 | 70···110 |
| Elastizitätsmodul, GPa | 8···10 | 10···14 | 40···45 | 210 | 70 |

### 4.5.3. Einsatzbeispiele

Bei den vielen Möglichkeiten, die die Verwendung von Plasten bietet, können keinesfalls alle Werkstoffe vollständig besprochen werden. Die nachfolgenden Ausführungen behandeln daher nur einige typische Beispiele.

▶ *Bei der Behandlung einzelner Werkstoffe sollten Sie immer die Tabellen 4.7 und 4.12 zur Hand nehmen, um Eigenschaften, besondere Vor- und Nachteile der Plaste usw. zu ermitteln und zu vergleichen!*

In Tabelle 4.12 sind die zur Verfügung stehenden Plastwerkstoffe mit ihrer chemischen Bezeichnung und ihren Handelsnamen aufgeführt. Ferner finden Sie eine kurze Charakteristik der Eigenschaften und eine Aufzählung der hauptsächlichen Lieferformen. Genaue Werte für die Eigenschaften können Sie aus Tabelle 4.7 entnehmen. Hinter den Handelsnamen sind durch Zahlenangaben die Herstellbetriebe genannt. Bei ihnen, den zuständigen Handelsorganen und entsprechenden Beratungsstellen (z. B. Institut für Leichtbau) lassen sich für spezielle Fälle zusätzliche Informationen einholen.

Tabelle 4.12. Hauptgruppen der Plastwerkstoffe

| Chemischer Aufbau | Handelsname | Typische Eigenschaften | Lieferformen |
|---|---|---|---|
| **Thermoplaste** | | | |
| *Polyethylen PE* | | | |
| PE — weich Hochdruckpolymerisation | Mirathen H(1) | sehr geringe Dichte und hohe Dehnung; schlagfest; kältebeständig; chemikalienbeständig; ausgezeichnete elektrische Eigenschaften | Pulver, Granulat, Folien, Tafeln, Rohre und Profile, Blöcke, Fertigteile |
| PE — hart Niederdruckpolymerisation | Mirathen N (1) Gölzathen (3) | sehr elastisch; geringe Dichte; praktisch unzerbrechlich; neigt zur Spannungsrißkorrosion; elektrostatische Auflading | |

(Fortsetzung der Tabelle 4.12)

| Chemischer Aufbau | Handelsname | Typische Eigenschaften | Lieferformen |
|---|---|---|---|
| Polystyrol PS | Polystyrol BW Polystyrol EF (2) | glasklar und einfärbbar; physiologisch unbedenklich; niedrige mechanische Festigkeit und Wärmebeständigkeit; gute elektrische Eigenschaften | PS- oder PS-Mischpolymerisat als Spritzgußmasse, Formteile, Folien, Tafeln, Blöcke, Schaumstoffe |
| *Polyvinylchlorid* PVC – hart | Ekadur (4) Ekalon (4) Decelith H (5) Gölzalit (3) PVC-SP-Schkopau (2) | meistverwandter Plast; hornartig hart in dunkelgelber bis brauner Farbe; bis 40 °C gute mechanische Eigenschaften, ab −10 °C schlagempfindlich und spröde; schwer brennbar; physiologisch unbedenklich | Pulver, Granulat, Folien, Tafeln, Rohre, Fittings, Profile, Blöcke, Schaumstoffe, Fasern, Borsten, Formteile |
| PVC – weich | Ekalit (4) Decelith W (5) | mit Weichmachern versehene Typen; leder- bis weichgummiartig; oft physiologisch nicht einwandfrei | Pasten, Folien, Felle, Schnüre, Formartikel, Schaumstoffe, Fußbodenbeläge, Kunstleder |
| Polymethakrylat PMMA | Piacryl (6) | physiologisch unbedenklich; Chemie, Medizintechnik; glasklar (optisches Glas); löslich; gute elektrische Eigenschaften | Pulver, Spritzgußmasse, Folien, Tafeln, Profile, dickflüssige monomere Lösung |
| Polyamid PA | Polyamid AH (2) Miramid (1) Dederon (9) | unzerbrechliche Teile für hohe Ansprüche; abriebfest; wetterfest; lösungsmittelbeständig; physiologisch unbedenklich; große Wasseraufnahme ($\approx 10\%$); elektrisch nur bedingt einsetzbar; meist für Textilfasern | Granulate, Schnitzel, Formteile, Folien, Stäbe, Fasern, Bänder, Fäden, Gewebe, Vliese |
| Polytetrafluorethylen PTFE | Heydeflon (11) | hoher Preis; Eigenschaften durch Füllstoffe variierbar; hohe Dichte; sehr niedrige Reibungskoeffizienten; unbrennbar; hohe Durchschlagfestigkeit | Pulver, Folien, Rohre, Bau- und Formteile, Sintermaterial |

**Duroplaste**

| | | | |
|---|---|---|---|
| Aminoplast UF MF | Meladur (6) Didi (6) | Verarbeitung im allgemeinen mit Füllstoffen; geschmack- und geruchfrei; hart; sehr bruchfest alle Farbtöne möglich; lichtecht | Formteile, Stäbe und Profile, Schichtpreßstoffe Schaumstoffe, Kleber, Lacke |
| als Schichtpreßstoffe als Schäume | Sprelacart (12) Sprelaflex (12) Piatherm (6) | | |
| Phenoplast PF | Plastadur (10) | Preßmasse = Harz + Füllstoff; physiologisch nicht einwandfrei hart; bruchfest; gute elektrische Eigenschaften; dunkle Farbtöne; nicht lichtecht | flüssige und feste Harze, Formteile, Bau- und Montageteile |
| als Schichtpreßstoffe | Plastacart (10) Plastatex Phenozell (13) Phenotext (13) | | |

*Anwendung von Plasten* **4.5.**

(Fortsetzung der Tabelle 4.12)

| Chemischer Aufbau | Handelsname | Typische Eigenschaften | Lieferformen |
|---|---|---|---|
| Epoxidharz EP | Epilox (1) Cevausit 06 (13) Cevausit 07 (13) | Eigenschaften weitgehend durch Füllstoffe und Härter beeinflußbar; als Gieß-, Kleb- und Lackharz eingesetzt; einfach verarbeitbar, da Härtung ohne Druck und Wärmezufuhr möglich | Gieß-, Klebharze, Pasten, Spachtelmasse, Pulver, Klebfolien, Formteile, Schichtpreßstoffe |
| Polyester UP | Polyester G (2) | lieferbare Vorprodukte werden durch Mischpolymerisation ausgehärtet; Eigenschaften stark durch Füllstoffe und Härter beeinflußbar; gelblich, in allen Farbtönen einfärbbar; transparent | flüssige Harze, Halbzeuge, Blöcke, Tafeln, Form- und Fertigteile |
| Polyurethane PUR | Syspur | vernetzt (Duroplast) oder lineare (Thermoplast) Plaste; einstellbar (hart, halbhart und weich); schäumbar | vorwiegend Schaumstoffe, Dämpfungselemente, Kleb- und Streichmassen, Kunstleder |
| **umgewandelte Naturstoffe** | | | |
| Vulkanfiber Vf | nicht gebräuchlich (7) | lederähnlich hart; splittert nicht; vielfach durch andere Plaste ersetzt | Tafeln, Blöcke, Rohre, Profile |
| Cellulosenitrat CN | Zelluloid (5) | hornartig; glasklar; geringe Beständigkeit; feuergefährlich | Folien, Tafeln, Profile, Filme, Zapon- und Nitrolacke |
| Celluloseacetat CA | Prenaphan (14) Reilit (8) | hornartig; glasklar; einfärbbar; beständig gegen schwache Lösungen; brennt schwer | Spritzgußteile, Folien, Tafeln, Profile, Fasern, Filme (Sicherheitsfilm!) |

*Lieferbetriebe*

(1) VEB Leuna-Werke »*Walter Ulbricht*«
(2) Kombinat VEB Chemische Werke BUNA
(3) VEB Orbitaplast Weißandt-Gölzen
(4) VEB Chemiekombinat Bitterfeld
(5) VEB Orbitaplast, BT Eilenburg
(6) Düngemittelkombinat VEB Stickstoffwerk Piesteritz
(7) VEB Vulkanfiberfabrik Werder-Havel
(8) VEB Filmfabrik Wolfen — Fotochemisches Kombinat
(9) VEB Chemiefaserkombinat Schwarza »*Wilhelm Pieck*«
(10) Kombinat VEB Sprela-Werke, Spremberg, Plasta Kunstharz- und Preßmassefabrik Erkner und Espenhain
(11) VEB Chemiewerk Nünchritz
(12) Kombinat VEB Sprela-Werke, Spremberg
(13) VEB LEW »*Hans Beimler*«, Hennigsdorf
(14) VEB Isofol, Leipzig

*Plast als Konstruktionswerkstoff*

Zum Einsatz als Konstruktionswerkstoff kommen in den wenigsten Fällen Thermoplaste in Frage. Man wird hier im allgemeinen auf Duroplaste zurückgreifen, wenn die Festigkeitseigenschaften im Vordergrund stehen. Dabei muß betont werden, daß Plaste eine geringere Festigkeit als Metalle aufweisen. Wird allerdings das Verhältnis zur Dichte betrachtet, dann ergeben sich doch Vorteile für den Plasteinsatz (s. Gegenüberstellung).

|  | Durchschnittliche Zugfestigkeit in MPa | Dichte in g cm$^{-3}$ |
| --- | --- | --- |
| Baustahl | 390 | 7,8 |
| Aluminiumlegierungen | 290 | 2,7 |
| Plaste | 80 | 1,4 |

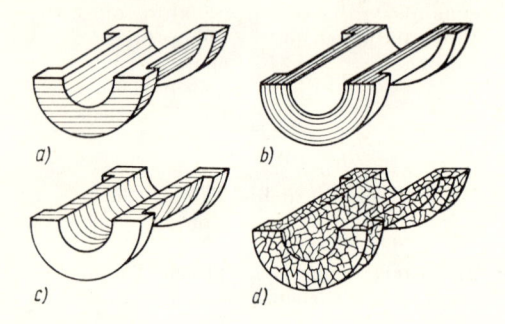

Bild 4.28. Lagerschalen aus Schichtpreßstoffen

*a)* parallel geschichtet
*b)* radial geschichtet
*c)* senkrecht geschichtet
*d)* regellos geschichtet

Bessere Werte für Plaste werden durch entsprechende Füllstoffe möglich (s. Tabellen 4.10 und 4.11). So werden Maschinenteile, wie Lagerschalen, Zahnräder u. ä., mit Vorteil aus Schichtpreßstoffen hergestellt (Bild 4.28) und zeichnen sich durch geräuscharmen Lauf und sparsame Pflege aus. Bei untergeordneten Beanspruchungen finden wir Plaste für Bedienteile und Griffelemente. Ein weiteres Anwendungsgebiet hat sich für Plaste in der Feinmechanik mit ihren meist geringen Belastungen erschlossen.

Durch entsprechende Gestaltung von Bauelementen ist ebenfalls der Nachteil geringer Festigkeitseigenschaften aufzuheben, so z. B. bei gewellten Abdeckungen größerer Spannweiten (Einfluß geringer Dichte vorteilhaft) oder der Herstellung von Sandwichbauteilen, einem spezifischen Leichtbauelement, bei dem – ähnlich wie bei der Wellpappe – harte Außenflächen durch geschäumte oder in Waben geformte Zwischenlagen verbunden werden.

Völlig neue Lösungen werden erzielt, wenn beispielsweise Traglufthallen durch Einsatz technischer plastbeschichteter Gewebe unter Luftüberdruck aufgeblasen und so ohne tragende Dachkonstruktion gehalten werden. Auf den vielfältigen Einsatz plastbeschichteter Gewebe (z. B. Förderbänder) sei nur hingewiesen.

Der »klassische« Plast für den Maschinenbau, die Preßmasse aus Phenoplast oder der Schichtpreßstoff wird in vielen Fällen durch glasfaserverstärkte Polyesterharze oder Epoxidharze abgelöst werden, je weiter die Entwicklung und Anwendung der Plaste fortschreitet.

## Plaste in der Chemie

In der chemischen Industrie werden Metalle oftmals starkem Korrosionsangriff ausgesetzt. Hier ist der Werkstoff Plast mit seiner hervorragenden Beständigkeit am richtigen Platz. Selbstverständlich ist auch hier die durch die Temperatur gesetzte Einsatzgrenze zu beachten. In der chemischen Industrie wird vor allem Polyvinylchlorid verwendet, da es gegen anorganische Chemikalien ausgezeichnet beständig ist. Wir finden diesen Werkstoff für Rohrleitungen und Armaturen (Bild 4.29). Bei

Bild 4.29. Segmentbogen einer Rohrleitung aus PVC-hart *(Schrader)*

Reaktionsgefäßen und Behältern, die außer dem chemischen Angriff einen Druck (Flüssigkeitsinhalt) aushalten müssen, wird der Behälter aus Metall hergestellt und dann mit Plast ausgekleidet. Durch diese Werkstoffkombination übernimmt jeder eingesetzte Stoff die entsprechende Funktion. Das gleiche gilt auch für die im VEB Stahl- und Walzwerk Riesa hergestellten plastbeschichteten Rohre und die im VEB Eisenhüttenkombinat Ost produzierten plastbeschichteten Bleche (Ekotal).

■ Ü. 4.14

Ein weiteres Einsatzgebiet sind Schutzlacke, die verwendet werden, wenn eine Auskleidung schlecht möglich ist oder die Gegenstände eine komplizierte Form haben. Durch Wirbelsintern können Maschinenteile mit entsprechenden Plasten ummantelt und damit korrosionsfest gemacht werden (Bild 4.30). Die Verwendung von Filtergeweben oder Filterplatten aus Plastfasern soll ebenfalls erwähnt werden.

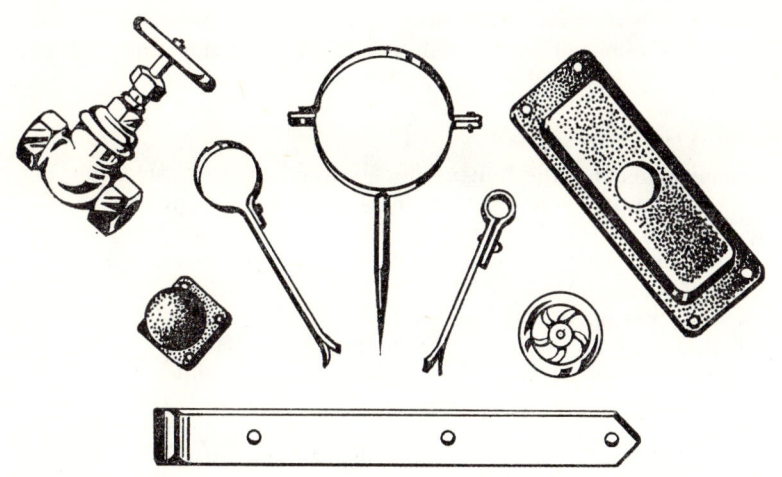

Bild 4.30. Stahl- und Gußteile durch Wirbelsintern mit Polyamid- oder Polyethylenschichten überzogen *(Schrader)*

Selbstverständlich werden metallische und andere Werkstoffe (z. B. Keramik oder Glas) nie völlig verdrängt werden, aber in der chemischen Industrie hat der Werkstoff Plast sein entscheidendes Anwendungsgebiet gefunden.

Ein Sondergebiet sei abschließend noch gestreift, die Medizintechnik. Hier können nur Plaste benutzt werden, die physiologisch unbedenklich sind und sich mit dem menschlichen Gewebe vertragen. Wir finden Plaste daher als Prothesenteile, Naht- und Netzmaterial u. a. m.

*Plaste in der Elektrotechnik*

Eine der wichtigsten Eigenschaften ist die Isolationsfähigkeit der Plaste. Sie werden deshalb in der Elektroindustrie, z. B. als Isolatoren, Trägermaterial, Dielektrika, verwendet. Hierbei sind zwei Dinge zu beachten. Bei Isolierstoffen richtet sich die Verwendbarkeit nach der Wasseraufnahme. So gibt es Plaste (Polyamide), die eine große Aufnahmefähigkeit besitzen und daher nicht einsetzbar sind. Polystyrol zeigt dagegen hervorragende elektrische Eigenschaften, wenn seine Anwendbarkeit nicht durch die geringe Wärmebeständigkeit eingeschränkt wäre. So setzt man in weitem Maße Duroplaste ein, die den Anforderungen in elektrischer, thermischer und mechanischer Hinsicht genügen.

Wir treffen in der Elektrotechnik auf Isolierschläuche und Isolationslacke, bei denen die Festigkeit geringe, ihre Zähigkeit und Biegsamkeit aber hohe Anforderungen erfüllen müssen, Grundplatten und Gehäuse, die neben guten elektrischen auch entsprechende mechanische Eigenschaften aufweisen müssen.

Hingewiesen wird auf die kupferkaschierten Leiterplatten (Phenozell Cu und Cevausit Cu 07), die als Halbzeug zur Herstellung gedruckter Schaltungen geliefert werden. Bauteile der Mikroelektronik werden oft vollständig in Plast eingebettet, um die empfindlichen Lötstellen und Teile zu fixieren.

*Plaste in der Fahrzeugindustrie*

Bei Verkehrsmitteln ist seit der ersten Lokomotive der Kampf um die Leistungsmasse (Masse je Leistungseinheit) und um die Erniedrigung der Leermasse bzw. Erhöhung der möglichen Nutzmasse geführt worden.

Hier wird der Plasteinsatz im wesentlichen durch die geringe Dichte bestimmt. So finden wir Plaste für Verkleidungen, Polsterungen, Hilfseinrichtungen. Zum Einsatzgebiet gehören auch Bremsbeläge, Bauteile zur Wärmeisolation und Verkleidung (PKW Trabant).

*Plaste in anderen Industriezweigen*

Während die vorangegangenen Abschnitte die spezifischen Eigenschaften der Plaste und ihren zweckentsprechenden Einsatz behandelten, sollen nun einige Anwendungsbeispiele aus anderen Industriezweigen genannt werden. Dabei ist zu beachten, daß wir hier dem Plast manchmal an der falschen Stelle oder in der falschen Form begegnen (s. auch Abschnitt 4.1.).

In der feinmechanischen und optischen Industrie werden Plaste als Gehäuseteile eingesetzt. Die Möbelindustrie hat außer der Verwendung von Lacken und Leimen neue Arbeitsverfahren der Möbelherstellung entwickelt (Holzfaserplatten mit Plastfurnier). Die Sicherheitsgläser werden entweder aus Plast oder aus entsprechenden Glassorten mit Plastzwischenlage gefertigt. In der Verpackungsindustrie spielen Plaste gleichfalls eine große Rolle, sofern sie physiologisch unbedenklich, geruchs- und geschmacksfrei, teilweise luftdurchlässig und genügend reißfest sind. Unüberschaubar ist das Feld der Plastanwendung für Gegenstände des täglichen Bedarfs.

## 4.6. Substitution von Werkstoffen

Die vorangegangenen Abschnitte haben gezeigt, daß Plaste vielfach in der Lage sind, bisher bekannte Werkstoffe in einem bestimmten Einsatzgebiet zu ersetzen und gar abzulösen. Die Ergebnisse unserer Volkswirtschaft und Erfahrungen des täglichen Lebens beweisen uns, daß der Einsatz von Plasten immer größer wird.
Bei der Substitution durch Plaste müssen wir zwei Wege unterscheiden:
Beim ersten Weg tritt Plast an die Stelle des bisherigen Werkstoffes und übernimmt teilweise bestimmte technologische Funktionen. Diese Lösung führt zu Verbundwerkstoffen (Auskleiden von Behältern mit Plasten, plastbeschichtete Rohre u. a.). Die ehemalige Form der Konstruktion wird unwesentlich geändert. Durch diese Werkstoffkombinationen ist es möglich, die vorteilhaften Eigenschaften mehrerer Werkstoffe zu nutzen und die nachteiligen auszugleichen.
Der andere Weg ist, daß das ganze Werkstück unter Beibehaltung seiner Funktion aus einem die entsprechenden Eigenschaften aufweisenden Plast gestaltet wird. Das erfordert zumindest neue Dimensionen, wenn nicht gar eine neue konstruktive Lösung gefunden werden muß, um optimal alle Möglichkeiten auszunutzen, die der Einsatz von Plasten bietet.
Dabei muß die sogenannte formale Substitution vermieden werden, d. h., werden Plaste eingesetzt, und nutzt man ihre spezifischen Eigenschaften nicht oder nur ungenügend, so wird wertvolles Material verschwendet. Andererseits ist aber zu beachten, daß sich die Eigenschaften der Plaste in weitem Maße verändern und so dem Verwendungszweck anpassen lassen. Man spricht nicht ohne Grund von den Plasten als »den Werkstoffen nach Maß«.
Es sei in diesem Zusammenhang nur an die glasfaserverstärkten Polyesterharze erinnert, die ganz neue konstruktive Lösungen ermöglichen.
Geben die vielseitig veränderbaren Eigenschaften einen Ausblick auf Einsatzgebiete in allen Zweigen der Technik, so darf nicht übersehen werden, daß die Entwicklung auf diesem Gebiet noch lange nicht abgeschlossen ist. Das darf andererseits aber keinesfalls dazu führen, Plaste als eine Art »Universalwerkstoff« zu betrachten.
Beim ökonomischen Vergleich von Substitutionen dürfen nicht allein die Materialkosten herangezogen werden. Ein ökonomischer Einsatz ergibt sich vielfach, wenn Verarbeitungskosten, Montagekosten, Masseersparnis und auch Pflege- und Unterhaltskosten herangezogen werden. Die Losgröße der erforderlichen Werkstücke und ihre Abstimmung mit entsprechenden Herstellungs- und Verarbeitungsverfahren haben ebenfalls großen Einfluß auf die entstehenden Kosten. Ein Beispiel für derartige Einschätzungen wären die immer häufiger anzutreffenden Einwegverpackungen für Dinge des täglichen Bedarfs.
Um den Einsatz von Plasten für einen bestimmten Verwendungszweck rationell zu gestalten, muß eine gründliche Überprüfung aller Einflußfaktoren erfolgen.
Für Werkstoffsubstitutionen durch Plaste ziehen Sie die folgenden Fragen als Bewertungskriterien heran. Um Fehlsubstitutionen zu vermeiden, sollten diese Fragen so exakt wie möglich beantwortet werden.

- Wird der Plast in geschützten Räumen oder im Freien verwendet?
- Ist er der Benetzung durch Wasser (auch Schwitzwasser) ausgesetzt?
- Wirken Laugen, Säuren oder Salzlösungen ein?
- Wird Widerstandsfähigkeit gegen organische Lösungen verlangt (Konzentration, Temperatur, Zeitdauer)?

- Welcher mechanischen Beanspruchung ist er ausgesetzt?
- Soll er widerstandsfähig gegen äußere, unbeabsichtigte Beanspruchung (Schlag, Stoß, Abrieb, Verbiegen) sein?
- Welcher Temperatur unter 100 °C ist er ständig ausgesetzt?
- Muß er unbrennbar sein?
- Kommen elektrische Beanspruchungen in Frage?
- Soll er gebogen, verformt oder spanabhebend weiterverarbeitet werden?
- Werden besondere Ansprüche an die Farbe gestellt?
- Soll er durchsichtig, durchscheinend oder undurchsichtig sein?
- Werden Werkstoffkombinationen oder Verbundwerkstoffe erwogen?
- Welche Kosten darf das fertige Stück verursachen?
- Welche Stückzahl wird benötigt (Werkzeugkosten)?

# Übungen

**Ü. 1.1.** Welche Gefügebestandteile sind bei einem weißen Gußeisen mit 3% Kohlenstoff zu erwarten? Wie hoch ist prozentual der Anteil der Gefügebestandteile? Tragen Sie die Berechnungen in Anlage 1 ein!

**Ü. 1.2.** Beschreiben Sie den Abkühlungsverlauf einer Legierung mit 3% Kohlenstoff nach dem stabilen System des Eisen-Kohlenstoff-Diagramms! Füllen Sie die Anlage 2 aus!

**Ü. 1.3.** Welchen Sättigungsgrad hat ein Gußeisen mit 3,15% Kohlenstoff, 2,0% Silicium und 0,55% Phosphor?

**Ü. 1.4.** Welcher Siliciumgehalt ist im Gußeisen zu erreichen, wenn ein Sättigungsgrad von 0,94 gefordert wird und der Kohlenstoffgehalt mit 3,40%, der Phosphorgehalt mit 0,6% gegeben ist?

**Ü. 1.5.** Es ist der Anteil des Eutektikums in einer reinen Fe-C-Legierung mit 3,2% Kohlenstoff zu berechnen! Wie groß ist der Anteil des Eutektikums in einem Gußeisen bei gleichem Kohlenstoffgehalt, jedoch mit 1,9% Silicium?

**Ü. 1.6.** Berechnen Sie die Zugfestigkeit in einem Probestab von 20 mm Durchmesser, wenn im Probestab von 30 mm Durchmesser eine Zugfestigkeit von 230 MPa gemessen wurde und $-a = 0,412$ ist!

**Ü. 1.7.** Ein Probestab von 30 mm Durchmesser weist eine Zugfestigkeit von 245 MPa auf. Wie hoch ist die Zugfestigkeit in einem Probestab von 20 mm Durchmesser, wenn der gleiche Sättigungsgrad vorliegt? Welche Forderung ist für den Konstrukteur von Gußteilen aus der getroffenen Feststellung abzuleiten?

**Ü. 1.8.** Eine Gießerei erhält den Auftrag, Gußteile mit 5 mm Wanddicke aus GGL-25 herzustellen. Welche Zugfestigkeit und welche Härte ist bei diesem Material zu erwarten? Wie ist der Besteller zu beraten, wenn er daran interessiert ist, daß in den Gußteilen eine Zugfestigkeit von 245 MPa erreicht wird? Berechnen Sie überschläglich das Verhältnis Volumen : Oberfläche für Platte, Zylinder und Kugel (Anlage 3)!

**Ü 1.9.** Welche Gußstückkategorien kann man ohne Sondermaßnahmen in den einzelnen Güteklassen nicht mehr herstellen, wenn man die Grenze der wirtschaftlichen spanenden Bearbeitung mit etwa $250\,HB$ annimmt?

Ü. 1.10. Wie kann man die Ausbildung von Garschaumgraphit im Gußeisen vermeiden?

Ü. 1.11. Warum wird die Neigung zu dendritischer Entartung der Graphitausbildung mit sinkendem Sättigungsgrad größer? (Anleitung: Beachte den Erstarrungsablauf einer untereutektischen Legierung!) In Anlage 4 ist die Abkühlungskurve $a$ des Bildes 1.5 ausgewertet. Die Anlage ist für die anderen Abkühlungskurven zu ergänzen.

Ü. 1.12. Warum ist der unterschiedliche Einfluß der Abkühlungsgeschwindigkeit auf die Härte und den $E_0$-Modul bei perlitischen Gußeisensorten besonders ausgeprägt?

Ü. 1.13. Welche Möglichkeiten zur Erhöhung der Zugfestigkeit, dargelegt an der Einflußnahme auf die Gefügeausbildung, gibt es?

Ü. 1.14. Welche Graphitverteilung ist bei niedrigem Sättigungsgrad und hoher Abkühlungsgeschwindigkeit zu erwarten? Wie verändert sich durch Impfen die Graphitausscheidung, und welche Eigenschaften des Gußeisens werden dadurch positiv beeinflußt?

Ü. 1.15. Welcher qualitative Zusammenhang besteht zwischen Ausgangsanalyse, Magnesiumbehandlung, Störelementen und Abkühlungsgeschwindigkeit in Hinsicht auf die Ausbildung der Primär- und Sekundärstruktur bei Gußeisen mit Kugelgraphit?

Ü. 1.16. Wie muß eine graphitisierende Glühung von perlitischem Gefüge ablaufen, wenn bei hohen Temperaturen geglüht werden soll?

Ü. 1.17. Wie ist zu erklären, daß bei gleichbleibendem Siliciumgehalt und steigendem Nickelgehalt die Härte im Gußeisen zunimmt, auch wenn der Anteil an gebundenem Kohlenstoff gering abnimmt? Das Diagramm (schematisch) in Anlage 5 zeigt den Einfluß des Nickels auf die Härte von hochgekohlten reinen Eisen-Kohlenstoff-Legierungen. Die zu erwartende Gefügeausbildung in Abhängigkeit vom Nickelgehalt ist darzustellen.

Ü. 1.18. Warum begünstigt ein umwandlungsfreies Gefüge die Haftung von Deckschichten und verbessert dadurch die Volumenbeständigkeit des Gußeisens?

Ü. 1.19. Welche Gründe führen dazu, bei neutraler Glühung einen höheren Siliciumgehalt anzustreben als bei oxydierender Glühung? Die Begründung für die unterschiedlichen Anteile der Eisenbegleiter ist in Anlage 6 zusammenzustellen!

Ü. 1.20. Wie wirkt sich ein Mangan- bzw. Schwefelüberschuß auf die Gefügeausbildung von Temperguß nach dem Glühprozeß aus?

Ü. 1.21. Welchen Einfluß hat die Abkühlungsgeschwindigkeit im Bereich der $\gamma$-$\alpha$-Umwandlung auf Zugfestigkeit und Härte des Tempergusses?

Ü. 1.22. Wie verändert sich die Lage des *Boudouard*-Gleichgewichts, wenn sich der Druck der Gasatmosphäre verändert?

Ü. 1.23. Welche Gefahr besteht, wenn man durch Verlängerung der Glühzeit bei dickwandigeren Gußteilen eine völlige Entkohlung erzwingen will?

Ü. 1.24. Unter welcher Bedingung kann Temperguß mit einem Gefüge von Ferrit und Temperkohle an der Oberfläche gehärtet werden?

Ü. 1.25. Durch Nickel nimmt im Hartguß die Härte bis 4,5% zu, um danach wieder abzunehmen. Wie ist dieses Verhalten zu erklären?

Ü. 1.26. Welcher Unterschied besteht im Wanddickeneinfluß bei Stahlguß und Gußeisen?

Ü. 1.27. Welche Kenngrößen sind unter Gewährleistungsumfang bei unlegiertem Stahl zu verstehen? Für GS-40 sind in Anlage 7 die Werkstoffe mit besonderem Gewährleistungsumfang zusammenzustellen. Der zutreffende Wert ist durch Unterstreichen zu kennzeichnen. Unter welchen Bedingungen sind die hervorgehobenen Werte erreichbar?

Ü. 1.28. In Anlage 8 sind unter Benutzung zusätzlicher Literatur die wichtigsten Kennwerte der Eisen-Kohlenstoff-Gußwerkstoffe zusammenzustellen!

Ü. 2.1. Ergänzen Sie in den Anlagen 9 und 10 das chemische Zeichen, die Ordnungszahl, die Wertigkeit und danach die anderen Kenndaten (Beispiel Nickel)!

Ü. 2.2. Wie ist es zu erklären, daß man Drähte, Niete und Schrauben aus Kupfer ohne Rißbildung um 180° biegen kann?

Ü. 2.3. Warum sind in der Nähe einer Lötstelle von kaltverformtem Kupfer die Festigkeitswerte niedriger als in einiger Entfernung von ihr?

Ü. 2.4. Überlegen Sie, wie die Sprödigkeit des Kupfers durch die »Wasserstoffkrankheit« nachgewiesen werden kann!

Ü. 2.5. Worauf beruht die gute Eignung von Blei als Dichtungsmaterial?

Ü. 2.6. Welche Eigenschaften sind es, die Aluminium und seine Legierungen vor anderen Werkstoffen auszeichnen?

Ü. 2.7. Stellen Sie in Anlage 11 von dort aufgeführten Elementen das Korrosionsverhalten sowie ihre Eignung im Korrosionsschutz zusammen!

Ü. 2.8. Wodurch lassen sich Eigenschaftsänderungen bei der Kalt- und Warmaushärtung erzielen?

Ü. 2.9. Welche vorteilhaften Eigenschaften besitzen die feinkörnigen Al-Si-Gußlegierungen verglichen mit den grobkörnigen, und wodurch wird die Feinkörnigkeit erreicht?

Ü. 2.10. Wie läßt sich die Spannungsrißkorrosion bei Al-Mg-Legierungen verhindern?

Ü. 2.11. Für welche Werkstücke eignen sich Mg-Al-Legierungen besonders?

Ü. 2.12. Welche Eigenschaften besitzen Titanlegierungen, und wie nutzt man sie technisch?

Ü. 2.13. Tragen Sie in Anlage 12 für die genannten Leichtmetallegierungen die Gefüge mit Phasenbezeichnungen ein, und geben Sie eine Grobeinschätzung hinsichtlich Eigenschaften und Verwendung der Legierungen!

Ü. 2.14. Verfolgen Sie anhand des Bildes 2.14 den Verlauf der Eigenschaften der Cu-Ni-Legierungen! Worauf beruht die Veränderung von Festigkeit, Härte und elektrischer Leitfähigkeit? (Wiederholen Sie mit Hilfe von »Grundlagen Metallischer Werkstoffe, ...«!) Überlegen Sie, worauf die gute Kaltformbarkeit der Cu-Ni-Legierungen beruht! Wie lassen sich in diesen Legierungen Kristallseigerungen ausgleichen?

Ü. 2.15. Skizzieren Sie für die Legierungen CuZn37 und CuZn40 die Abkühlungskurven, beschreiben Sie die Gefügebildung, und schließen Sie auf das Festigkeitsverhalten dieser Legierungen! Worauf beruht der Festigkeitsunterschied der Legierungen CuZn30 und CuZn40?

Ü. 2.16. Worin unterscheiden sich CuZn40 und GK-CuZn60? Wie kann der Gefahr der Spannungskorrosion bei Messingsorten begegnet werden?

Ü. 2.17. Skizzieren Sie für die Legierungen CuAl5 und CuAl10 die Abkühlungskurven, stellen Sie die Gefügebildungen als Formel dar, und schließen Sie auf das Festigkeitsverhalten!

Ü. 2.18. Wodurch wird bei den Cu-Sn-Legierungen die Bildung von Zonenmischkristallen begünstigt, und wie wirkt sich das aus?

Ü. 2.19. Stellen Sie die Gefügebildung der Legierungen CuSn2 und G-CuSn10 gegenüber! Welchen Einfluß hat dabei die Abkühlungsgeschwindigkeit, und wie wirkt sich besonders eine große Abkühlungsgeschwindigkeit aus?

Ü. 2.20. Tragen Sie in Anlage 14 für die angegebenen Legierungen die Gefügebildung mit Phasenbezeichnungen ein, und geben Sie eine Grobeinschätzung der Eigenschaften und der Verwendung dieser Legierungen!

Ü. 2.21. Welche technische Bedeutung haben Rotguß, Bleibronze, Blei-Zinn-Bronze sowie Berylliumbronze, und worauf beruhen diese Eigenschaften?

Ü. 2.22. Tragen Sie die Kennziffern der behandelten Lagerlegierungen in Anlage 14 ein, und vergleichen Sie die Legierungen miteinander (beachten Sie dabei auch die Bildunterschriften)!

Ü. 2.23. Tragen Sie in Anlage 15 von den Legierungen Pb—Sb und Pb—Sn die Phasenbezeichnungen der untereutektischen, eutektischen und übereutektischen Konzentrationen ein und geben Sie eine Grobeinschätzung der Eigenschaften dieser Legierungen!

Ü. 2.24. Vergleichen Sie die Gefügebildung von LSn30 und LSn60 und stellen Sie die Vor- und Nachteile dieser Legierungen gegenüber (beachten Sie dabei Bild 2.23)!

Ü. 2.25. Skizzieren Sie für eine Zn-Al-Legierung mit 4 Masse-% Aluminium die Abkühlungskurve, und stellen Sie die Phasenbildung als Formel dar! Welche Besonderheit muß bei der Gefügebildung der Zn-Al-Legierungen beachtet werden, damit daraus hergestellte Werkstücke maßhaltig sind?

Ü. 2.26. Überprüfen Sie nochmals kritisch Ihre Eintragungen in Anlage 14, insbesondere die in der Spalte Anwendung und Eigenschaften!

Ü. 3.1. Schreiben Sie sich Schmelzpunkte für Eisen, Eisenwerkstoffe und Nichteisenmetalle (z. B. Cu, Mn, W, Nb, Mo, Al) heraus, und überlegen Sie, ob es hieraus hinsichtlich der Anwendung eines bestimmten Schmelzaggregates zu Schwierigkeiten oder zu erhöhten Aufwendungen kommen kann! Tragen Sie die Angaben in Anlage 16 ein!

Ü. 3.2. Nehmen Sie eine Zuordnung der Herstellungsverfahren für Metallpulver in Anlage 17 vor! Welche Pulverformen lassen sich durch die einzelnen Verfahren herstellen?

Ü. 3.3. Fassen Sie den Einfluß der Pulvereigenschaften auf die Preß- und Sinterfähigkeit in Anlage 18 zusammen!

Ü. 3.4. Begründen Sie die selbstschmierende Wirkung von Sintereisengleitlagern! Welche physikalische Gesetzmäßigkeit liegt hier zugrunde?

Ü. 3.5. Vergleichen Sie unlegierte Werkzeugstähle, Kaltarbeitsstähle, Warmarbeitsstähle und Schnellarbeitsstähle mit den Sinterhartmetallen! Was sind die charakteristischen Eigenschaften der einzelnen Werkstoffgruppen, und wodurch werden diese Eigenschaften erzielt? Stellen Sie Vor- und Nachteile der einzelnen Werkstoffgruppen in Anlage 19 dar!

Ü. 4.1. Definieren Sie den Begriff Plaste! Welche Bestimmungsteile enthält die Definition? Vervollständigen Sie Anlage 20!

Ü. 4.2. Nennen Sie mindestens 5 Vorteile und 5 Nachteile der Plaste! Geben Sie dafür günstige und ungünstige Anwendungsbeispiele an! Tragen Sie die Ergebnisse in Anlage 20 ein!

Ü. 4.3. Erläutern und vergleichen Sie die Vorgänge bei der Polymerisation und Polykondensation! Ergänzen Sie Anlage 20!

Ü. 4.4. Erklären Sie anhand einer Skizze die Begriffe Monomeres, Radikal, Makroradikal und Makromolekül!

Ü. 4.5. Was versteht man unter Startreaktion, Wachstumsreaktion und Abbruchsreaktion? Tragen Sie die Ergebnisse Ihrer Überlegungen in Anlage 20 ein!

Ü. 4.6. Welcher Unterschied besteht zwischen Polyaddition und Polymerisation bzw. Polykondensation (Anlage 20)?

Ü. 4.7. Welcher Zusammenhang besteht zwischen der Struktur der Hochpolymeren und ihren wichtigsten Eigenschaften (Anlage 20)?

Ü. 4.8. Diskutieren Sie an einem schematischen Spannungs-Dehnungs-Diagramm drei Möglichkeiten des Verhaltens von Plasten beim Zugversuch, und geben Sie die Ursache dafür an (Anlage 21)!

Ü. 4.9. Was versteht man unter visko-elastischem Fließen und unter Thermorückfederung (Anlage 21)?

Ü. 4.10. Geben Sie Bewertungskriterien für das Festigkeitsverhalten und das thermische Verhalten von Plasten an, und stellen Sie die Eigenschaften den metallischen Werkstoffen gegenüber (Anlage 21)!

Ü. 4.11. Geben Sie eine Gegenüberstellung von Plasten und Metallen in bezug auf ihre physikalischen und elektrischen Eigenschaften (Anlage 21)!

Ü. 4.12. Erarbeiten Sie eine Übersicht über Möglichkeiten und Verfahren der Plastverarbeitung, und nennen Sie je ein Beispiel (Anlage 22)!

Ü. 4.13. Berechnen Sie das Verhältnis Zugfestigkeit : Dichte für Stahl, Aluminiumlegierungen, Plaste! Welche Überlegungen lassen sich an diesen Vergleich anschließen?

Ü. 4.14. Schätzen Sie die Vor- und Nachteile unterschiedlicher Werkstoffe für das Beispiel »Rohrleitung« ein (Anlage 23)! Vergleichen Sie dann die Werkstoffe untereinander in bezug auf ihre Eignung für die Einsatzgebiete von Rohrleitungen! Prüfen Sie nach, welches wichtige Kriterium beim Vergleich dieser Werkstoffe fehlt!

# Anlagen

| | |
|---|---|
| Anlage 1 | Gefügeanteile bei weißem Gußeisen mit 3 % C |
| Anlage 2 | Abkühlungsverlauf einer Legierung mit 3 % C (stabil) |
| Anlage 3 | $V/O$-Verhältnis von Platte, Zylinder und Kugel |
| Anlage 4 | Eutektische Erstarrung von Gußeisen in Abhängigkeit von der Abkühlungsgeschwindigkeit |
| Anlage 5 | Darstellung des Ni-Einflusses auf die Härte von Gußeisen |
| Anlage 6 | Vergleich der Richtanalysen GT···E und GT nach Tabelle 1.5 |
| Anlage 7 | GS-40 mit besonderem Gewährleistungsumfang |
| Anlage 8 | Tabellarische Übersicht der wichtigsten Kennwerte der Gußeisenwerkstoffe |
| Anlage 9 | Übersicht über einige wichtige NE-Metalle I |
| Anlage 10 | Übersicht über einige wichtige NE-Metalle II |
| Anlage 11 | Reinmetalle, Korrosionsverhalten und Anwendung im Korrosionsschutz |
| Anlage 12 | Typische Leichtmetallegierungen, ihre Gefüge und ihre Eigenschaften |
| Anlage 13 | Typische Kupferlegierungen, ihre Gefüge und ihre Eigenschaften |
| Anlage 14 | Einige wichtige Lagerlegierungen und ihre Kenndaten |
| Anlage 15 | Gefügebildung der Legierungen Pb-Sb und Pb-Sn und ihre Eigenschaften |
| Anlage 16 | Aufwendungen für den Schmelzprozeß |
| Anlage 17 | Herstellungsverfahren für Metallpulver |
| Anlage 18 | Einfluß der Pulvereigenschaften |
| Anlage 19 | Eigenschaften von Werkstoffgruppen |
| Anlage 20 | Definition und allgemeine Eigenschaften der Plaste |
| Anlage 21 | Bewertungskriterien zur Beurteilung der Plaste |
| Anlage 22 | Verfahren der Plastverarbeitung |
| Anlage 23 | Vergleich von Werkstoffen für Rohrleitungen |

## Gefügeanteile bei weißem Gußeisen mit 3% C — Anlage 1

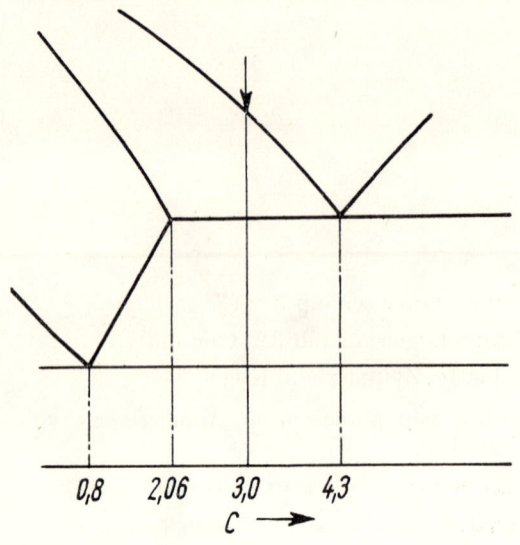

*Anteil Ledeburit:*

$$m_\mathrm{L} = \frac{\overline{EX}}{\overline{EC}} =$$

*Anteil Perlit:*

0,8   2,06   3,0   4,3
$C \longrightarrow$

*Anteil Sekundärzementit:*

## Abkühlungsverlauf einer Legierung mit 3% C (stabil) — Anlage 2

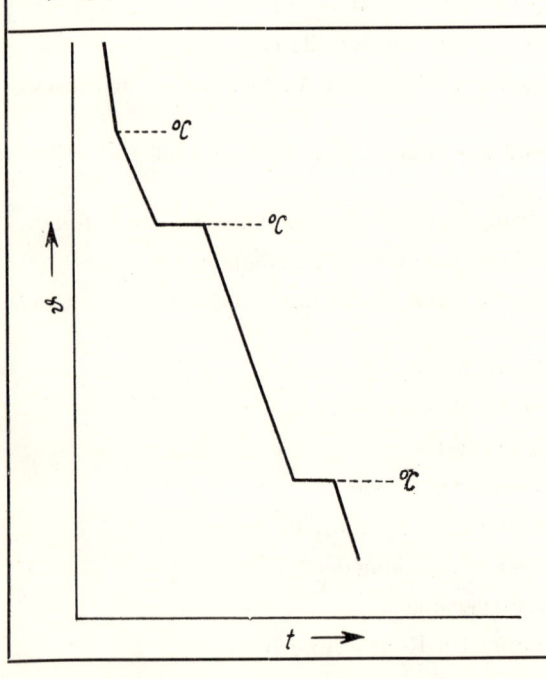

Bei Erreichen der Liquidustemperatur beginnt die Kristallisation von $\gamma$-Mischkristallen.

$t \longrightarrow$

| $V/O$-Verhältnis von Platte, Zylinder und Kugel | Anlage 3 |
|---|---|

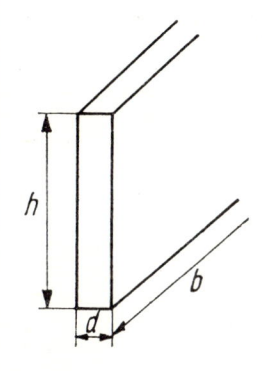

$$\left(\frac{V}{O}\right)_{\text{Platte}} \approx \frac{d\,b\,h}{2\,b\,h} = \frac{d}{2}$$

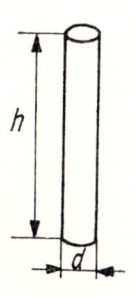

$$\left(\frac{V}{O}\right)_{\text{Zyl.}} \approx$$

$$\left(\frac{V}{O}\right)_{\text{Kugel}} =$$

*Schlußfolgerungen:* $\left(\frac{V}{O}\right)_{\text{Platte}} : \left(\frac{V}{O}\right)_{\text{Zyl.}} : \left(\frac{V}{O}\right)_{\text{Kugel}} =$

| Eutektische Erstarrung von Gußeisen in Abhängigkeit von der Abkühlungsgeschwindigkeit | Anlage 4 |
|---|---|

a)

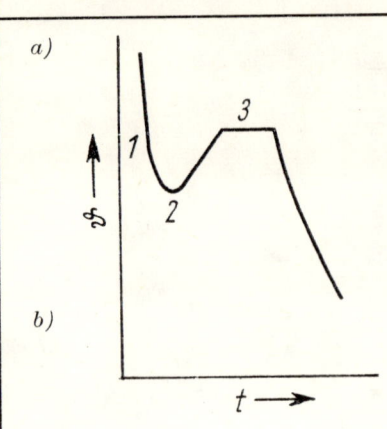

Nach Unterkühlung der eutektischen Temperatur beginnt bei *1* die Kristallisation von Graphit. Die Abkühlung wird durch frei werdende Erstarrungswärme verzögert. Bei *2* beginnt die gleichzeitige Erstarrung von Graphit und Austenit. Der hohe Betrag an Kristallisationswärme führt zu Temperaturanstieg bis zu *3*, wo der Rest bei konstanter Temperatur erstarrt. Es entsteht groblamellarer, unorientierter, gleichmäßig verteilter Graphit.

b)

c)

d)

e)

| **Darstellung des Ni-Einflusses auf die Härte von Gußeisen** | **Anlage 5** |

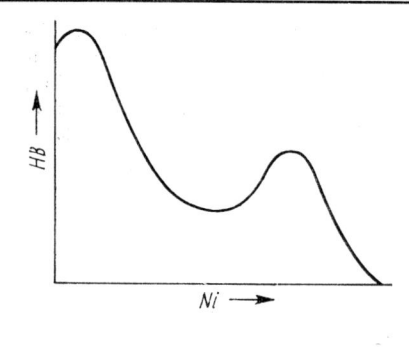

Reine Eisen-Kohlenstoff-Legierungen erstarren metastabil. Das Gefüge besteht bei 0% Ni demzufolge aus Ledeburit, Perlit und Sekundärzementit. Bei Zugabe von Nickel ändert sich das Gefüge zunächst nicht. Die Härte steigt wegen der Lösung von Nickel in der Grundmasse ...

| Vergleich der Richtanalysen GT ... E und GT nach Tabelle 1.5 | Anlage 6 |
|---|---|
| *Kohlenstoff:* Der C-Gehalt soll bei neutraler Glühung niedriger als bei entkohlender Glühung liegen, da sämtlicher Kohlenstoff nach dem Tempern als Temperkohle vorliegt. Ist zuviel Temperkohle vorhanden, werden wegen ihrer gefügeunterbrechenden Wirkung die geforderte Zugfestigkeit und insbesondere Dehnung nicht erreicht. | |
| *Silicium:* | |
| *Mangan:* | |
| *Schwefel:* | |

| GS-40 mit besonderem Gewährleistungsumfang | | | | | Anlage 7 |
|---|---|---|---|---|---|
| | Zugfestigkeit in MPa | Streckgrenze in MPa | Bruchdehnung in % | Schlagarbeit in J | Faltversuch $= 180°$ |
| GS-40 · 1 | | | | | |
| GS-40 · 2 | | | | | |
| GS-40 · 3 | | | | | |
| GS-40 · 5 | | | | | |

Anlage 8

**Tabellarische Übersicht der wichtigsten Kennwerte der Gußeisenwerkstoffe**

| | GS | GH | GT···E | GT | GGG | GGL |
|---|---|---|---|---|---|---|
| Gefüge | Ferrit–Perlit | | | | | |
| Analysen (Orientierungswerte) | $C$ = 0,10···0,60<br>$Si$ =<br>$Mn$ =<br>$P$ =<br>$S$ = | | | | | |
| Werkstoffeigenschaften (Größenordnung) | $R_m$ =<br>$R_e$ =<br>$A$ =<br>$E$ =<br>$KC$ =<br>$HB$ = | | | | | |

Anlage 9

## Übersicht über einige wichtige NE-Metalle I

| Element Ordnungszahl Wertigkeit | Chemische Kennzeichen | Dichte in g cm⁻³ | Schmelzpunkt in °C | Kristallgitter | Festigkeitskennziffern ||| | E-Modul in GPa | Elektrische Leitfähigkeit in Siemens | Hinweise auf Verwendung |
|---|---|---|---|---|---|---|---|---|---|---|
| | | | | | $R_m$ in MPa | $A$ in % | $HB$ | | | |
| Nickel 28 2 | Ni | 8,88 | 1445 | kfz | 390...490 | 45...30 rekristallisiert | ≈ 80 | 210 | 13,4 | Apparatebau, Anodenmaterial, Legierungsmetall |
| | | | | | ...740 | ≦ 2 kalt verfestigt | ≈ 1770 | | | |
| Kupfer | | 8,93 | 1083 | | 150...200 | 25...15 Gußzustand | ≈ 50 | 133 | 58,0 | |
| | | | | | ...440 | 4,5 kaltgezogen | ≈ 100 | | | |
| | | | | | 200...240 | > 38 verformt und rekristallisiert | ≈ 50 | | | |
| Zink | | 7,13 | 419,5 | hex dichteste Packung | 25...40 | 0,5...0,3 Gußzustand | 28...33 | 120 | 16,9 | |
| | | | | | 140...150 | 50...40 gepreßt | 35...40 | | | |
| | | | | | 120...140 | 60...52 gewalzt | 32...34 | | | |
| Cadmium | | 8,64 | 320,9 | | — | — | — | 51 | 13,2 | |
| Zinn | | 7,29 | 231,9 | β-Sn tetragonal v. 232...13 °C α-Sn, < 13,2 °C kubisch (Diamantgitter) sehr spröde pulverisierbar | 20...30 | — | ≈ 40 | 42 | 9,0 | |

**Anlage 10**

## Übersicht über einige wichtige NE-Metalle II

| Element Ordnungszahl Wertigkeit | Chemische Kennzeichen | Dichte in g cm$^{-3}$ | Schmelzpunkt in °C | Kristallgitter | Festigkeitskennziffern $R_m$ in MPa | $A$ in % | $HB$ | $E$-Modul in GPa | Elektrische Leitfähigkeit in Siemens | Hinweise auf Verwendung |
|---|---|---|---|---|---|---|---|---|---|---|
| Blei | | 11,34 | 327,4 | | 10...20 | 30...50 | — | 17,5 | 4,8 | |
| Beryllium | | 1,86 | 1285 | | ≈ 700 | — | HV ≈ 900 | 300 | 5,0 | |
| Magnesium | | 1,74 | 649 | | 110...220 | — | — | 45,7 | 25,0 | |
| Aluminium | | 2,70 | 660,1 | | ≈ 40 | ≈ 10 | ≈ 10 | 72,5 | 38,0 | gezogen und rekristallisiert |
| | | | | | ≈ 100 | ≈ 4 | ≈ 25 | | | hart gezogen |
| Titan | | 4,50 | 1668 | α-Ti hex bis 882 °C | ≈ 250 | > 50 | ≈ 210 | 110 | 2,3 | rekristallisiert |
| | | | | β-Ti krz ab 882 °C | > 800 | ≈ 12 | — | | | kalt gewalzt |
| | | | | | > 600 | ≈ 20 | — | | | techn. Ti mit 0,2 Masse-% Fe und 0,2 Masse-% O |

| Reinmetalle, Korrosionsverhalten und Anwendung im Korrosionsschutz | | Anlage 11 |
|---|---|---|
| Metall | Korrosionsverhalten | Hinweise auf Anwendung |
| Ni | | |
| Cu | | |
| Zn | | |
| Cd | | |
| Sn | | |
| Pb | | |
| Al | | |
| Ti | | |

| Typische Leichtmetallegierungen, ihre Gefüge und ihre Eigenschaften | | Anlage 12 |
|---|---|---|
| Legierung | Gefüge (Phasen) | Eigenschaften/Verwendung |
| AlMg3 | $\alpha$- + $\beta$*)-Phase | |
| AlMg5 | | |
| AlSi6Cu | | |
| MgAl3Zn | | |
| AlCuMg2 | | |

*) intermetallische Phase

| Typische Kupferlegierungen, ihre Gefüge und ihre Eigenschaften | | Anlage 13 |
|---|---|---|
| Legierung | Gefüge (Phasen) | Eigenschaften und Verwendung |
| CuZn30 | α-Mk | zäh, gut formbar, Verwendung für Rohre und Hülsen |
| CuZn37 | | |
| CuZn40 | | |
| CuAl5 | | |
| CuAl10 | | |
| CuSn2 | | |
| CuSn8 | | |
| G-Cu64Zn | | |
| GK-Cu60Zn | | |

Anlage 14

**Einige wichtige Lagerlegierungen und ihre Kenndaten**

| Legierung | Gefüge (Phasenbezeichnungen) | Brinellhärte bei 20 °C | Brinellhärte bei 100 °C | Hinweis auf Anwendung und besondere Eigenschaften |
|---|---|---|---|---|
| LgPbSb12 | | | | |
| LgPbSn10 | | | | |
| LgSn80 | | | | |
| ZnAl4Cu1 | | | — | |
| G-CuSn14 | | | — | |
| G-CuSn4Zn2 | $\alpha$-Mk + Eutektoid ($\alpha + \delta$) + Pb-Einschlüsse | 75 | 220 | |
| G-CuPb25 | Pb-Einschlüsse in Cu-Grundgefüge | | — | |
| G-CuPb15Sn | Pb-Einschlüsse in Sn-Bronzegefüge | | — | |

| Gefügebildung der Legierungen Pb-Sb und Pb-Sn und ihre Eigenschaften | | | Anlage 15 |
|---|---|---|---|
| Legierung und Eigenschaften | Gefügebildung | | |
| | untereutektisch | eutektisch | übereutektisch |
| Pb—Sb | PbSb8 | E | LgPbSb12 |
| Eigenschaften | sehr weich, weil Pb-Anteil überwiegt | | |
| Pb—Sn | LSn30 | | LSn90 |
| Eigenschaften | | | |

| Aufwendungen für den Schmelzprozeß | | Anlage 16 |
|---|---|---|
| Werkstoff | Schmelzpunkt in °C | |
| Eisen<br>Stahl<br>Kupfer<br>Mangan<br>Wolfram<br>Niob<br>Molybdän<br>Aluminium | | |

Schlußfolgerungen für die Erschmelzung

| Herstellungsverfahren für Metallpulver | | Anlage 17 |
|---|---|---|
| Einteilung | Zuordnung von bestimmten Verfahren | Aussagen über die Pulverform |
| physikalische Verfahren | | |
| chemische und physikalisch-chemische Verfahren | | |

## Anlagen 167

| Einfluß der Pulvereigenschaften | | Anlage 18 |
|---|---|---|
| Pulvereigenschaften | Einfluß auf die Preßfähigkeit | Einfluß auf die Sinterfähigkeit |
|  |  |  |

| Eigenschaften von Werkstoffgruppen | | Anlage 19 |
|---|---|---|
| Werkstoffgruppe | Charakteristische Eigenschaften | Vor- und Nachteile |
| unlegierte Werkzeugstähle |  |  |
| Warmarbeitsstähle |  |  |
| Schnellarbeitsstähle |  |  |
| Sinterhartmetalle |  |  |

*Anlagen*

| **Definition und allgemeine Eigenschaften der Plaste** | **Anlage 20** |
|---|---|

Plaste sind Werkstoffe, die ■ Ü. 4.1
a) ...........................................................................................................
b) ...........................................................................................................
   ...........................................................................................................
c) ...........................................................................................................
   ...........................................................................................................

*Vorteile*    *Nachteile*    ■ Ü. 4.2

*Polymerisation* 1. ..............................................    ■ Ü. 4.3, Ü. 4.5, Ü. 4.6
 2. ..............................................
 3. ..............................................

Monomeres    Polymeres

☐ ① ☐ ② ☐ ③ ☐

*Polykondensation* ☐ → ☐ + ☐

*Polyaddition*  a) ...........................................................................................
 b) ...........................................................................................

lineare Hochpolymere → ☐    ■ Ü. 4.7

vernetzte Hochpolymere → ☐

verzweigte Hochpolymere → ☐

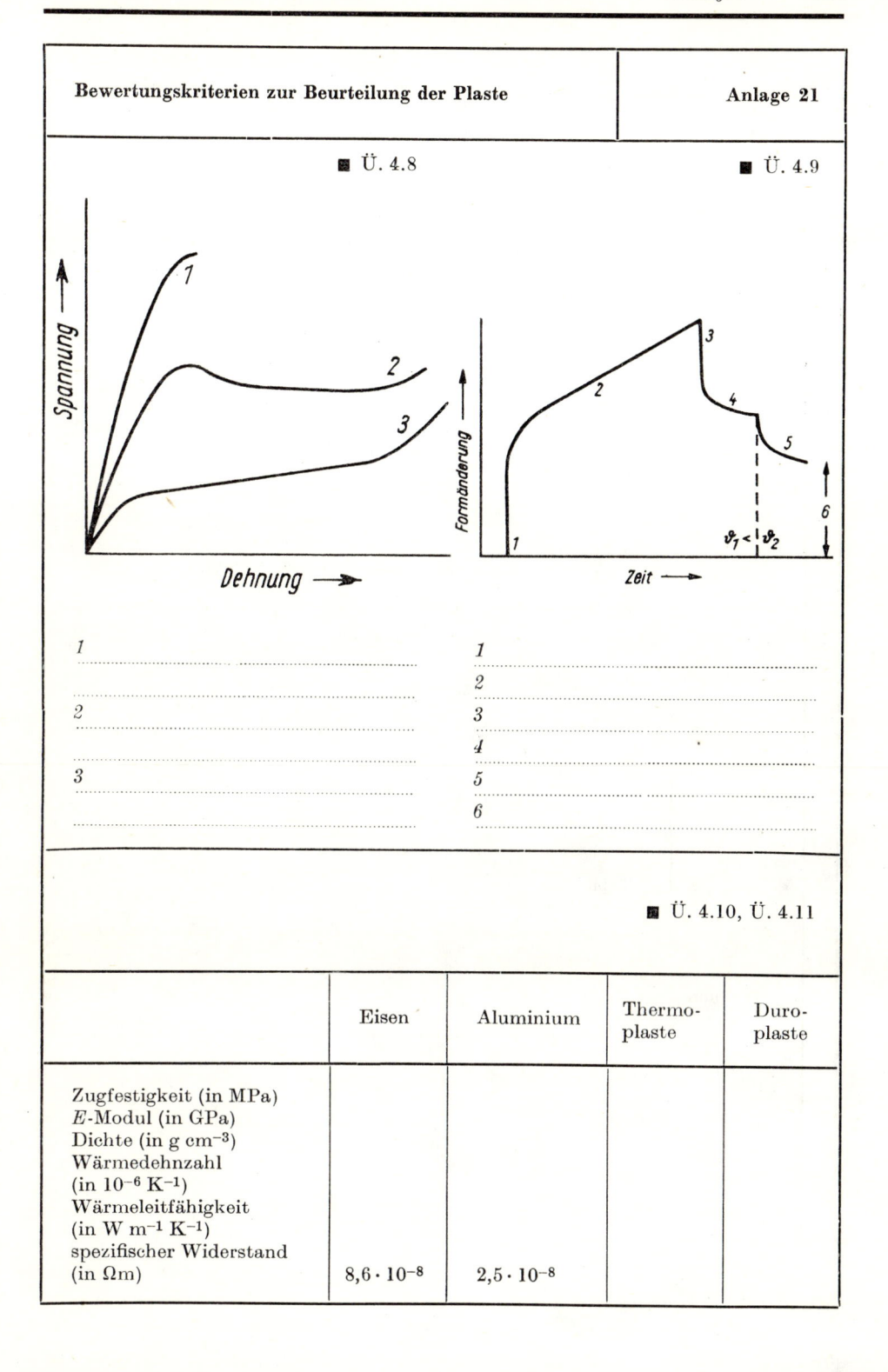

| Bewertungskriterien zur Beurteilung der Plaste | Anlage 21 |
|---|---|

■ Ü. 4.8    ■ Ü. 4.9

*Spannung–Dehnung-Diagramm mit Kurven 1, 2, 3*

*Formänderung–Zeit-Diagramm mit Punkten 1–6, $\vartheta_1 < \vartheta_2$*

1 ..................................
2 ..................................
3 ..................................

1 ..................................
2 ..................................
3 ..................................
4 ..................................
5 ..................................
6 ..................................

■ Ü. 4.10, Ü. 4.11

| | Eisen | Aluminium | Thermo-plaste | Duro-plaste |
|---|---|---|---|---|
| Zugfestigkeit (in MPa) $E$-Modul (in GPa) Dichte (in g cm$^{-3}$) Wärmedehnzahl (in $10^{-6}$ K$^{-1}$) Wärmeleitfähigkeit (in W m$^{-1}$ K$^{-1}$) spezifischer Widerstand (in $\Omega$m) | 8,6 · 10$^{-8}$ | 2,5 · 10$^{-8}$ | | |

| Verfahren der Plastverarbeitung | Anlage 22 |
|---|---|
| | ■ Ü. 4.12 |

- Urformen
- Umformen
- Fügen
  - unlösbar
  - lösbar
- Trennen
- Veredeln

| Vergleich von Werkstoffen für Rohrleitungen | Anlage 23 |
|---|---|

■ Ü. 4.14

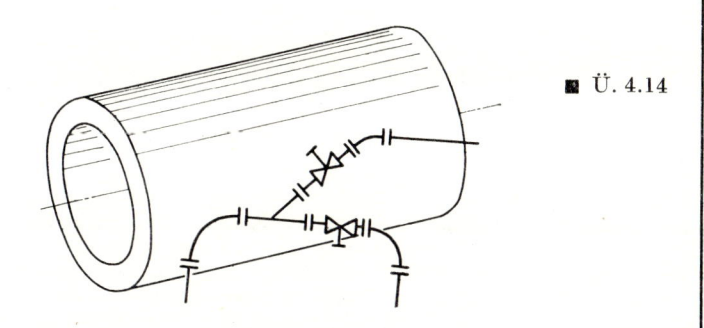

Bewerten Sie die Werkstoffe unter dem Gesichtspunkt ihrer Verwendung für Rohrleitungen!
+   vorteilhaft, widerstandsfähig, billig
O   im wesentlichen ohne Einfluß
−   unvorteilhaft, schwierig, anfällig, teuer

| | unlegierter Rohrstahl | hochlegierter Cr-Ni-Stahl | Kupfer | Glas | Porzellan | Plast | Kombination Plast + Stahl |
|---|---|---|---|---|---|---|---|
| Herstellung Verarbeitung Montage | | | | | | | |
| Festigkeit Dehnbarkeit Verformbarkeit Sprödigkeit | | | | | | | |
| Wärmeausdehnung Wärmeleitfähigkeit | | | | | | | |
| starke Säure starke Base organische Chemikalien | | | | | | | |
| physiologische Wirkung | | | | | | | |
| Masse/Meter Kosten | | | | | | | |

# Quellen- und Literaturverzeichnis

[1] *Collaud, A.:* Strukturelle Anisotropie, mechanisches Verhalten und Normierung von Grauguß. Technisch-Wissenschaftliche Beihefte, Heft 14 (1954), Heft 15 (1955)
[2] *Naumann, F., Schenk, H.*, und *Patterson, W.:* Technisch-Wissenschaftliche Beihefte, Heft 23 (1958)
[3] *Roll, F.:* Handbuch der Gießereitechnik, Bd. I und Bd. II. Berlin/Göttingen/Heidelberg: Springer-Verlag 1964
[4] *Poetter, H.:* Grauguß. Berlin: VEB Verlag Technik 1954
[5] *Jähnig, W.:* Metallographie der Gußlegierungen. Leipzig: VEB Deutscher Verlag für Grundstoffindustrie 1971
[6] TGL Taschenbuch Gießereien. Leipzig: VEB Deutscher Verlag für Grundstoffindustrie 1967
[7] *Meyer, R.:* Der Hartguß. Halle: VEB Wilhelm Knapp Verlag 1954
[8] *Bolchowitinow, N. F.*, und *Land, A. F.:* Gußeisen, Handbuch für Gußerzeuger und Gußverbraucher. Leipzig: VEB Deutscher Verlag für Grundstoffindustrie 1963
[9] *Poetter, H.:* Hartguß und Walzenguß. Berlin: VEB Verlag Technik 1953
[10] *Poetter, H.:* Temperguß. Berlin: VEB Verlag Technik 1953
[11] *Wastschenko, K. J.*, und *Sofroni, L.:* Magnesiumbehandeltes Gußeisen. Leipzig: VEB Deutscher Verlag für Grundstoffindustrie 1960
[12] *Hilgenfeldt, W.*, und *Herfurth, K.:* Tabellenbuch Gußwerkstoffe. Leipzig: VEB Deutscher Verlag für Grundstoffindustrie 1985
[13] *Jahn, J.:* Beitrag zur weiteren Substitution von Stahlguß durch Gußeisen mit Kugelgraphit. Gießereitechnik 30 (1984) 3, S. 71 bis 75
[14] *Knothe, W.*, und *Liesenberg, O.:* Kolbenringe aus Gußeisen mit Vermiculargraphit. Gießereitechnik 26 (1980) 10, S. 296 bis 298
[15] *Gorde, G.:* Gußeisen mit Vermiculargraphit – ein Werkstoff für spezielle Anwendungsgebiete. Gießerei 69 (1982) 18, S. 492 bis 495
[16] *Scheinert, H.*, und *Liesenberg, O.:* Gußeisen mit Vermiculargraphit – Eigenschaften, Herstellung und Einsatz. Gießereitechnik 24 (1978) 4, S. 108 bis 112
[17] Fachkunde für Former und Gießer, 2. Aufl. Leipzig: VEB Deutscher Verlag für Grundstoffindustrie 1972
[18] *Eckstein, H.-J.:* Werkstoffkunde Stahl und Eisen I und II. Leipzig: VEB Deutscher Verlag für Grundstoffindustrie 1971/1972
[19] *Bolchowitinow, N. F.:* Stahl, Eisen, Ne-Metalle und ihre Wärmebehandlung, 2. Aufl. Berlin: VEB Verlag Technik 1955
[20] Tabellenbuch Aluminiumwerkstoffe, Eigenschaften und Verarbeitung, 1. Aufl. Leipzig: VEB Deutscher Verlag für Grundstoffindustrie 1982
[21] *Hornbogen, E.*, und *Warlimont, H.:* Metallkunde – Eine kurze Einführung in den Aufbau und die Eigenschaften von Metallen und Legierungen. Berlin/Heidelberg/New York: Springer-Verlag 1967
[22] Einführung in die Werkstoffwissenschaft, Hrsg.: *Schatt, W.*, 5. Aufl. Leipzig: VEB Deutscher Verlag für Grundstoffindustrie 1984

[23] *Beyer, B.:* Werkstoffkunde Ne-Metalle. Leipzig: VEB Deutscher Verlag für Grundtoffindustrie 1971
[24] *Pusch, G.,* und *Krempe, M.:* Technische Stoffe, 13. Aufl. Leipzig: VEB Deutscher Verlag für Grundstoffindustrie 1985
[25] Werkstoffe des Maschinen-, Anlagen- und Apparatebaues, Hrsg.: *Schatt, W.,* 2. Aufl. Leipzig: VEB Deutscher Verlag für Grundstoffindustrie 1982 ·
[26] Metallkundliche Probleme der Werkstoffentwicklung — Phasenumwandlung, Freiberger Forschungshefte B 244. Leipzig: VEB Deutscher Verlag für Grundstoffindustrie 1985
[27] Aluminium und Aluminiumlegierungen. Freiberg: Mitteilungen der Stahlberatungsstelle Nr. 107 und 108
[28] Konstruktions- und Berechnungsunterlagen Leichtbau, Teil A II: Nichteisenmetallische Werkstoffe. Dresden: Institut für Leichtbau
[29] Pulvermetallurgische Erzeugnisse aus Ne-Metallen. Mansfeld, Berlin: VEB Mansfeld Kombinat »Wilhelm Pieck« und Berliner Metallhütten- und Halbzeugwerke
[30] *Petzow, G., Claussen, N.,* und *Exner, H. E.:* Aufbau und Eigenschaften von Cermets. Zeitschrift für Metallkunde 59 (1968) 3, S. 173
[31] *Schreiner, H.:* Pulvermetallurgie elektrischer Kontakte. Berlin/Göttingen/Heidelberg: Springer-Verlag 1964
[32] *Baumgartel, E.:* Werkstoffkunde — kurz und einprägsam — Metallische Werkstoffe, 5. Aufl. Leipzig: VEB Fachbuchverlag 1976
[33] *Eisenkolb, F.:* Fortschritte der Pulvermetallurgie, Bd. 1. Grundlagen der Pulvermetallurgie. Berlin: Akademie Verlag 1963
[34] Sintermetall-Gleitlager, Preßteile, 12. Aufl. Thale: VEB Eisen- und Hüttenwerke Thale im VEB Bandstahlkombinat »*Hermann Matern*«
[35] *Reichmann, B.:* Entwicklung der pulvermetallurgischen Fertigung im VEB Eisenhüttenwerk Thale. Neue Hütte 30 (1985) 11, S. 400
[36] Pulvermetallurgie, Sinter- und Verbundwerkstoffe, Hrsg.: *Schatt, W.,* 2. Aufl. Leipzig: VEB Deutscher Verlag für Grundstoffindustrie 1985
[37] *Eisenkolb, F.:* Fortschritte der Pulvermetallurgie, Bd. 2, Technologische Einrichtungen und pulvermetallurgische Werkstoffe. Berlin: Akademie Verlag 1963
[38] *Eisenkolb, F.:* Einführung in die Werkstoffkunde, Bd. I, IV und V. Berlin: VEB Verlag Technik 1965
[39] *Houwink, R.:* Grundriß der Kunststofftechnologie, 2. Aufl. Leipzig: Akademische Verlagsgesellschaft 1944
[40] *Houwink/Stavermann:* Chemie und Technologie der Kunststoffe, Leipzig: Akademische Verlagsgesellschaft 1963
[41] *Runge, F.,* und *Taeger, E.:* Einführung in die Chemie und Technologie der Kunststoffe, 4. Aufl. Berlin: Akademie-Verlag 1976
[42] *Schaaf, W.,* und *Hahnemann, A.:* Verarbeitung von Plasten, 2. Aufl. Leipzig: VEB Deutscher Verlag für Grundstoffindustrie 1971
[43] *Schrader, W.,* und *Pannier, W.:* Kunststoffhalbzeug-Verarbeitung und Schweißung, 11. Aufl. Leipzig: VEB Deutscher Verlag für Grundstoffindustrie 1979
[44] *Schrader, W.,* und *Franke, W.:* Kleiner Wissensspeicher Plaste. Leipzig: VEB Deutscher Verlag für Grundstoffindustrie 1970
[45] *Schrader, W.,* und *Pannier, W.:* Plaste kurzgefaßt, 1. Aufl. Leipzig: VEB Deutscher Verlag für Grundstoffindustrie 1980

# Sachwörterverzeichnis

**A**

Aluminium 57
Aluminiumlegierungen 61
Aushärten 59
— Kalt- und Warm- 60
— von Aluminiumlegierungen 59

**B**

Blei 56
Bleilegierungen 86
*Bouduard*-Gleichgewicht 41
*Brinell*härte von Eisenguß-
  werkstoffen 23

**C**

Cadmium 55
carbidstabilisierende Elemente 34
carbidzerlegende Elemente 34
Cermets 110
Chrom im Gußeisen 37
*Collaud*-Diagramm 17

**D**

Dämpfungsfähigkeit von
  Gußwerkstoffen 26
Duroplaste 112, 119

**E**

Eisen-Kohlenstoff-System, stabil 9
Elaste 112
*E*-Modul von Gußeisen 23
Entkohlung 41

**F**

Faulbruch 38
Filterwerkstoffe 103
Fülldichte 98
Füllstoffe 137

**G**

Garschaumgraphit 11
Gleitbronze 84
Gleitlagerwerkstoffe 103
Glühfrischen 41
Granulieren 97
Graphit 9
Graphitbildung 19
Graphiteutektikum 11
graphitisierendes Glühen 30
Grundmasse von Gußeisen 19
*Guinier-Preston*-Zonen 60
Gußeisendiagramme 16

**H**

Hartguß 45
Hauptvalenz 115, 119

**I**

Impfen 26
interkristalline Korrosion 75

**K**

Kaltformung 59

Klopfdichte 98
Kohlenstoff im Gußeisen 19
Kokillenhartguß 46
Kolbenlegierungen 70
Kontaktwerkstoffe 107
Kopolymerisation 117
Kristallisation, allgemein 58
Kugelgraphit 27
Kupfer 54
— im Gußeisen 36
Kupferlegierungen 72

**L**

Lagerlegierungen 88
Legierungselemente im Gußeisen 34

**M**

Magnesium 57
— im Gußeisen 27
Makromoleküle 115
Mangan im Gußeisen 21
Mangan-Schwefel-Verhältnis 22
Metallpulver 96
Mischpolymerisate 117
Molybdän im Gußeisen 36

**N**

Nebenvalenz 115, 119
Nichteisenmetall 52
Nichteisenmetall-Legierungen 58
Nickel 53
— im Gußeisen 35

**P**

Phosphideutektikum 21
Phosphor im Gußeisen 21
Plaste 111, 118, 119
—, Eigenschaften 130
—, Einsatz 139
—, Lieferformen 136
—, Substitutionen durch 116
Polyaddition 118
Polyaddukte 118
Polykondensate 117
Polykondensation 117

Polymerisate 116
Polymerisation 116
Preßbarkeit 98
Primärstruktur 23
Pulvermetallurgie 94

**R**

Regenerierung 43
Reibschweißen 92
Reibwerkstoffe 105
Reifegrad 24
relative Härte 24

**S**

SAP (Sinter-Aluminium-Produkt) 107
Sättigungsgrad 12
Schalenlager aus Rotguß 84
Schrecktiefe 47
Segregatgraphit 11
Sekundärstruktur 23
Silicium im Gußeisen 20
Sinterhartmetalle 107
Sintern 100
Spannungsrißkorrosion bei
 Al-Legierungen 63
Störelemente im Gußeisen 28
Strahlenschutz durch Blei 56
Streckgrenze von GGG und GS 33

**T**

Temperguß 37
Tempern 39
Thermoplaste 112
Titan 58

**Ü**

Übergangszone im Kokillenhartguß 47
Überhitzung von Gußeisen 26

**V**

Vermiculargraphit 33
Vollhartguß 46

## W

Wachsen (Graphitausscheidung) 36
Wanddickeneinfluß bei Gußeisen 15
Wärmebehandlung von Gußeisen 30
Wasserstoffkrankheit des Kupfers 55
Weichlote 88
Weißmetall 88
Widerstandswerkstoff
   (Rheotan, Nickelin) 73

## Z

Zink 55
Zinklegierungen 91
Zinn 56
Zugfestigkeit bei Gußeisen 23
Zylinderkopflegierungen 70